JN267846

## JIS使い方シリーズ

# 鉄鋼材料選択のポイント

増補改訂2版

大和久 重雄 著

日本規格協会

## 増補改訂 2 版について

　今回の再増補は機械，材料，熱処理技術者へのコメント集ということにした．これは著者が日頃現場で遭遇した事例に基づいて整理したものである．いずれも，現場で必要性を痛感したものばかりなので，読者のお役に立つ点が多いことと確信している．

　また，JIS 鉄鋼用語の抜粋を付録として参考に供した．

　終わりに，本書が機械，材料，熱処理技術者各位のお役に立つことを願うと共に本書の一層のご活用を希望する次第である．本増補改訂に当たっては日本規格協会書籍出版課の皆さんの多大なご援助とご協力をいただいた．ここに記して厚く御礼を申し上げる次第である．

2000 年 7 月

大和久　重雄

## 序（初版）

　人をうまく使うには，「適材，適所」が大切であるのはいうまでもないが，鋼を使うときも同じで「鋼材，適所」がものをいう．

　従来，鋼材の選び方や使い方は，旧来の慣習又は経験によるところが多く，そのパイロット的役割をしてきたのが，JIS鉄鋼ハンドブックである．新しく機械部品を設計製作するとき，適材の選定に当たって，まず第1に頼りにするものはJIS鉄鋼ハンドブックであろう．機械設計者は，このハンドブックをテキストとして鋼材を選んでいたのであり，これがあるときには良きガイドブックになっていたが，ある場合にはこれがかえって誤り導いた点もないではない．つまり，JIS鉄鋼ハンドブックを間違って使っていた点が少なくない．JIS鉄鋼ハンドブックは間違いなく使って，はじめて価値あるものとなるのである．

　また，鋼材自身も昔に比べて性能が著しく向上しており，熱処理や溶接などの加工技術も日進月歩の状況である．したがって，鋼の選び方や使い方も金相学的見地に立って再検討する必要があろう．

　本書は，このベースに立ってJIS鉄鋼ハンドブックの正しい見方と使い方，JIS鉄鋼材料の選び方と使い方などを解説したものである．直接の対象を機械設計者，機械技術者及び材料技術者においてはいるが，セールスエンジニアや広い意味でのエンジニアも間接対象として講述してある．

　著者は永年，鉄道技術研究所金属材料研究室長として，鉄道用材料，特に新幹線用材料の選択使用をユーザ・サイドで研究検討し，のちに新日本製鉄において今度はメーカ・サイドで鉄鋼材料を研究してきた．その間，JIS専門委員あるいは委員会長として，鉄鋼材料の規格制定及び試験方法あるいは熱処理加工法のJIS化に関与してきたし，また現に関係している．その体験とデータを基にして執筆したのが本書である．

したがって，本書は機械部品を製作使用する際，適材の選択並びに適処理の採用などに対して，ひとつの指針を与えるものと確信する．

　JIS 使い方シリーズの一巻として御活用頂ければ幸いである．

　本書刊行に際し，日本規格協会出版課及び標準課の皆さんに大変お骨折りを頂いた．ここに記して厚く御礼申し上げる次第である．

1975 年 4 月

著　者　識

# 目　次

**諸　言** ………………………………………………………………………… 1

## 1. JIS鉄鋼ハンドブックの見方と使い方

1.1　JIS鉄鋼の区別 ……………………………………………………… 5
1.2　化学成分 ……………………………………………………………… 7
1.3　機械的性質（強度及び硬さなど） ………………………………… 9
1.4　熱処理方法（温度及び方法など） ………………………………… 10
1.5　用途別の名称に惑わされてはいけない …………………………… 11
1.6　鍛鋼品と鍛造品 ……………………………………………………… 11

## 2. JIS鉄鋼材料の特性と扱い方

2.1　JIS普通鋼材 ………………………………………………………… 13
　　2.1.1　一般構造用圧延鋼材（SS材） ……………………………… 13
　　2.1.2　溶接構造用圧延鋼材（SM材） ……………………………… 14
　　2.1.3　溶接構造用耐候性熱間圧延鋼材（SMA材） ……………… 15
　　2.1.4　高耐候性圧延鋼材（SPA材） ……………………………… 15
　　2.1.5　ボイラ用圧延鋼材（SB材） ………………………………… 16
　　2.1.6　高張力鋼材（ハイテン） …………………………………… 16
　　2.1.7　リベット用圧延鋼材（SV材） ……………………………… 17
2.2　JIS合金鋼材 ………………………………………………………… 17
　　2.2.1　機械構造用炭素鋼材（S-C材） …………………………… 17
　　2.2.2　構造用合金鋼材（SMn, SCr, SMnC, SCM, SNC, SNCM,

　　　　　SACM材) ……………………………………………18
　　2.2.3　焼入性を保証した構造用鋼材 (H鋼材) ……………18
2.3　JIS工具鋼材 ……………………………………………………21
　　2.3.1　工具用炭素鋼材 (SK材) …………………………………21
　　2.3.2　合金工具鋼材 (SKS, SKD, SKT材) ………………22
　　2.3.3　高速度工具鋼材 (SKH材) ………………………………23
2.4　JIS特殊用途鋼材 ………………………………………………23
　　2.4.1　ステンレス鋼材 (SUS材) ………………………………23
　　2.4.2　耐熱鋼材 (SUH材) ………………………………………28
　　2.4.3　高C-Cr軸受鋼材 (SUJ材) ………………………………29
　　2.4.4　ばね鋼材 (SUP材) ………………………………………30
　　2.4.5　快削鋼材 (SUM材) ………………………………………30
2.5　JIS鋳鋼品 ………………………………………………………31
　　2.5.1　炭素鋼鋳鋼品 (SC) ………………………………………31
　　2.5.2　構造用合金鋳鋼品 (SCC, SCMn, SCMnCr, SCCrMなど) ……32
　　2.5.3　特殊用途鋼鋳鋼品 (SCS, SCH, SCMnH) ……………32
2.6　JIS鋳鉄品 ………………………………………………………32
　　2.6.1　ねずみ鋳鉄品 (FC) ………………………………………32
　　2.6.2　球状黒鉛鋳鉄品 (FCD) …………………………………32
　　2.6.3　オーステンパ球状黒鉛鋳鉄品 (FCAD) ………………33
　　2.6.4　可鍛鋳鉄品 (FCM) ………………………………………33
2.7　JIS鍛鋼品 ………………………………………………………33
　　2.7.1　炭素鋼鍛鋼品 (SF) ………………………………………33
　　2.7.2　合金鋼鍛鋼品 (SFV) ……………………………………34

# 3.　鉄鋼材料使い分けの3ケース

3.1　炭素鋼と合金鋼の使い分け ……………………………………35
3.2　ズブ焼鋼と表面硬化鋼の使い分け ……………………………37

  3.3 鋳造品と鍛造品の使い分け …………………………………… 39

## 4. 鉄鋼材料選定上のポイント

 4.1 焼入性（ハーデナビリティ）………………………………………… 41
 4.2 マス・エフェクト（質量効果）…………………………………… 45
  4.2.1 熱処理のマス・エフェクト ………………………………… 45
  4.2.2 機械的性質のマス・エフェクト …………………………… 53
 4.3 ファイバ・フロー（鍛流線）……………………………………… 55
 4.4 残留応力（レシジュアル・ストレス）…………………………… 57
 4.5 ノッチ・エフェクト（切欠き効果）……………………………… 59

## 5. 機械設計と材料と熱処理

 5.1 機械的性質に対する考え方 ………………………………………… 61
 5.2 形状に対する考え方 ………………………………………………… 62
  5.2.1 断面のバランスについて …………………………………… 63
  5.2.2 隅角部について ……………………………………………… 64
  5.2.3 形状による冷え方の違い …………………………………… 65
 5.3 熱処理に対する考え方 ……………………………………………… 66
  5.3.1 焼入方法の選択 ……………………………………………… 66
  5.3.2 焼入性の決定 ………………………………………………… 67
  5.3.3 鋼種の決定 …………………………………………………… 70
  5.3.4 焼入れ及び焼戻し温度の決定 ……………………………… 72

## 6. 機械構造用鋼の選び方と使い方

 6.1 抗張特性が要求されるとき ………………………………………… 76
  6.1.1 抗張特性に必要な性質 ……………………………………… 76
  6.1.2 抗張特性に影響する因子 …………………………………… 77
  6.1.3 調質材の抗張特性 …………………………………………… 81

  6.1.4 抗張特性の向上策 …………………………………………82
6.2 耐疲労性が要求されるとき ………………………………………82
  6.2.1 耐疲労性に必要な性質 ……………………………………82
  6.2.2 耐疲労性に影響する因子 …………………………………84
  6.2.3 耐疲労性の向上策 …………………………………………88
6.3 耐衝撃性が要求されるとき ………………………………………88
  6.3.1 耐衝撃性に必要な性質 ……………………………………88
  6.3.2 耐衝撃性に影響する因子 …………………………………89
  6.3.3 耐衝撃性の向上策 …………………………………………91
6.4 耐摩耗性が要求されるとき ………………………………………92
  6.4.1 耐摩耗性に影響する因子（一般性） ……………………92
  6.4.2 耐摩耗性の向上策 …………………………………………95
6.5 耐食性が要求されるとき …………………………………………96
  6.5.1 耐食性に影響する因子 ……………………………………96
  6.5.2 耐食性の良い材料 …………………………………………96
6.6 溶接性が要求されるとき …………………………………………96
  6.6.1 溶接性に必要な性質 ………………………………………96
  6.6.2 溶接性に影響する因子 ……………………………………96
  6.6.3 溶接性の良い材料 …………………………………………97
6.7 被切削性が要求されるとき ………………………………………97
  6.7.1 被切削性に必要な性質 ……………………………………97
  6.7.2 被切削性に影響する因子 …………………………………97
  6.7.3 被切削性の良い材料 ………………………………………99
6.8 深絞り性が要求されるとき ………………………………………100
  6.8.1 深絞り性に必要な性質 ……………………………………100
  6.8.2 深絞り性に影響する因子 …………………………………100
  6.8.3 深絞り性の良い材料 ………………………………………100
6.9 冷間曲げ性が要求されるとき ……………………………………101

6.9.1　冷間曲げ性に必要な性質 …………………………………101
　　6.9.2　冷間曲げ性に影響する因子 ………………………………101
　　6.9.3　冷間曲げ性の良い材料 ……………………………………101
　6.10　研削性が要求されるとき …………………………………………101
　　6.10.1　研削性に必要な性質 ………………………………………101
　　6.10.2　研削性に影響する因子 ……………………………………101
　　6.10.3　研削性の良い材料 …………………………………………102
　6.11　焼入適応性が要求されるとき ……………………………………102
　　6.11.1　焼入適応性に必要な性質 …………………………………102
　　6.11.2　焼入適応性に影響する因子 ………………………………103
　　6.11.3　焼入れに適する材料 ………………………………………105

# 7. 工具用鋼の選び方と使い方

　7.1　工具用鋼に要求される性能 …………………………………………107
　7.2　図解式選び方 …………………………………………………………107
　　7.2.1　耐摩-じん性比法 ……………………………………………107
　　7.2.2　組合せ法 ………………………………………………………111
　7.3　使用上，知っておかねばならぬ工具鋼の諸性質 …………………113
　　7.3.1　硬　さ …………………………………………………………113
　　7.3.2　耐摩性 …………………………………………………………114
　　7.3.3　耐撃性 …………………………………………………………114
　　7.3.4　熱処理による変形 ……………………………………………115
　　7.3.5　硬化深度 ………………………………………………………116
　　7.3.6　熱による軟化 …………………………………………………116
　　7.3.7　耐熱性 …………………………………………………………117
　　7.3.8　熱処理の容易さ ………………………………………………117
　　7.3.9　被切削性 ………………………………………………………117
　　7.3.10　脱炭に対する抵抗 ……………………………………………118

|   |   | 7.3.11 経済性 …………………………………………………………118 |
|---|---|---|

 7.4 熱処理上考えねばならぬ事柄 …………………………………118
 7.5 工具の硬さについて ……………………………………………120

## 8. 特殊用途鋼の選び方と使い方

 8.1 ステンレス鋼 ……………………………………………………123
  8.1.1 ステンレス鋼の選び方 …………………………………123
  8.1.2 ステンレス鋼の使用上の注意 …………………………126
 8.2 ばね鋼 ……………………………………………………………128
  8.2.1 熱間成形用ばね鋼の選び方 ……………………………129
  8.2.2 冷間成形用ばね鋼の選び方 ……………………………132
  8.2.3 特殊ばね用鋼の選び方 …………………………………134
 8.3 軸受鋼 ……………………………………………………………134

## 9. 機械技術者と設計者のための熱処理技術

 9.1 熱処理とは ………………………………………………………137
 9.2 赤め方と冷やし方のルール ……………………………………137
 9.3 冷やし方の3タイプ ……………………………………………139
 9.4 鋼の組織の変化 …………………………………………………140
 9.5 熱処理方法の種類 ………………………………………………144
 9.6 一般熱処理（ズブ焼き熱処理）…………………………………145
  9.6.1 焼なまし（JIS記号　HA）……………………………145
  9.6.2 焼ならし（JIS記号　HNR）…………………………146
  9.6.3 焼入れ（JIS記号　HQ）………………………………147
  9.6.4 焼戻し（JIS記号　HT）………………………………152
 9.7 表面熱処理（はだ焼き熱処理）…………………………………154
  9.7.1 表面硬化熱処理 …………………………………………154
  9.7.2 表面強化熱処理 …………………………………………162

9.7.3　表面滑化熱処理 ················································· 164
9.8　サブゼロ処理（JIS記号　HSZ）································· 165
9.9　熱処理を発注するときの心構え ································ 167

# 10. どんな材料が使われているか

10.1　構造物用主要材料 ················································· 169
　10.1.1　土木構造物用 ················································· 169
　10.1.2　建築構造物用 ················································· 170
　10.1.3　船舶用 ························································· 171
　10.1.4　圧力容器用 ···················································· 172
　10.1.5　ボイラ用 ······················································· 173

10.2　機械主要部品用材料 ·············································· 175
　10.2.1　ポンプ，送風機，圧縮機用 ································ 175
　10.2.2　冷凍機用 ······················································· 177
　10.2.3　内燃機関用 ···················································· 179
　10.2.4　工作機械用 ···················································· 184
　10.2.5　土木機械用 ···················································· 185

10.3　一般機械要素用材料 ·············································· 187
　10.3.1　軸　用 ·························································· 187
　10.3.2　軸受用 ·························································· 187
　10.3.3　歯車用 ·························································· 187
　10.3.4　カム用 ·························································· 187
　10.3.5　ロール用 ······················································· 188
　10.3.6　ばね用 ·························································· 188
　10.3.7　ボルト，ナット用 ··········································· 189
　10.3.8　キー，コッタ，ピン類用 ··································· 190
　10.3.9　リベット用 ···················································· 190
　10.3.10　レール及び車輪用 ·········································· 191

10.4 機械工具用材料 ··············································191
　10.4.1 切削工具用 ··············································191
　10.4.2 冷間成形金型用 ··········································191
　10.4.3 熱間成形金型用 ··········································192
　10.4.4 せん断刃用 ··············································192
　10.4.5 のこぎり，ハクソー用 ····································192
　10.4.6 作業工具用 ··············································192
　10.4.7 治工具，ゲージ用 ········································193
　10.4.8 やすり用 ················································193

# 11. 機械，材料，熱処理技術者へのコメント集

11.1 機械部品を設計するときの鋼材料の選び方 ····················195
11.2 鋼を選ぶコツ ················································196
11.3 SUJ 2をもっと活用しよう ····································197
11.4 機械設計には物理的性質も忘れずに ····························198
11.5 非調質鋼という名の鋼 ········································199
11.6 ADI（FCAD）とは ············································200
11.7 ベイナイト鋼をもっと利用しよう ······························201
11.8 機械部品のストレスを取ろう ··································202
11.9 ストレスには善玉と悪玉がある ································203
11.10 熱処理技術者から機械技術者に物申す ·························205
　11.10.1 研削加工品について ·····································205
　11.10.2 曲がり直しについて ·····································206
11.11 機械部品の熱処理の基本 ·····································207
11.12 熱処理常識のウソ三題 ·······································208
　11.12.1 水焼入れすると焼割れが起こる？ ·························208
　11.12.2 焼曲がりは早く冷えた側が凹，遅く冷えた側が凸になる？ ···209
　11.12.3 焼戻温度はテンパ・カラーでわかる？ ·····················209

| | | |
|---|---|---|
| 11.13 | トラブルシューターの心構え | 209 |
| 11.14 | クレーム調査のやり方 | 211 |
| 11.14.1 | クレーム調査の三原則 | 211 |
| 11.14.2 | クレーム調査のチェックポイント | 211 |

〔付　録〕

| | | |
|---|---|---|
| 1. | 鉄鋼の物理的性質 | 215 |
| 2. | 硬さの換算式 | 218 |
| 3. | 鉄鋼材料の JIS 記号 | 219 |
| 4. | 熱処理加工の JIS | 220 |
| 5. | 熱処理記号（JIS B 0122） | 221 |
| 6. | 熱処理加工の標準価格 | 222 |
| 7. | 大物，小物の区別（JIS） | 222 |
| 8. | JIS 構造用合金鋼（S-A 材）の新記号体系 | 223 |
| 9. | 主な JIS 鉄鋼材の記号の変遷 | 226 |
| 10. | JIS 鉄鋼用語（抜粋） | 235 |
| | 主な SI 単位への換算率表 | 238 |
| | 索　引 | 239 |

# 緒　　言

　満足する機械部品を得るには，良い設計（Good Design）—良い材料（Good Steel）—良い熱処理（Good Treatment）の三つの鍵（かぎ）が必要である．つまり，ハウツー・デザイン（How to Design），ハウツー・セレクト（How to Select），ハウツー・トリート（How to Treat）の三つのハウツーの連係が大切なのである．いかに良い設計を行っても，材料の選択を間違えたらなんにもならないし，たとえ適材が選ばれたとしても，これに施される熱処理が不適当であったら，やはり満足な性能は得られない．図 0.1 は，疲労強度に対するこの三つの鍵の関連性を示したものである．

　一般に機械部品の設計は，力学計算によってソツなく行われているが，材料の選択は旧来の慣習や経験によるか，あるいは JIS 鉄鋼ハンドブックを頼りに

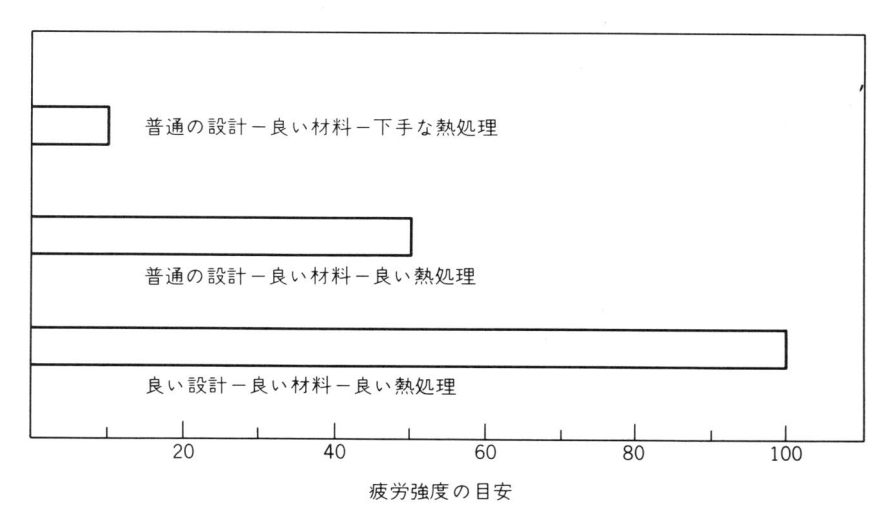

図 0.1　設計-材料-熱処理の三つの鍵

行っているのが現状である．3番目の鍵である熱処理にいたっては，熱処理専業者や外注下請けに依存，いわば人任せのことが多い．これでは満足する機械部品を作ることはおぼつかない．鋼材料は，熱処理によって初めてその性能をいかんなく発揮するのであるから，どうしても設計—材料—熱処理の三つがうまく調和していなければならない．つまり，「適材，適処理，適所」ということになる．

JIS鉄鋼材料をいかに選び，これをいかに熱処理して使用するかということを，設計技術者や機械技術者はもっと真剣に検討する必要がある．単に特殊鋼という名に幻惑されて無意識にこれを使用するなどということは，もってのほかである．コストダウン，省資源，省力，無公害という条件下では，良く設計し，良く選び，良く熱処理するということに徹底することが大切である．特に熱処理方法の適否を評価するに当たっては，熱処理の3Sによるのがよい．熱処理の3Sとは，

① Sure（シュアー）…………確実……再現性
② Safety（セーフティ）……安全……無公害
③ Saving（セービング）……節約……省資源

のことで，この三つのSを満足する熱処理方法であれば良いプロセスといえよう．

およそ鉄鋼材料の選択に当たっては，要求される性質がなんであるか，どんな性能が必要であるかということを考えなくてはならない．例えば，機械的強度が要求されるならば引張強さの大きいものを，繰返し荷重を受けるものならば疲労強度の高いもの，摩耗しにくいことを必要とするならば耐摩耗性の大きいもの，腐食をきらうときにはステンレス鋼というように，要求される性質によくマッチした鋼材を選ぶことが大切である．もちろんいかなる場合でも，信頼性，経済性を考慮することを忘れてはならない．信頼性はよく品質管理（Q.C）されたもので，一定の規格範囲におさまるものであることを必要とし，製造方法から熱処理方式にいたるまでの工程管理を十分行ったものであることが必要である．それには，JIS鉄鋼材料とJIS熱処理加工を活用するのがよい．経済

性は鋼質，製鋼技術，製造加工方法，機械加工方法，溶接の難易などによることが多い．

なお，材料の選定使用に当たっては，従来の経験と直観を無視してはいけない．昔から今まで使われている材料は，どこか良いところがあるから使われているのであって，不都合があればそれはとっくの昔に葬り去られてしまったに相違ない．したがって，むげにこれらの材料を捨てる必要はないのであって，こういうところに先輩の苦労をしのび，その衣鉢（はつ）を継ぐことは大切である．しかし，技術は日進月歩で，昔，良かったもの必ずしも今日良いとは限らない．昔はそういう環境下において良かったのであって，いわばバウンダリー・コンディションが異なった今日においては，もう1回新しい目で，新しい観点に立って，これを見直す必要がでてくる．ここに進歩発展があるのである．例えば，昔の特殊鋼はNi鋼，Ni-Cr鋼といったように，含Ni鋼が特殊鋼の王様のように考えられ，これが好んで使われていたのであるが，今日においては焼入性と省資源の点からCr鋼，Cr-Mo鋼，B鋼が，その王座を占めている現状である．

以下，JIS鉄鋼材料を対象に，JIS鉄鋼ハンドブックの正しい見方と使い方をはじめとし，JIS鉄鋼材料の特性，選定上のポイント，機械設計と材料と熱処理の関連性，要求性能にマッチした材料の選び方と使い方などについて解説することにする．

# 1. JIS鉄鋼ハンドブックの見方と使い方

JIS鉄鋼ハンドブックは，機械技術者や設計者が材料を選ぶときのコンサイスとされている．すなわち，このハンドブックに記載されている降伏点や引張強さを設計基準にとり入れ，またこれらの強さから材質を選定しているのが常道である．しかし，これが往々間違いを生むもとになっている．そこでJIS鉄鋼ハンドブックの正しい見方と使い方について説明する．

## 1.1 JIS鉄鋼の区別

JISでは鉄鋼を次のように区別している．すなわち，鉄は銑鉄，合金鉄及び鋳鉄，鋼は普通鋼，特殊鋼及び鋳鍛鋼を意味している．更に普通鋼は条鋼，厚板，薄板，鋼管，線材及び線のように形状別に，特殊鋼は合金鋼，工具鋼，特殊用途鋼のように性状別に細分類されている．

したがって，JIS鉄鋼ハンドブックというと，鋳鉄と鋼のハンドブックを意味し，学術的の純鉄と鋼のハンドブックとは異なる．鉄が鋳鉄を意味することは，JISのみならず，アメリカでもIron（鉄）といえばCast Iron（鋳鉄）を意味するのと軌を一つにしている．

学術的には，鉄鋼材料はC％によって表1.1.1のように分類されている．つまり，鉄，鋼，鋳鉄はいずれもFeとCの合金であって，C％の多い，少ないに

表 1.1.1 鉄鋼材料の分類（学術的）

| 分 類 | C ％ | 一般に多用されるC％ |
|---|---|---|
| 鉄 | 約 <0.02 | <0.03 |
| 鋼 | 0.02〜2.14 | 0.05〜1.5 |
| 鋳 鉄 | 約 >2.14 | 2.5〜3.8 |

よって分類されているのにすぎない．いわばこの三つは3兄弟であって，C％が違うだけである．このように鋼はFeにCが0.02〜2.14％入ったものであるが，正確にいうならば，このほかにSi, Mn, P, Sの四つ，都合，C, Si, Mn, P, Sの五つの元素が入っている．これを鋼の5元素という．いうなれば5人の侍である．大切なのはこの5人の侍の序列が，表1.1.2のように決まっているということである．したがって，この序列を勝手に変えてはいけない．化学成分を報告したり，記入するときには，この序列を守ることが必要である．アメリカでは日本と異なり，SiとMnの順序が違っていることに注意すべきである．

表 1.1.2　鋼の5元素の序列

| 日　本 | C, Si, Mn, P, S |
|---|---|
| アメリカ | C, Mn, Si, P, S |

鉄にC, Si, Mn, P, Sの5元素が入った鋼を，炭素鋼又は普通鋼という．普通鋼に特殊元素が入って特殊な性質を示すようになったものを，特殊鋼(Special Steel)という．この特殊鋼のうち，調質（焼入・焼戻し処理，焼戻し温度およそ400℃以上）して使うものを合金鋼(Alloy Steel)，工具に使うものを工具鋼(Tool Steel)，特殊用途に使うものを特殊用途鋼(Special Use Steel)という．つまり，鋼は次のような分類になる．

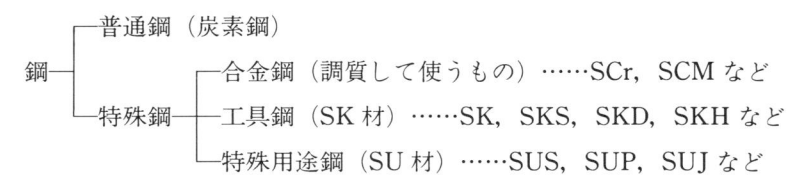

```
         ┌─普通鋼（炭素鋼）
鋼 ──────┤         ┌─合金鋼（調質して使うもの）……SCr，SCM など
         └─特殊鋼──┼─工具鋼（SK材）……SK, SKS, SKD, SKH など
                   └─特殊用途鋼（SU材）……SUS, SUP, SUJ など
```

合金鋼は調質して使う特殊鋼で，いわば強じん（靱）鋼に属し，機械構造用部品の対象鋼材になるものである．表1.1.3は，合金鋼に含まれる合金元素の最低パーセントを示すものである．

JISの鉄鋼材料は表1.1.4のように分類されており，普通鋼材はJIS規格分類番号が3000番台，特殊鋼材は4000番台，鋳造品（鋳鋼，鋳鉄）は5000番台

表 1.1.3 合金鋼の合金元素の最低パーセント

|  | Si | Mn | P | S | Ni | Cr | Mo | Cu | W | V | Al | Pb | Co |
|---|---|---|---|---|---|---|---|---|---|---|---|---|---|
| 鉄鋼協会式 | 1.0 | 1.5 | 0.2 | 0.3 | 0.4 | 0.3 | 0.1 | 0.4 | 0.3 | 0.1 | 0.3 | 0.3 | |
| ブラッセル方式 | Si+Mn 2.0 | | 0.12 | 0.1 | 0.5 | 0.5 | 0.1 | 0.4 | 0.3 | 0.1 | 0.3 | 0.1 | 0.3 |

表 1.1.4 JISによる鉄鋼材料の分類

| 大別 | 中別 | 小別 | JIS 記号例 |
|---|---|---|---|
| 鋼 | 普通鋼 | 圧延鋼材 | SS, SB, SV, SM |
| | 特殊鋼 | 構造用合金鋼鋼材 | S-C, H, SCr, SMn, SMnC, SCM, SNC, SNCM, SACM, SGV, SBV, SQV |
| | | 工具鋼鋼材 | SK, SKS, SKD, SKT, SKH |
| | | 特殊用途鋼鋼材 | SUS, SUH, SUJ, SUP, SUM |
| | 鋳鋼 | 炭素鋼鋳鋼品 | SC, SCW |
| | | 構造用合金鋳鋼品 | SCC, SCMn, SCSiMn, SCMnCr, SCMnM, SCCrM, SCMnCrM, SCNCrM |
| | | 特殊用途鋼鋳鋼品 | SCS, SCH, SCMnH |
| | 鍛鋼 | 炭素鋼鍛鋼品 | SF |
| | | 構造用合金鋼鍛鋼品 | SFV, SFVV, SFCM, SFNCM |
| 鉄 | 鋳鉄 | ねずみ鋳鉄品 | FC |
| | | 球状黒鉛鋳鉄品 | FCD, FCAD |
| | | 可鍛鋳鉄品 | FCMB, FCMW, FCMP |

になっている．

## 1.2 化学成分

JIS鋼材には，すべて化学成分表が明示されている．この化学成分は鋼材や製品についてのものではなく，溶鋼の化学成分である．つまり，レードル分析値（とりべ分析値）である．したがって，鋼材そのものについての分析値（製品

分析値又はチェック分析値)ではない.このために,たとえ JIS 合格品であっても,鋼材そのものについて行った分析値は JIS 表示の分析値と一致することはなく,多少変化していることが普通である.また,これはやむを得ないことでもある.つまり,レードル分析値(JIS 表示値)とチェック分析値(鋼材分析値)とは違うのである(表 1.2.1 参照).しかし,違うといってもそう大きく違うことはないのであるが,チェック分析値が JIS 表示値と違うからといって,クレームの理由にはならない.

　JIS 表示の分析値がレードル分析値であることを明確にするために,JIS 本文では「とりべ分析により」と断り書きをしてある.昔の JIS ではこのただし書きがなく,「鋼材の化学成分は表2による」というようになっていたので,誤解を招くケースが多かったのである.今でも参考書やテキストブック,あるいはカタログなどに記載されている化学成分は,みなとりべ分析値である.また,鋼材問屋からついてくるミルシートも,とりべ分析値であることを忘れてはな

表 1.2.1　製品分析の許容変動値(JIS)一例　(JIS G 0321)

| 鋼　　種 | 成　　分 (%) | | 許容変動値(%) | |
|---|---|---|---|---|
| | | | 下　限 | 上　限 |
| 炭　素　鋼 | C | <0.15<br>0.15〜0.40<br>0.40〜0.80<br>>0.80 | 0.02<br>0.03<br>0.03<br>0.03 | 0.03<br>0.04<br>0.05<br>0.06 |
| 合　金　鋼 | C | <0.30<br>0.30〜0.75 | 0.01<br>0.02 | 0.01<br>0.02 |
| | Cr | <0.90<br>0.90〜2.10 | 0.03<br>0.05 | 0.03<br>0.05 |
| | Mo | 0.20〜0.40<br>0.40〜1.15 | 0.02<br>0.03 | 0.02<br>0.03 |
| | Ni | <1.00<br>1.00〜2.00 | 0.03<br>0.05 | 0.03<br>0.05 |

規定値の最大値＋変動上限値　
規定値の最小値－変動下限値　) は OK となる.

らない.

## 1.3 機械的性質（強度及び硬さなど）

JIS鉄鋼ハンドブックに示されている機械的性質はすべてJIS標準サイズ，つまり一般鋼材の場合は径25 mmの丸棒試験材，工具鋼の場合には15 mm角又は丸，長さ20 mmの小試験片についてのものである．したがって，これより太いものについては全然別問題であり，また製品についての機械的性質（現品保証値）でもないことを注意すべきである．径25 mmのJIS標準サイズは世界各国共通である（アメリカでは径1インチ）．

一般に鋼材の機械的性質は材質のみならず，太さ（サイズ）によって異なるもので，これをサイズ・エフェクトという．材質が決まれば，強度も決まると早合点してはいけない．太さによっても強度が変化するのである．このために，JIS標準サイズを決めているのである．径25 mmというと，10円硬貨のサイズ（径23.5 mm）よりわずか1.5 mm大きいにすぎず，工具鋼の径15 mmは1円のアルミ貨（径20 mm）よりも小さい．

JIS鉄鋼ハンドブックの機械的性質が，JIS標準サイズのものにしか適用できないということは，JIS本文の機械的性質の備考欄に明記されているが，これに気付く人はほとんどいない．カタログ，教科書などに記載されている機械的性質はJIS標準サイズに対するもので，一般には断り書きがないのですべてのサイズに適用できるものと即断しがちである．これが間違いのもとである．

要すれば，JIS鉄鋼ハンドブックの機械的性質は，JIS標準サイズ(径25 mm)に対する一例を示しているのにすぎないのであって，いわば参考値にすぎない．この参考値をJIS規格の本文に載せておくのはおかしいことになる．このために，機械構造用炭素鋼材（S-C）のJIS（G 4051）からは削除（1973年9月）され，またニッケルクロム鋼(SNC, JIS G 4102)，ニッケルクロムモリブデン鋼（SNCM, JIS G 4103），クロム鋼（SCr, JIS G 4104）及びクロムモリブデン鋼（SCM, JIS G 4105）の4規格からも機械的性質が参考値になっている（1979年）．なお，機械構造用マンガン鋼（SMn）及びマンガンクロム鋼

(SMnC)のJIS (G 4106)においても機械的性質が参考値になっている．これが正しい姿である．

しかし，工具鋼(SK, SKS, SKH など)，ばね鋼(SUP)，ステンレス鋼(SUS)，耐熱鋼(SUH)などのJISにおいては，熱処理方法や機械的性質がいまだに参考値でなく，規格本文に記載されている．これは思想が統一されていない証拠で，これらは早く改正して参考値にすべきである．

## 1.4 熱処理方法（温度及び方法など）

JIS鉄鋼ハンドブックに示されている熱処理方法は，すべてJIS標準サイズ（一般鋼材…径25 mmの丸棒試験材，工具鋼…15 mm丸又は角，長さ20 mmの試験片）についての一例であって，製品に対するものではない．つまり，参考値的性格のものである．製品そのものについて考えるときは，マス・エフェクトを考慮して修正しなくてはならない．つまり，温度を多少高目にするとか，冷却方法を早目にするとかの工夫が必要である．

そもそもJIS規定の性能は鋼材そのものの性質ではなく，また実際の使用状態におけるものでもない．すべてはJIS試験材に対するものである．実際，使用するときは熱処理方法も機械的性質もそれぞれ違ってよいのである．また，JIS鉄鋼ハンドブックどおりに製品は取り扱う必要はない．JIS鉄鋼ハンドブックには，その材質に適した熱処理方法の一例を例示したのにすぎないのであって，これがいつもベストというわけではないし，またこれによらなければならないということもない．所要の強さ，硬さに応じて，適宜変更して差し支えないのである．つまり，JIS鉄鋼ハンドブックでフィックス（固定）されているのではないということを忘れてはいけない．いいかえれば，JIS規定どおりに製品は取り扱う必要はないのである．JIS規定値は試験材に対するものであって，鋼質を一応見定めるためのものである．JIS鉄鋼ハンドブックどおりに取り扱わなかったからといって，JIS違反にはならない．この見地からS-C材やSNC, SCMなどのSA材の規格には，機械的性質や熱処理方法などが除外され，参考値になっているのである．

## 1.5 用途別の名称に惑わされてはいけない

　JIS 鋼材の中には，例えば，ばね鋼とかダイス鋼あるいは軸受鋼などといって，用途別の名前のついたものがある．これらの鋼材は一応その名前の用途には向いているが，それ専用であって，ほかのものには使えないなどと，かたくなに考えてはいけない．鋼材の性質や熱処理方法などを考えて，いろいろな用途に自由自在に使いこなすように心掛けるべきである．鋼は熱処理によって，性質が千変万化するのである．それが鋼の特性であり，鋼が有用金属の一つでもある証拠である．

## 1.6 鍛鋼品と鍛造品

　JIS 鉄鋼ハンドブックには鍛鋼品（SF 材）の規格がある．これは鋼塊から製品（鋼材）になるまで終始一貫鍛造（鍛造比 3 以上），又は圧延と鍛造で成形（鍛造比 5 以上）した品物である．機械構造用炭素鋼（S-C 材）を，単に火造成形しても鍛造比の関係から鍛鋼品にはならないのである．S-C 材を単に火造成形したものは鍛造品であって，鍛鋼品ではない．鍛鋼品と鍛造品（火造品）の区別をはっきりさせておく必要がある．鍛鋼品には鍛造比とファイバ・フロー及び熱処理が大切なのである．鋳物で部品を作りたくないときには，火造品と指定すべきである．安易に鍛鋼品などと指定してはいけない．

　以上の諸点を注意して JIS 鉄鋼ハンドブックを使うならば，JIS 鉄鋼材料を正しく選び，正しく使い分けるための良きガイドブックになる．「適材，適所」の実をあげるために，JIS 鉄鋼ハンドブックを大いに活用すべきである．

# 2. JIS 鉄鋼材料の特性と扱い方

JIS 鋼材の一般的特性をあげてみると
① 品質が保証されているので,各鋼材のばらつきが少なく,製造品質管理上,非常に好ましいこと.
② 規格材として量産されているので,特殊なものを除いて入手が容易で,納期も短いこと.
③ 品質の優れている割合には値段が安いこと.
などである.

しかし,いかに優れた材料でもその選択を間違えたり,使い方を誤ると,せっかくの優れた性質が十分に発揮されないばかりでなく,製品である機械,構造物などの損傷,破壊といった事故にも結び付くものであるから,これらの材料の性質を十分に理解したうえでの正しい選び方と使い方を心掛けることが必要である.次に,これらの JIS 鋼材の特性と扱い方を簡単に説明する.

## 2.1 JIS 普通鋼材

### 2.1.1 一般構造用圧延鋼材 (SS 材)

この鋼材は,JIS 鋼材のうちで最も多く使われている鋼種であって,その使用は全分野の製品にわたっている.特に,SS 400 の使用量は圧倒的に多く,主要強度部材を除くほか,ほとんどの機械及び構造物の補助部材として,鋼板,平鋼,棒鋼及び形鋼などに使用されている.現在,SS 材は製鋼技術の進歩向上に伴って品質も安定し,常温以上 350℃ までの範囲では安全に使用することができ,かつ溶接性についても,SS 41 は板厚 50 mm を超えない限り,それほど問題になることはない.ただ SS 材は,溶接性や低温じん (靱) 性を保証する検査が行われていないので,粗悪品の混入する恐れがないでもない.SS 490 又は

SS 540 は原則として溶接しない方面に使うのがよい．板厚 50 mm 以上の場合には SS 400 でなく，SM 材を使うべきである．

　SS 材は引張強さの最低限が規定されているだけで，化学成分の規定，特にＣ％は決められていない（わずかに P, S だけが規定されているにすぎない）．したがって，実際に使うときには次式によって大略のＣ％を推定するのが便利である．

$$\text{引張強さ } \sigma_B \text{ (kgf/mm}^2\text{)} \fallingdotseq 20 + 100 \times \%C \fallingdotseq 20 + C$$

$$C(\%) \fallingdotseq \frac{\sigma_B - 20}{100}$$

例えば，SS 400（SS 41）材は

$$C(\%) \fallingdotseq \frac{41 - 20}{100} \fallingdotseq 0.21$$

となる．

　なお，SS 材はリムド鋼といって脱酸不十分な鋼であるから，その外周部は純鉄に近く良質であるが，内部は P, S の偏析が比較的多く，不均一組織を示すのが普通である．したがって，ラミネーション（重なり，二枚板ともいう）などの材料欠陥に注意することが必要である．リムド鋼に対して脱酸を十分きかせた鋼がキルド鋼である．キルド鋼は合金鋼の製造に使われる．リムド鋼であるか，キルド鋼であるかは Si ％を見れば大体の見当がつく．つまり，Si＜0.1％ならばリムド鋼，Si＞0.15％ならばキルド鋼とみて差し支えない．

　また，SS 材はＣ％が低いので，浸炭はだ焼鋼の代用として使われることがあるが，脱酸不十分の鋼であるから，浸炭によって異常組織になりやすく，焼きむらを生じやすい．こういう欠点をよく知っておいて SS 材は使うべきである．リムド鋼，つまり SS 材に浸炭するとグラインダ火花が羽毛状になるので，すぐ判別がつく（JIS G 0566 参照）．要すれば，SS 材は熱処理して使う材料には適さないことになる．

### 2.1.2　溶接構造用圧延鋼材（SM 材）

　SM 材も SS 材についで多く使われている鋼種で，重要度からいっても SS

材をしのぐほどである．SM 材の M は Marine の M であって，船舶用鋼材ということである．昔の船舶はリベット構造であったが，今では溶接構造に変わったので，SM 材が溶接用鋼材ということになったのである．SM 材の特長は，その名の示すように特に溶接性が優れていることで，そのために C, Si, Mn %を規定し，またほとんどの鋼種がセミキルド又はキルド鋼である．SM 材のうち，B 種と C 種は衝撃試験を行って，ある一定値以上の低温じん性のあることを保証してあるから，ぜい(脆)性破壊をおこす心配がない．SM 50 以上では，溶接は十分な注意と適当な熱処理が必要である．

一般に溶接割れは HV<350，炭素当量 $\left(C+\dfrac{Si}{24}+\dfrac{Mn}{6}+\dfrac{Ni}{40}+\dfrac{Cr}{5}+\dfrac{Mo}{4}+\dfrac{V}{14}\right)$ <0.44 % ならば発生しにくいが，これ以上の場合には予熱を行わなくてはならない．低温じん性に関しては，SM 材の B 種は大体 0 ℃，C 種では－10～－20 ℃程度までは OK と考えられている．

また，SMY 種は Nb を添加した鋼種で，降伏比 $\left(\dfrac{降伏点}{引張強さ}\times 100\%\right)$ が高いことを特長としている．Y は Yield の頭文字をとっている．

### 2.1.3　溶接構造用耐候性熱間圧延鋼材（SMA 材）

大気中の腐食に耐える性質，つまり耐候性をもった SM 材が SMA 材である．耐候性は P, Cu, Cr の添加によって向上するが，溶接性にはあまり良くないので，SMA 材には P を除き，Cu-Cr 系をベースにして，更に Mo, Nb, Ni, Ti, V 又は Zr のいずれか一種以上を添加することを規定している．耐候性を得るために，これらの元素を添加するので，強度は必然的に高くなり，SM 490 A がベースになる．したがって，SM 400 A は強度を下げるために合金元素の添加量を少なくしてあるので，耐候性は SM 490 A より劣っている．SM 570 は，SM 490 A を熱処理によって強度を高めたものである．

### 2.1.4　高耐候性圧延鋼材（SPA 材）

SMA 材より更に高い耐候性をねらったもので，P-Cu-Cr-Ni 系となっている．この鋼材は普通鋼の 7～8 倍の耐候性を有し，化学成分中，P の高いことが特長となっているが，溶接性は SMA 材よりかなり劣っている．したがって，溶接する場合は最大板厚を 16 mm に制限するのがよい．いずれにせよ，溶接に

当たっては特別な注意が必要である．

### 2.1.5 ボイラ用圧延鋼材（SB材）

SB材もSM材と並んで重要な部材に使われている．SB材は一般に板厚の厚い圧力容器に使われており，そのほとんどはSM材と同様に溶接して使用される．したがって，SB材とSM材の使い方はやや類似しているが，いちばん大きな相違点はSB材が必ず常温以上の高温の圧力容器に使われる点である．これはSB材は高温における黒鉛化（$Fe_3C \to 3Fe+C$）を防ぐため，Alの含有量を制限しており，また高温強度の点からSi脱酸によって，中程度の結晶粒度に調整してあるからである．更に高温強度の点を考慮して，Mnで強度をだすよりも，Cを高めて強度をだしているので，低温じん性があまり良くない．したがって，SM材に比較して低温じん性が劣り，ぜい性破壊の危険度が高いから，できるだけ常温以下の温度で使用する構造物には使わないことが望ましい．このため，ボイラの耐圧試験をするときには水を使わずに，お湯を使ってテストしているくらいである．また，SB材はSM材に比較してC％が高いので，溶接性が悪く，このために溶接に際しては十分注意することが必要である．特に厚50mm以上の厚板を使用するときには，十分な予熱を行ってから溶接しないと溶接割れを発生する恐れがある．また，Moを含んだSB-46M，SB-69Mならびに Mn-MoのSB-56Mは，Moを含まないものに比べて高温強度がはるかに高く，500℃までの部材として使用できるものである．ただ，Mo又はMn-Moの含有量が多いので，溶接が困難である．

### 2.1.6 高張力鋼材（ハイテン）

高張力鋼の定義や規格はJISにはないが，便宜上，引張強さが$600 N/mm^2$（約$60 kgf/mm^2$）以上で，降伏点が$300 N/mm^2$（約$30 kgf/mm^2$）以上の鋼種を対象と考えてよい．構造用ハイテンには溶接性の優れたSM材が代表的で，このほかに耐候性の良いSPA（普通鋼の8倍程度の耐候性）とSMA（4倍程度の耐候性，ただし溶接性は良い），更にSi-Mn系の鉄筋コンクリート用のSDがある．また，ボイラ，圧力容器用ハイテンにはSBV（Mn-Mo鋼，Mn-Mo-Ni鋼），圧力容器用調質ハイテンにはSQV（調質型）がある．

## 2.1.7 リベット用圧延鋼材(SV材)

リベットは古くから鋼構造部材の接合用材料として使用されてきたが,溶接工法やボルト工法の普及に伴い,その用途は激減の一途をたどっている.この鋼材の特長は,リベット打ちの熱間作業の際,割れやきずの発生のないように,急冷曲げ試験及び縦圧試験に合格しているので,熱作業に強いことである.その他はSS材と同様に取り扱ってよい.

## 2.2 JIS合金鋼材

### 2.2.1 機械構造用炭素鋼材(S-C材)

機械構造用炭素鋼材は起重機,生産機械,自動車,エンジン部品など,非常に多くの部品に使われている.熱処理としては焼ならし,焼入・焼戻し(調質),あるいは表面焼入れ(高周波焼入れ,炎焼入れ),浸炭はだ焼きなどが施される.なお,S-C材のJISには,機械的性質や熱処理方法などはすべて削除され,参考値になっている.その理由は,これらの数値はJIS標準サイズ(径25 mm)についてのものであり,マス・エフェクトの関係から直ちに大物実体へ適用できないからである.

S-C材はS 10 Cから始まってS 58 Cまで,C量でいうならば0.08～0.61%である.それ以上,高CになるとSK材となる.つまり,0.6%Cを境として,それ以下がS-C材,それ以上がSK材ということになる.これはC%と焼入硬さの関係が図2.2.1のように変化し,0.6%Cまではほぼ直線的に上昇するのに対し,0.6%C以上になると焼入硬さはほとんど水平,つまりコンスタントになるのである.ちょうど,0.6%Cのところに折れ点ができるので,ここをもってS-C材とSK材の境界としているのである.

また,S 09 CK,S 15 CK,S 20 CKのようにKのついた,いわゆるS-CK材が規定されているが,これは浸炭はだ焼き専用鋼である.Kとは高級(Kokyu)のKである.S-CK材は,特にP,S,Cu,Ni+Crの含有量が一般用S-C材よりも少なく規定されているだけである.したがって,一般の浸炭はだ焼きにはS 22 C以下ならば十分その目的に適するのであって,S-CK材でなくてもよ

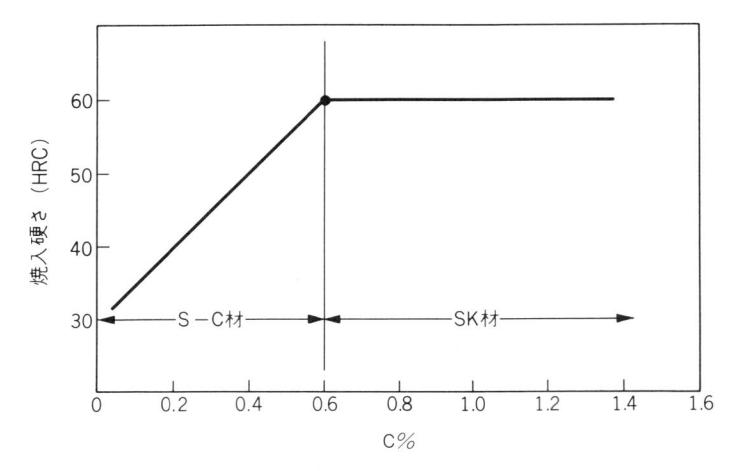

図 2.2.1 焼入硬さと C％の関係

い．ただし，熱処理加工の JIS B 6914（鋼の浸炭及び浸炭窒化焼入焼戻し加工）による JIS マークは付けられないことになっている．

### 2.2.2 構造用合金鋼材（SMn，SCr，SMnC，SCM，SNC，SNCM，SACM 材）

これらの合金鋼は，すべて焼入・焼戻し（調質）又は浸炭や窒化して使用する．熱処理による機械的性質の改善効果は鋼材の化学成分，大きさ（マス）によって大きく変化する．したがって，所要性質と部品の大きさ及び焼入性の問題から鋼種を決定することが必要である．しかし，コストの点を併せ考えて，SMn，SCr，SMnC，SCM 鋼材ぐらいに止めておくべきで，いたずらに高価な合金鋼（SNCM や SNC 鋼材）を使うべきではない．たいていの用途には S-C 材で間に合うものであり，マス・エフェクトの関係で，やむを得ないときにのみ SMn，SCr 又は SCM 材を使うようにしたいものである．Ni の入った鋼材は資源的にみても使用すべきではない．熱処理方法を考慮して，もっと S-C 材を活用すべきである．

### 2.2.3 焼入性を保証した構造用鋼材（H 鋼材）

S-C 材や構造用合金鋼材は，すべて焼入・焼戻し（調質）などの熱処理を施

## 2.2 JIS 合金鋼材

して，適材を適所に使用するわけであるが，その場合，鋼材の焼入性（ハーデナビリティ）を知ることは設計上大切なことである．それには従来のように，単に化学成分の指定だけでなく，Hバンドを指定する必要が生じてくる．焼入性を保証した鋼材は所要の焼入効果が確実に得られるので，最近H鋼材が規格化され，活用されているのである．また，H鋼材によって大径材の設計指針を決めることができるようになったことは大きな成果である．鋼材の焼入性は，ジョミニー試験法（JIS G 0561）や$D_I$法によって決めるのが一般的である．

今，焼入硬さから鋼材を選ぶ場合，つまりある部品の指定部位が所要の硬さになるためには，どんな鋼種を選んだらよいかという場合を説明しよう．例え

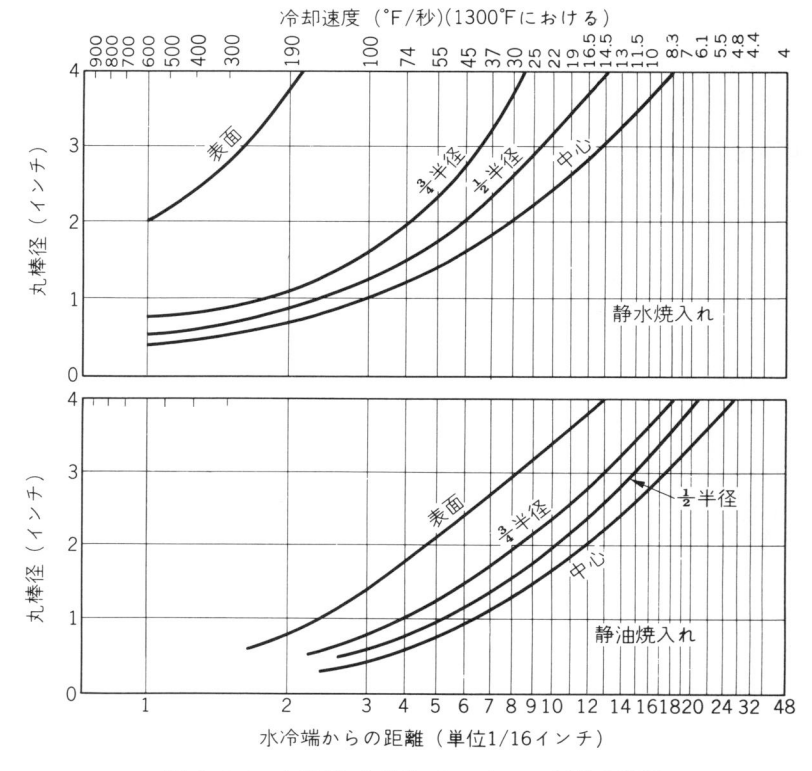

図 2.2.2　丸棒径-各部位-ジョミニー距離の関係

ば，油焼入れを行う直径2インチ（約50 mm）の丸棒の表面硬さがHRC 45を必要とする部品に対しては，図2.2.2から指定の部位がジョミニー距離（ジョミニー試験による水冷端からの距離）のどこに該当するかを求め，この距離における焼入硬さHRCを満足させる鋼種を規定のHバンドから選べばよい．つまり，直径2インチ，油焼入れ，表面硬さという条件からジョミニー距離はおよそ5/16インチ（約8 mm）となる．よってこの距離における硬さがHRC 45を保証する鋼種，つまり，SCr 440 Hを選びだすことができる（図2.2.3参照）．

また，Hバンドのわかっている鋼材を使うと，丸棒の焼入断面硬さを，丸棒を横切断することなく，図計算で求めることができる．例えば，SCr 440 H鋼の丸棒径2インチを油焼入れしたときの断面各部位の焼入硬さを求めてみよう．2インチの丸棒の油焼入れであるから，図2.2.2の下段の図において，径2インチから水平線を引き，表面，3/4半径，1/2半径，中心に該当する水冷端からの距離（1/16インチ単位）を求め，この距離に対応する硬さをSCr 440 HのHバンドから求めればよい．つまり，表2.2.1のようになる．

以上は丸棒の場合であるが，板材のときにはジョミニー距離（水冷端距離）

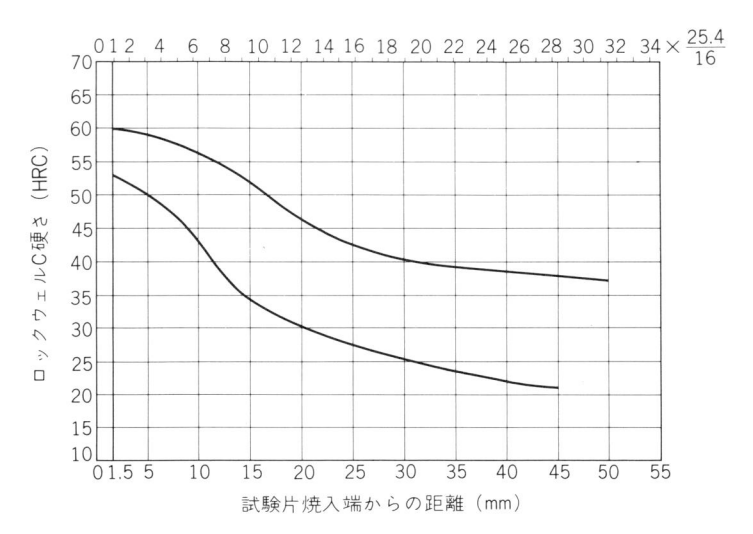

**図 2.2.3 SCr 440 H 鋼の H バンド（JIS）**

表 2.2.1 SCr 440 H 鋼の油焼入硬さ（丸棒径 2 インチ）

| 部　　　位 | 表　面 | 3/4半径 | 1/2半径 | 中　心 |
|---|---|---|---|---|
| 水冷端からの距離（1/16インチ単位） | 5 | 8 | 10 | 12 |
| 焼入硬さ（HRC）（Hバンドの下限） | 46 | 38 | 33 | 31 |

を，次のように補正する必要がある．

　　板材の場合：

　　　　水焼入れ……（丸棒のジョミニー距離）×1.82−1（単位1/16インチ）

　　　　油焼入れ……（丸棒のジョミニー距離）×2（単位1/16インチ）

## 2.3　JIS 工具鋼材

### 2.3.1　工具用炭素鋼材（SK 材）

　炭素工具鋼は使用量において工具鋼全体の過半を占め，切削工具，ダイス，そのほか性能に対する要求度が比較的軽い用途に広く実用されている．炭素含有量は 0.60〜1.50％にわたっている．C は SK 材の性質を支配する主要な元素であるから，SK 1 から SK 7 までの鋼種は C％によって 7 種類に分類されているのである．SK 材が C＞0.6％に規定されているのは，0.6％C 以上では焼入硬さはほとんど同じであり，耐摩耗性と耐衝撃性のみが変わってくるからである．0.6％C 以下では C％とともに焼入硬さが比例的に変化する．よって構造用鋼（S-C 材）と工具鋼（SK 材）の区別を，0.6％C においているのである．0.6％C 以上の工具鋼（SK 材）においても，C％が多いほど焼入硬さにはほとんど変化はないが，未固溶の残留セメンタイトの量が多いのでもろくなる．したがって，C％の低いSK材はじん性を必要とする工具に，C％の高いものは硬さ，耐摩耗性，切削能力などを要する工具に使用する．しかし，いずれも SK 材の硬さは熱に弱いので，熱を伴わない工具，例えばのみ，かんな，のこぎりなどの大工用工具（利器）やハンマ，やすりなどの手工具に使われるのにすぎない．

### 2.3.2 合金工具鋼材（SKS, SKD, SKT材）

SK材にW, Cr, Mo, Vなどの特殊元素を添加して，耐摩耗性，耐衝撃性，不変形性，耐熱性などを，それぞれ発揮させるようにした工具鋼で，切削用，耐衝撃用，冷間金型用，熱間金型用の四つのタイプに分かれている．

#### （1） 切削工具用合金工具鋼材（SKS 11, 2, 5, 7, 8など）

これらの合金工具鋼は，ともに焼入硬さが大きいので切削用に適している．特にSKS 2はタップ，カッター，抜型，SKS 5は丸のこ，帯のこ類，SKS 7はハクソー，SKS 8は刃やすりに用いられる．

#### （2） 耐衝撃工具用合金工具鋼材（SKS 4, 41〜44）

SKS 4系統は衝撃に強いので，たがね，ポンチ，スナップに適している．また，冷間鍛造用工具として表面浸炭焼入れして使うこともある．SKS 43及び44は低V鋼で，焼入硬化層が薄く，かつ結晶粒が細かいので耐衝撃性に富んでいることが特長である．

#### （3） 冷間金型用合金工具鋼材（SKS 3, 31, 93〜95, SKD 1, 11, 12）

SKS 3と31の両鋼種は，焼入後の変形の少ないことが特長である．SKS 3の焼入前後の長さの変化は約0.15％で，これは同じC％のSK材の変形が0.35％であるのに対して，約1/2以下である．したがって，ゲージ，抜型などに適している．同じく耐摩不変形用でもSKD 1, 11は高C-高Cr鋼であるため，常温における耐摩耗性が特に大きく，ダイス，抜型，ねじ転造ローラに好適である．しかし，機械加工性が悪く，そのうえ焼入温度が高い（1020〜1050℃）のが欠点である．焼入後の膨張はSKS 3よりも更に小さい（約0.1％）ので，ゲージ類にも適している．また，SKD 11は窒化処理によって高い表面硬さが得られる．SK 3〜5にCrが添加されたものがSKS 93〜95である．

#### （4） 熱間金型用合金工具鋼材（SKD 4〜6, SKT 3〜4）

これらの合金工具鋼はいずれも熱間で使用する工具に適するもので，SKD 4〜6は熱間ダイス，熱間切断刃，ダイカスト用ダイス，SKTは熱間鍛造用型，ダイブロックに使用される．加熱冷却の熱ショックに強いので，熱間きれつ（ヒートチェック）を生じ難い特長がある．

### 2.3.3 高速度工具鋼材（SKH材）

　高速度工具鋼には，W系（Tタイプ）とMo系（Mタイプ）の二つがある．JISではW系：SKH 1～49（10番台），Mo系：SKH 51～99（50番台）となっている．現在は，W系はSKH 2, 3, 4, 10の4種類，Mo系はSKH 51～59の9種類になっている．SKH 51は旧SKH 9の新記号である．

　一般にSKHはW系（アメリカではTタイプ）は硬く，耐摩耗性が大きいので切削工具類に，Mo系（アメリカではMタイプ）は粘さが大きいのでじん性を必要とする工具，例えばドリル類に適する（1％Moは2％Wと同一作用といわれている）．なお，W系でもCoの多いもの（SKH 3, 4）は切削性能が良いので，高速重切削用及び難削材切削用工具に適し，また高V系（SKH 10）はVハイスとして，高難削材切削用工具に使用される．耐摩耗性は大きいが，それだけに被研削性の悪いことが欠点である．Mo系もVの多いもの（SKH 52～54）は衝撃のかかる高硬度材切削用工具，Coの多いもの（SKH 55～57）は衝撃のかかる高速重切削用の各種工具に適する．特にSKH 57は，超高速度工具鋼（スーパー・ハイス）に準ずる一般的なものである．

## 2.4　JIS特殊用途鋼材

### 2.4.1　ステンレス鋼材（SUS材）

　JISステンレス鋼を分類すると，成分的にはCr系とCr-Ni系の二つになり，組織的見地から分類すると，マルテンサイト系，フェライト系，オーステナイト系の三つとなる．

$$\text{SUS} \begin{cases} \text{Cr系} \cdots \cdots \begin{cases} 13\,\text{Cr}（マルテンサイト系）（JIS記号 4××）\\ 18\,\text{Cr}（フェライト系）　　（JIS記号 4××）\end{cases} \\ \text{Cr-Ni系}\cdots\cdots 18\text{-}8（オーステナイト系）（JIS記号 3××, 2××）\end{cases}$$

　ステンレス鋼の鋼種記号はAISIタイプナンバーに準じて，3けたの数字で表すことになっている．

$$\left.\begin{array}{l} 2\times\times\ (\text{Cr-Ni-Mn系})\\ 3\times\times\ (\text{Cr-Ni系}) \end{array}\right\} \cdots \text{オーステナイト系}$$

2. JIS 鉄鋼材料の特性と扱い方

4×× (Cr系) ……………… フェライト系
4×× (Cr系) ……………… マルテンサイト系
5×× (5%Cr系)
6×× (PH系) ……………… 析出硬化系

また，日本独特の鋼種については，J1，J2の連番をつけることになってい

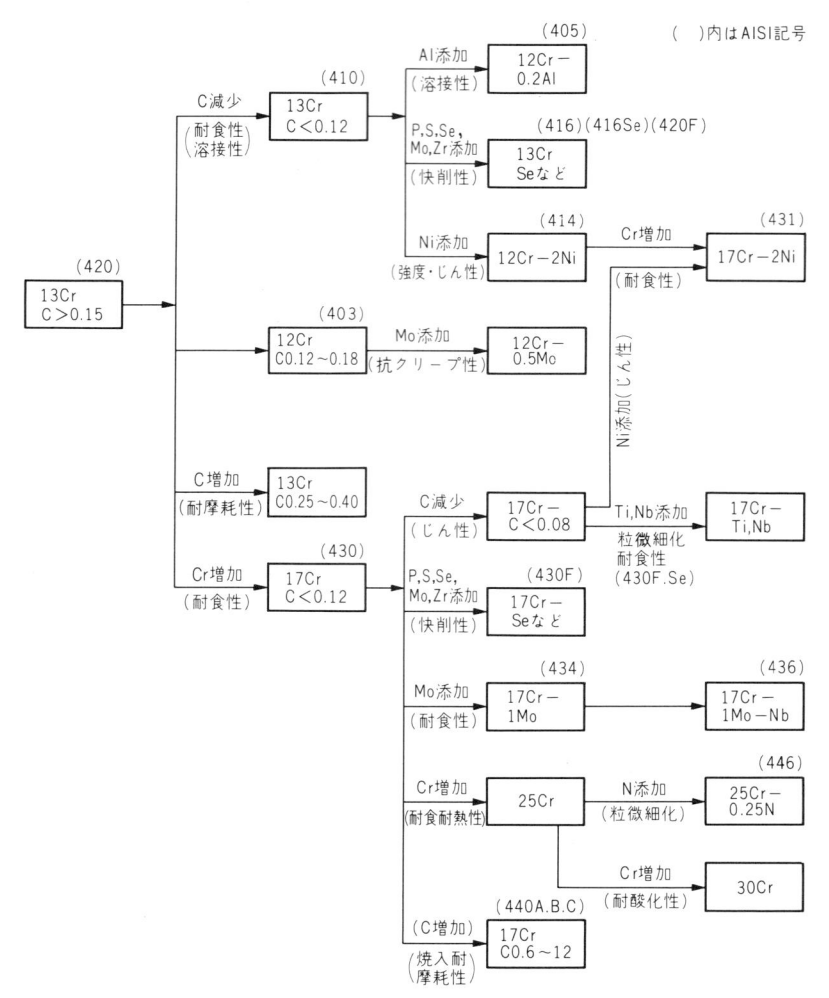

```
                                    (405)         ( )内はAISI記号
                         Al添加     12Cr-
              (410)     (溶接性)    0.2Al
     C減少     13Cr
    (耐食性)   C<0.12   P,S,Se,     (416)(416Se)(420F)
    (溶接性)            Mo,Zr添加    13Cr
                        (快削性)    Seなど

                         Ni添加     (414)         Cr増加    (431)
                        (強度・じん性) 12Cr-2Ni   ─────→   17Cr-2Ni
(420)                              12Cr-2Ni    (耐食性)
13Cr  ─→                (403)
C>0.15                   12Cr       Mo添加        12Cr-
                       C0.12~0.18  (抗クリープ性)  0.5Mo
                                                              Ni添加(じん性)
    C増加      13Cr
   (耐摩耗性)  C0.25~0.40

                                    C減少       17Cr-      Ti,Nb添加    (431)
                         (430)     (じん性)    C<0.08    粒微細化      17Cr-
    Cr増加      17Cr                                        耐食性      Ti,Nb
   (耐食性)    C<0.12    P,S,Se,     (430F)                (430F.Se)
                        Mo,Zr添加    17Cr
                        (快削性)    Seなど

                         Mo添加     (434)                   (436)
                        (耐食性)    17Cr-                   17Cr-
                                   1Mo                     1Mo-Nb

                         Cr増加                  N添加       (446)
                        (耐食耐熱性) 25Cr       (粒微細化)   25Cr-
                                                            0.25N

                                                 Cr増加      30Cr
                                                (耐酸化性)

                         (C増加)    (440A.B.C)
                        (焼入耐    17Cr
                        摩耗性)    C0.6~12
```

**図 2.4.1 マルテンサイト及びフェライト系ステンレス鋼の発達過程**

## 2.4 JIS特殊用途鋼材

る．図2.4.1及び図2.4.2は，それぞれCr系ステンレス鋼及びCr-Ni系ステンレス鋼の発達過程を示すものである．前者で生産量の最も多いものはSUS 430であり，後者ではSUS 304である．

ステンレス鋼がなぜさびないかというと，表面にCrの酸化皮膜ができるか

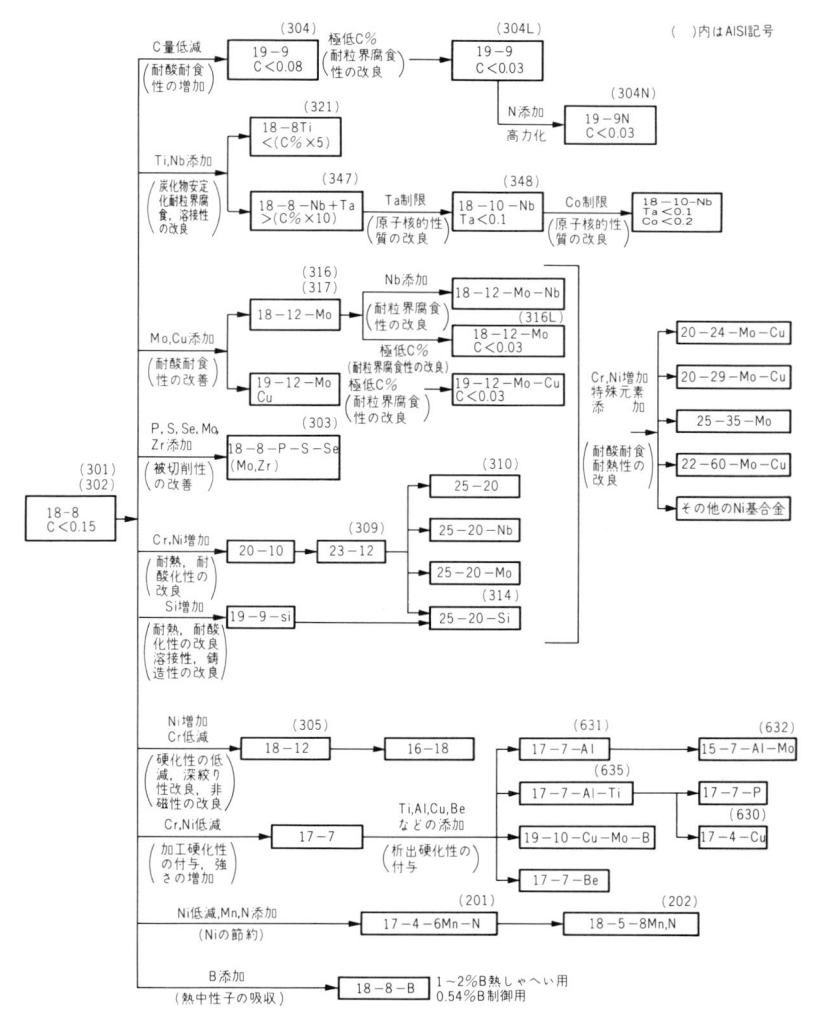

**図 2.4.2 Cr-Ni オーステナイト系ステンレス鋼の発達過程**

らである．Niが添加されるとこの酸化膜の密着性が良くなるので，耐食性が更に向上するのである．しかしステンレス鋼にも泣きどころがある．ステンレス鋼はすべての酸に耐食性があるわけではなく，硝酸のような酸化性の酸には強いが，塩酸や硫酸のような非酸化性の酸には弱い．Niの入った18-8 (SUS 304)は非酸化性の酸にも比較的強い．表2.4.1はステンレス鋼に生じやすい欠点を列記したものである．

なお，ステンレス鋼の機械的試験に対するJIS標準サイズは，径，厚，対辺

表 2.4.1 ステンレス鋼に生じやすい欠点

| 現象 | フェライト系ステンレス鋼 | オーステナイト系ステンレス鋼 | マルテンサイト系ステンレス鋼 |
|---|---|---|---|
| σぜい性 | 600〜800℃に加熱したとき(Fe－Cr化合物析出) | 500〜970℃に加熱したとき | |
| | 800〜850℃焼なましで回復 | 950〜1050℃加熱後急冷(固溶化熱処理)で回復 | |
| 475℃ぜい性 | 400〜540℃に加熱したとき | | |
| | 700〜900℃に加熱後急冷で回復 | | |
| 粒界腐食 | 800℃以上から急冷したとき | 450〜850℃に加熱して徐冷したとき(Crの炭化物の粒界析出) | |
| | 650〜815℃に加熱後徐冷で回復 | 850〜930℃に加熱後急冷すると回復 | |
| 応力腐食割れ | | 引張りの残留応力があるとき塩素イオンで割れる | |
| | | 応力除去焼なまし(1 010〜1 120℃徐冷)で回復 | |
| 孔食 | 酸化皮膜の破壊 塩素イオンの偏圧 | | |
| | 材質向上(Cr, Ni, Mo, N増加) | | |

距離それぞれ 75 mm と規定されている．

**（1） Cr 系ステンレス鋼材（SUS 4××）**

13％Cr ステンレス鋼をもとに発達した鋼種で，通常，約 11％以上の Cr を含んでいる．この系のステンレス鋼は，Cr と C の含有量によって焼入硬化できるマルテンサイト系と，焼入硬化しないフェライト系に大別される．

（ⅰ） マルテンサイト系ステンレス鋼材（SUS 431, 403, 410, 420, 440）……室温で強さが大きい．耐食性はフェライト系及びオーステナイト系ステンレス鋼よりも劣っている．溶接性は悪い．SUS 410 J 1 は 13 Cr-Mo タイプ，SUS 431 は 16 Cr-2 Ni タイプで，機械的性質が良く，耐食性も良い．タービンブレード，船舶用シャフト，機械構造用部品に使用される．SUS 403～420 J 2 は 13Cr 鋼で一般用であり，C の高い SUS 420 J 2, 440 はステンレス刃物に用いられる．特に SUS 440 系は耐食，耐摩部品に好適である．

（ⅱ） フェライト系ステンレス鋼材（SUS 430, 405）……一般にマルテンサイト系より Cr％が高い．耐食性はオーステナイト系よりは劣るが，マルテンサイト系よりはよい．溶接性もやや良好である．この系のうち，特に Cr％の高い鋼種（SUS 430）は高温における耐酸化性に優れており，またオーステナイト系に比べて熱膨張係数が小さいために，加熱冷却による表面スケールのはくりが少ない特性がある．Ni を含まないので，S を含むガスに対して耐高温腐食性が優れている．そのうえ値段が安く，溶接性も良いので，炉部品（800℃まで）や化学設備などに使用される．

**（2） Cr-Ni 系ステンレス鋼材（SUS 3××）**

（ⅰ） オーステナイト系ステンレス鋼材（SUS 304, 304 L, 321, 316, 316 L, 316 J 1, 316 J 1 L, 301, 302, 309 S, 310 S, 347）……18-8（18％Cr- 8％Ni）ステンレス鋼をもとに発達した鋼種で，耐食性，加工性，溶接性などは各系のステンレス鋼のうちで最も優れているが，焼入硬化性がないので，強さや硬さの点ではマルテンサイト系より劣っている．一般には非磁性なので，不感磁性材料としても用いられる．そのうえ低温においても衝撃値の劣化がないので，低温用材料としても有用である．また，高温における耐酸化性，高温強さ

などが優れているので,耐熱鋼としても使用される.耐摩耗,耐食部品用には浸炭あるいは窒化して使用するのがよい.

　(ii) Ni節約型オーステナイト系ステンレス鋼材(SUS 201, 202)……このステンレス鋼はNi節約のため,Niの一部をMnで置換した鋼種で,いわば代用鋼的性格のものである.

　(iii) 析出硬化系ステンレス鋼材(SUS 630, 631, 631 J 1)……いわゆるPHタイプのステンレス鋼で,17-4 PH (SUS 630),17-7 PH (SUS 631)及びこれにAlを添加したもの(SUS 631 J 1)である.成形後,析出硬化熱処理によって,いろいろな強度が得られる特長をもっており,ばねや構造用材料に用いられている.SUS 631 J 1はSUS 631の伸線加工を容易にするため,Niの含有量を約1％高めたもので,特に線用にこれが使われている.

### 2.4.2 耐熱鋼材 (SUH材)

JIS耐熱鋼は合金成分の合計が約10％以上の高温強度性,耐酸化性の耐熱用途に使用される鋼種で,マルテンサイト系,フェライト系及びオーステナイト系の3種類がある.

**(1) マルテンサイト系耐熱鋼材 (SUH 1, 3, 4, 600, 616)**

マルテンサイト系ステンレス鋼に対応するもので,焼入れでマルテンサイト組織にしてから適当に焼戻しして使用する.SUH 1は750℃までの耐酸化用として好適である.SUH 3は高温吸気弁用,SUH 4は高速発動機の排気弁に使われる.SUH 600はイギリスのJessop社で開発されたH 46と呼ばれるマルテンサイト系鋼種である.11～13％CrにMo,V,Nb,Nなどを添加し,600℃以下の温度におけるクリープ強さなどの強度が優れており,タービンブレードなどに使用されている.この鋼種の記号SUH 600はAISIの記号ではなく,3けた番号の採用によって新しく追加されたものである.SUH 616は422の名称でも知られており,11～13％CrにMo,W,V,Niなどを添加し,550℃以下の温度で高温強度の大きい合金である.AISIでは616として規定されており,高温用ボルト,ナット,タービンブレードなどに用いられている.

## 2.4 JIS 特殊用途鋼材

### （2） フェライト系耐熱鋼材（SUH 446）

これはフェライト組織であるから，焼入れしてもマルテンサイトにすることはできない．約 600℃ 付近から徐冷すると，$\sigma$ 相を析出してもろくなるから，焼なましには 780～880℃ から空冷することが必要である．高温耐酸化性が優れているので，1100℃ 以下の耐熱部品（板材）や含 S ガスに対する抵抗性が高い点を利用して，加熱箱，バーナ，家庭用石油ヒータの燃焼室などに使用される．

### （3） オーステナイト系耐熱鋼材（SUH 31, 309, 310, 330, 661）

オーステナイト系耐熱鋼は 600℃ 以下では，マルテンサイト系耐熱鋼よりも強度は低いが，600℃ を超えても強じん性が低くならないし，しかもクリープ強さが優れているので，耐熱鋼としては良好である．SUH 31 は高級排気弁用，SUH 309 は耐食性と耐酸化性（1100℃ まで）並びに高温強度が大きいので，熱処理設備や炉部品に適している．SUH 310 は SUH 309 より更に耐酸化性（1150℃ まで）や高温強度が向上しているので，熱交換器，炉部品，化学用高温装置などに使用される．SUH 330 は 820～1150℃ の耐酸化性に優れ，SUH 310 に比べて耐浸炭性，耐窒化性が良好で，耐熱疲労性も良い．したがって，炉部品や石油分解装置などに好適である．SUH 661 は，一般に LCN-155 という呼称で知られている Cr-Ni-Co-Fe 系合金で，Mo，W，Nb，N などを添加し，高温強度，耐酸化性の向上をはかり，また炭化物，窒化物などによる時効硬化によっても強度の向上をはかっている合金である．AISI では 661 として規定されている．主な用途としては，816℃ 以下で高い強度を保ち，782℃ 以下で耐酸化性を必要とする部品用として，タービンロータ，シャフト，ブレード，アフタバーナ部品，エキゾーストマニホールドなどである．

### 2.4.3 高 C-Cr 軸受鋼材（SUJ 材）

耐摩耗性の大きい鋼種で，ボールベアリングやローラベアリングなどに使用される．炭化物の球状化が性能に大きく影響するので，炭化物粒が細かく（径 0.5～0.7 $\mu$），一様に分布していることが大切である．SUJ 2 は一般用，SUJ 3 は Mn が含まれているので，厚肉大物用に適している．また，SUJ 4，5 は Mo 鋼種で，焼入性が良い．SUJ 材は耐摩耗性が大きいので，ベアリングのみ

ならずロールやゲージなどにも使われる．

#### 2.4.4 ばね鋼材（SUP材）

JIS ばね鋼材には，C鋼のSUP 3，Si-Mn鋼のSUP 6とSUP 7，Cr-Mn鋼のSUP 9，SUP 9 A，Cr-V鋼のSUP 10，B入りのSUP 11 Aなどがある．SUP 3は車両用板ばね，SUP 6はコイルばね，自動車用板ばね，SUP 9, 10, 11はそれぞれ大形のばねに使われている．しかし，これらの鋼はなにもばねにのみ使われる鋼質と考える必要はなく，SUP 3は工具鋼に，またSUP 6は耐衝撃用工具に使って威力を発揮する．SUP 9～11もそれぞれ特性に応じて，いろいろな工具に使って差し支えない．ばね鋼という名に制約される必要は少しもない．

#### 2.4.5 快削鋼材（SUM材）

普通の鋼よりも被切削性を良くした鋼を快削鋼という．つまり，「削られやすい鋼」の総称である．快削鋼には快削性元素（S, Pb, Se, Te, P, Nなど）を単独に添加したものと，2種以上の快削元素を組み合わせた複合快削鋼とがある．快削性が主体で，機械的性質があまり要求されないものには低C鋼をベースにS, S+P, S+Pb, S+Pb+Pを添加したS快削鋼又は複合快削鋼，強度を必要とする部材にはS 30～50Cあるいは合金鋼をベースにPb又はSを添加した快削鋼が多用されている．このほか，ステンレス鋼にS, Pb, Seなどを添加したステンレス快削鋼もJISに制定されている（一例 SUS 430 F, 420 F, 303 Se）．

一般にS快削鋼は機械的性質に方向性があり，圧延と直角方向では延性やじん性が多少劣り，この傾向はS％が多いほど顕著となる．Pb快削鋼はPbが単体で均一分布しているので展延性に富み，機械的性質の異方性はない．ただ，Pbの溶融温度（327℃）より高い温度では機械的性質は劣化する．Pb快削鋼はベースの鋼と同じように調質（焼入・焼戻し）したり，浸炭はだ焼きして使用する．要するに，S快削鋼は快削性主体，Pb快削鋼は機械的性質主体と考えればよい．

**（1） 低C系快削鋼材（SUM 11～12, 21～23, 22 L～24 L）**

被切削性に重点を置いた快削鋼で，低C-S系（SUM 11, 12），低C-S-P系（SUM 21, 22, 23），低C-S-Pb-P系（SUM 22 L, 23 L, 24 L）がこれに属す

る．

**（2） 中 C 系快削鋼材（SUM 31～32, 41～43, 31 L）**

強度と被切削性を必要とする部品用で，Sによる強度劣化を防ぐためにMn％を多くしてある．中 C-S 系（SUM 31, 32, 41, 42, 43），中 C-S-Pb 系（SUM 31 L）がこれに属する．SUM 31 は SS 41 相当の強度部品用，SUM 41, 42, 43 はそれぞれ S 35 C, S 40 C, S 45 C 相当の強度部品に適する快削鋼である．いずれも調質して使用する．

## 2.5 JIS 鋳鋼品

### 2.5.1 炭素鋼鋳鋼品（SC）

炭素鋼鋳鋼品は普通鋼に属する鋳鋼で，SS 材と同じく，引張強さの最低限が規定されており，その化学成分は表 2.5.1 に示すとおりである．鋳鋼は鋳造応力を除去し，鋳造組織を微細均質化して機械的性質を改善するために，焼なまし又は焼ならし・焼戻しの熱処理を施すのが普通である．

溶接構造用鋳鋼品（SCW）は溶接性の良好なことを必要とするため，C％と炭素当量が規定されている．炭素当量は次式によって計算し，0.44％以下が必要である．

$$炭素当量(\%) = C + \frac{Mn}{6} + \frac{Si}{24} + \frac{Ni}{40} + \frac{Cr}{5} + \frac{Mo}{4} + \frac{V}{14}$$

表 2.5.1　化学成分　　単位　％

| 種類の記号 | C | P | S |
|---|---|---|---|
| SC 360 | 0.20 以下 | 0.040 以下 | 0.040 以下 |
| SC 410 | 0.30 以下 | 0.040 以下 | 0.040 以下 |
| SC 450 | 0.35 以下 | 0.040 以下 | 0.040 以下 |
| SC 480 | 0.40 以下 | 0.040 以下 | 0.040 以下 |

## 2.5.2 構造用合金鋼鋳鋼品（SCC，SCMn，SCMnCr，SCCrM など）

これらの鋳鋼品は構造用，強じん用，耐摩耗用に適するもので，それぞれ熱処理を施してから使用する．この場合，JIS 記号末尾の A は焼ならし・焼戻し，B は焼入・焼戻しを表すことになっている．

## 2.5.3 特殊用途鋼鋳鋼品（SCS，SCH，SCMnH）

SCS はステンレス鋼鋳鋼品，SCH は耐熱鋼鋳鋼品，SCMnH は高マンガン鋼鋳鋼品である．それぞれ熱処理を施してから使用する．SCS は主として固溶化熱処理，SCH は焼なまし，SCMnH は水じん処理を行う．SCMnH は加工硬化によって耐摩耗性を発揮するので，打撃摩耗に強く，ひっかき摩耗やこすられ摩耗には弱い．

## 2.6 JIS 鋳鉄品

### 2.6.1 ねずみ鋳鉄品（FC）

(1) 普通鋳鉄品（FC 100～250）

FC 100～250 がこれに属する．3.2～3.8％C，1.4～2.5％Si の成分で組織はフェライト，パーライト，グラファイト（片状）からなっている．普通鋳鉄の機械的性質は，炭素当量 $\left(C+\dfrac{Si}{3}+\dfrac{P}{3}\right)$ 又は炭素飽和度 $SC=\dfrac{C}{4.25-\dfrac{Si}{3.2}}$（SC＝1 は共晶，SC＜1 亜共晶，SC＞1 過共晶）で比較できる．鋳造性は良いが，もろくて弱いことが欠点である．

(2) 強じん鋳鉄品（FC 300, 350）

FC 300，350 がこれに属し，引張強さ 300 N/mm²（約 30 kgf/mm²）以上のねずみ鋳鉄の総称で，高級鋳鉄ともいわれている．ミーハナイト鋳鉄もこれに含まれる．微細なパーライト地に微細均一に片状グラファイトが分布した組織をもっている．強じんで耐摩耗性に優れている．表面焼入れによって更に耐摩耗性を増大することができる．

### 2.6.2 球状黒鉛鋳鉄品（FCD）

黒鉛が球状化しているため，機械的性質が良好で，耐摩耗性に優れている．

FCD 400 はフェライト球状黒鉛鋳鉄なので，浸炭でもしない限り，表面焼入硬化はむずかしい．しかし，FCD 450, 500 はフェライト＋パーライト，FCD 600, 700, 800 はパーライト球状黒鉛鋳鉄であるから，パーライト鋼と同じように焼入れが可能である．

### 2.6.3 オーステンパ球状黒鉛鋳鉄品（FCAD）

オーステンパ処理を行った球状黒鉛鋳鉄品で，通常 ADI といわれている．これはベイナイト組織で，強じんである．FCAD 900, 1000, 1200, 1400 などの種類がある．

### 2.6.4 可鍛鋳鉄品（FCM）

可鍛鋳鉄は一般にじん性に富み，引張強さは低 C 鋼よりも幾分低いが，降伏比（$\sigma_S/\sigma_B$）は 65% くらいである．

（1）**黒心可鍛鋳鉄品（FCMB）**

日本の可鍛鋳鉄は大部分，黒心である．組織中のセメンタイトを高温焼なましによって黒鉛化したものである．黒心可鍛鋳鉄には，めっきぜい性(溶融 Zn めっき）があるから注意を要する．

（2）**白心可鍛鋳鉄品（FCMW）**

脱炭処理によってじん性を与えた可鍛鋳鉄で，表面の脱炭部は溶接が容易である．

（3）**パーライト可鍛鋳鉄品（FCMP）**

組織はパーライト地に塊状のグラファイトからなり，焼入硬化が可能である．可鍛鋳鉄中，最も強力で耐摩耗性も大きい．

## 2.7 JIS 鍛鋼品

### 2.7.1 炭素鋼鍛鋼品（SF）

炭素鋼鍛鋼品は普通鋼に属する鍛鋼で，炭素鋼鋼塊（キルド鋼塊）を鍛造又は圧延と鍛造によって成形したものである．その鍛錬成形比は鍛造のみの場合は 3 S 以上，圧延と鍛造によって成形する場合は 5 S 以上に熱間加工しなければならないことになっている．鍛鋼品は SS 材と同じく引張強さの最低限が規

定されているので，そのC％は

$$\sigma_B(\mathrm{kgf/mm^2}) = 20 + 100 \times \%C$$

で推定できる．

　鍛鋼品は焼なまし，焼ならし，焼ならし・焼戻し（記号A），焼入・焼戻し（記号B）などの熱処理を施してから使用する．鍛鋼品は大径の軸や鉄道車両用車軸など，重要保安部品に使われることが多い．

　一般に機械部品には，S 45 C とかその他の合金鋼を鍛造成形することが多いが，これらは鍛造品（火造品）ではあるが，鍛鋼品といってはいけない．

### 2.7.2　合金鋼鍛鋼品（SFV）

　合金鋼の鍛鋼品で，原子炉その他の高級な圧力容器部品に使用する．キルド鋼塊からプレス，ハンマー又はリングミルによって製造する．SFVQは調質型の鍛鋼品で溶接性が優れている．SFVCは溶鋼を真空処理（真空溶解，真空脱ガスなど）を行った高級品である．いずれも材質は主としてNi-Cr-Mo-V系である．SFVAは高温で使用されるフランジ，フィッティング，バルブ，その他の圧力容器部品に使用される鍛鋼品で，材質はCr-Mo系である．その他，ステンレス鋼の鍛鋼品（SUSF）もある．材質的には300系統のステンレス鋼で，いずれも溶体化熱処理を行うことになっている．

# 3. 鉄鋼材料使い分けの3ケース

鉄鋼材料を選択使用する場合，①炭素鋼にするか，合金鋼にするか，②ズブ焼きでゆくか，はだ焼きにするか，③鋳造品にするか，鍛造品にするか，迷う場合がある．この使い分けの三つのケースについて考えてみよう．

## 3.1 炭素鋼と合金鋼の使い分け

機械構造用鋼に要求される機械的性質を満足させるには炭素鋼でよいのか，又は合金鋼でなければいけないのか，その使い分けは次の考え方によるのがよい．

（1）焼入・焼戻し（調質）された鋼の機械的性質は，硬さによって決まり，鋼種による差はほとんどない．

JISの鉄鋼ハンドブックによると，表3.1.1のように炭素鋼よりも合金鋼の方が機械的性質が優秀のようにみえるが，実はこれにはカラクリがある．それは表からもわかるように，これらはみんなJIS標準サイズである $\phi$ 25 mm の

表 3.1.1 熱処理温度を同一にした場合の各鋼の機械的性質の比較（JIS）

| 鋼 種 | C (%) | 熱処理温度（℃） | | 降伏点 $\left(\dfrac{N}{mm^2}\right)$ | 引張強さ $\left(\dfrac{N}{mm^2}\right)$ | 伸び (%) | 絞り (%) | 硬 さ (HBS) |
|---|---|---|---|---|---|---|---|---|
| | | 焼入れ | 焼戻し | | | | | |
| S 40 C    | 0.37~0.43 | 830~880 | 550~650 | >440 | >610 | >20 | >50 | 179~255 |
| SCr 440   | 0.38~0.43 | 830~880 | 520~620 | >785 | >930 | >13 | >45 | 269~331 |
| SCM 440   | 0.38~0.43 | 830~880 | 530~630 | >835 | >980 | >12 | >45 | 285~352 |
| SNC 836   | 0.32~0.40 | 820~880 | 550~650 | >785 | >930 | >15 | >45 | 269~321 |
| SNCM 240  | 0.38~0.43 | 820~870 | 580~680 | >785 | >880 | >17 | >50 | 255~311 |
| SMn 443   | 0.40~0.46 | 830~880 | 550~650 | >635 | >780 | >17 | >45 | 229~302 |
| SMnC 443  | 0.40~0.46 | 830~880 | 550~650 | >785 | >930 | >13 | >40 | 269~321 |

試験材を熱処理し,焼戻し温度をだいたい一定にしたときの機械的性質である.したがって,炭素鋼と合金鋼ではマス・エフェクトがきいており,かつ,合金鋼同士では特殊元素の種類によって焼戻し軟化抵抗,つまり,焼きの戻り方が違うのである.いいかえれば,硬さがみな違うのであって,硬いものが強く,軟らかいものが弱くなっているのにすぎない.硬さの違いが強さの違いになって現れているのであって,材質の違いによるものではない.

したがって,SCM 440 の方が SCr 440 よりも強いから,それだけ上等などと判断してはいけないのである.これを,もしも硬さが同一になるように焼戻しすれば(焼戻し温度を変えて),表 3.1.2 のように引張強さなどの機械的性質は大体みんな同一になるのである.つまり,同一硬さに調質された鋼の機械的性質は,炭素鋼でも合金鋼でもみんなほぼ同じになるのである.いうなれば,硬さで勝負ということになる.

(2) 十分よく焼きの入った鋼の焼入硬さは,その鋼の C % によって決まり,合金元素にはほとんど影響されない.

$$\text{焼入最高硬さ} \quad HRC = 30 + 50 \times \%C$$

$$\text{焼入臨界硬さ} \quad HRC = 24 + 40 \times \%C \quad (\text{ハーフマルテン硬さ})$$

ただ,部品の大きさによって焼入効果が違ってくる.これをマス・エフェクト(質量効果)という.このマス・エフェクトを考えて,大形部材に対しては,

**表 3.1.2 調質硬さを同一にした場合の機械的性質の比較(JIS)**

| 鋼 種 | C (%) | 熱処理温度 (℃) | | 降伏点 $\left(\dfrac{N}{mm^2}\right)$ | 引張強さ $\left(\dfrac{N}{mm^2}\right)$ | 伸び (%) | 絞り (%) | 硬さ (HBS) |
|---|---|---|---|---|---|---|---|---|
| | | 焼入れ | 焼戻し | | | | | |
| SCr 440 | 0.38〜0.43 | 830〜880 | 520〜620 | >785 | >930 | >13 | >45 | 269〜331 |
| SCM 435 | 0.33〜0.38 | 830〜880 | 530〜630 | >785 | >930 | >15 | >50 | 269〜331 |
| SNC 836 | 0.32〜0.40 | 820〜880 | 550〜650 | >785 | >930 | >15 | >45 | 269〜321 |
| SNCM 625 | 0.20〜0.30 | 820〜870 | 570〜670 | >835 | >930 | >18 | >50 | 269〜321 |
| SMnC 443 | 0.40〜0.46 | 830〜880 | 550〜650 | >785 | >930 | >13 | >40 | 269〜321 |
| S 55 C | 0.52〜0.58 | 800〜850 | 550〜650 | >60 | >80 | >14 | >35 | 229〜285 |
| SCr 430 | 0.28〜0.33 | 830〜880 | 520〜620 | >65 | >80 | >18 | >55 | 229〜293 |
| SMn 443 | 0.40〜0.46 | 830〜880 | 550〜650 | >65 | >80 | >17 | >45 | 229〜302 |

焼入性の良い合金鋼を使うことになるのである．合金鋼はマス・エフェクト解決のための一手段と考えるべきである．

（3） 焼入・焼戻し（調質）後の機械的性質は，よく焼きの入ったものほど良好な値を示し，焼きの不十分なものでは，焼戻し後の硬さが，たとえ完全焼入れのものと同じでも，機械的性質，特に降伏点，伸び，絞り，衝撃値，疲労強度は劣る．

よく焼きを入れるためには，焼入性の良い鋼を使うことが必要で，このためには合金鋼が適当である．しかし，部品のしん（芯）部まで焼きが入ることは不必要で，必要な外層だけ焼きが入るようにし，むしろこの有しん焼入れによる外層の残留圧縮応力を活用するように心掛けるべきである．つまり焼入性の良い鋼は必ずしも良好とは限らないのである．いうなれば，無しん焼入鋼よりも有しん焼入鋼の方が，良好な機械的性質のものとなることを忘れてはならない．

## 3.2　ズブ焼鋼と表面硬化鋼の使い分け

ズブ焼鋼（調質鋼）は焼入・焼戻しをして使う鋼であり，大体しん部まで熱処理のきく鋼を利用する．これに対して，表面硬化鋼は表層だけを焼入硬化して使う鋼で，高周波焼入れは中C鋼，浸炭はだ焼鋼は母材が低C鋼で，表層だけを浸炭によって高C鋼にしてから使用する鋼である．

一般に機械部品は曲げやねじりを受けることが多く，したがって表層部の機械的性質が重要となるのである．このためには，表層部だけを強くすることが必要で，ここに表面硬化鋼の使用価値がでてくるのである．

引張りや圧縮を受ける部品（例えば，ボルト）には，表面硬化鋼よりもズブ焼鋼の方が適材である．

ズブ焼鋼を選ぶには，所要の引張強さ（$\sigma_B$ kgf/mm²）からこれに該当する焼戻し硬さ（THRC）を求め（①式），これから焼入硬さ（QHRC）を推定し（②式），これを確保するためのC％（③式），そして，次にマス・エフェクトから

鋼種を決めるのがよい．その鋼種もS-C，SMn，SMnC，SCr440，SCM435の順に選定するのがよい．

$$\sigma_B = 3.2 \times \text{THRC} \cdots\cdots\cdots\cdots ①$$
$$\text{QHRC} = \text{THRC} + 5 \cdots\cdots\cdots ②$$
$$\text{QHRC} = 30 + 50 \times \%\text{C} \cdots\cdots ③$$

図3.2.1は，所要の強度を確保する最低の硬さ（HRC）とC％の関係を示すものである．これは完全焼入れ（95％マルテンサイト），焼戻し組織の場合である．この図又は上式から最低のC％が決まったら，焼入れで95％マルテンサイトになるような焼入方法，特に冷却方法を考えなければならない．それには部品の大きさ，つまり質量効果から合金元素による焼入性，冷やし方などを検討することが必要である．

これに対して表面硬化鋼の場合には，耐摩耗性を主体とするときには浸炭焼入れ，耐疲労性を主体に考えるときには高周波焼入れによるのがよい．したがって，浸炭焼入れのときにははだ焼鋼を使用し，しん部の低Cと外層部の高C

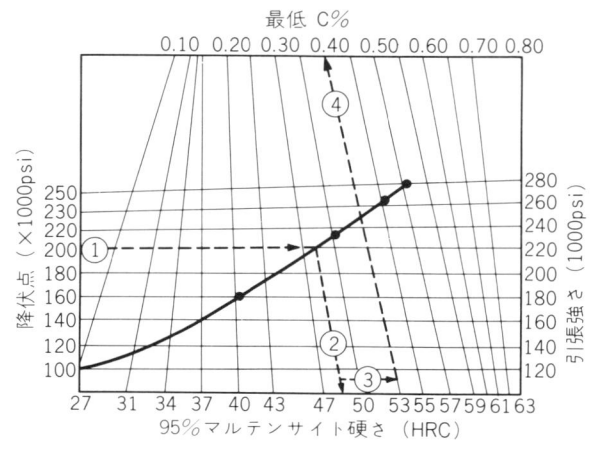

（例） 降伏点 200 000 psi ①に相当する硬さは，HRC 48 ②，焼入硬さはこれに HRC 5 をプラスして，HRC 53 ③，よって所要炭素量は 0.40％④となる．

**図 3.2.1　降伏点又は引張強さを満足する硬さと最低C％**

焼入硬化とによって誘起される表層部の残留圧縮応力を活用するように心掛けるのがよい．

しかし，しん部のC％があまり低いときは，部品全体の強度が弱くなるので，C％の低すぎることはあまり好ましくない．適当なC％，つまりしん部硬さが必要である．自動車用ギヤなどにおいては，しん部硬さはHRC 40以下が望ましい．HRC 40以上になると浸炭部に引張りの残留応力を生じて，破損の原因となることが多いからである．浸炭硬化層深さは，外力によるストレス分布からこれに対応するように決定しなければならない．つまり残留圧縮応力が，外力による引張応力と適当にバランスするように考慮するのである．これにはストレス解析が先決問題となるが，歯車の場合には，モジュールの0.2～0.25倍（B.S.S）が適当とされている．

高周波焼入用鋼の場合には，表面硬さはC％，表面の残留圧縮応力は硬化層深さによって決まってくるので，通常は0.4％C前後（S 40 C，S 45 C），硬化層深さは2.5 mm以上が望ましい．

## 3.3 鋳造品と鍛造品の使い分け

一般に鋳造品は，鍛造品よりも質がおちていると考えられがちである．鍛鋼は鋼を鍛え練ったものであるから，鋼質が均一で強力であるが，鋳鋼は鋳物であるから，巣があったり，質が不均一でぜい弱であるといわれている．たしかに鋳鋼と鍛鋼を比較すれば，機械的性質，特に伸びや絞りなど粘さの目安になる性質は鋳鋼の方が劣るが，引張強さや降伏点などはほとんど変わりはない．機械部品がどういう性質をどの程度要求されるかによって，鋳鋼の価値判断が違ってくるのである．

例えば，クランクシャフトに例をとると，クランクシャフトは引張強さは$590 \sim 690 \text{ N/mm}^2$（$60 \sim 70 \text{ kgf/mm}^2$），伸びは1～2％あれば十分という場合が多い．伸びが1～2％ではもろくて使いものにならない，せめて10～20％の伸びが必要だという人もいるが，クランクシャフトは使用中10～20％の伸びに該当する変形がおきてしまってはまったく使いものにならない．それならば，クランクシャフト材とし

ての伸びは1〜2％でよく，10〜20％を要求するのはムダなことで，過当性能ということになる．伸びが1〜2％でよいならば，鋳鋼で十分間に合う．いったいクランクシャフトは，実際に使っていて何がいちばん困る問題であろうか．摩耗と疲労破損だとすれば，これらの性質に対しては，鋳鋼も鍛鋼もほとんど変わらない性質を示している．

　鋳鋼の巣がよく問題になるが，これもクランクシャフトの中央部に出るようにコントロールすれば，別に巣の害は大きく取り上げる必要はない．中空軸があるくらいであるから，あまり巣を気にすることもあるまい．むしろ現代工業においては，コスト・ダウンに意を注ぐべきであって，それには鋳鋼の方が有利となる．鋳造品は鍛造品よりも寸法精度が優れており，したがって機械加工の手間がいらないし，かつマスプロに向いている．このために，自動車のクランクシャフトやカムシャフトには鋳鋼が使われているのである．

　鋳物は，昔はArt（芸術）であったが，今ではScience（科学）であるという．科学的にコントロールされた鋳鋼品は，昔の一品料理と違って，性質の均一性は高く評価されてよい．鋳鋼技術も進歩し，精密鋳造，圧力鋳造，黒鉛鋳型の使用などによって，鋳鋼品の性状は著しく向上している．「鋳は鍛に劣る」というのは昔の考えであって，今では「鋳をもって鍛に代え得る」時代である．この考え方を，もっと押し進めることが大切である．

# 4. 鉄鋼材料選定上のポイント

鉄鋼材料を選ぶとき，忘れてはならない重要なポイントが五つある．①焼入性，②マス・エフェクト，③ファイバ・フロー，④残留応力，⑤ノッチ・エフェクトの五つである．

## 4.1 焼入性（ハーデナビリティ）

鋼の焼入硬化には，硬焼きと深焼きの2種類がある．硬焼きとは，表面がどれくらい硬く焼きが入るかということで，焼入硬さで代表される性質である．深焼きとは，どれくらい深く焼きが入ったかということで，焼入硬化層深さといわれるものである．

硬焼きは鋼のC％によって左右されるもので，合金鋼にあっては合金元素にほとんど影響されない．つまり

$$硬焼き（焼入硬さ）= f（C\%）$$

で表され，

$$焼入最高硬さ\ HRC = 30 + 50 \times \%C\ （チンマル硬さ）$$
$$焼入臨界硬さ\ HRC = 24 + 40 \times \%C\ （ハンマル硬さ）$$

となる．ここに焼入臨界硬さというのは，焼きが入ったかどうかの境を示すもので，臨界硬さ以上ならば焼きが入ったといってよく，臨界硬さ以下ならば焼きが入ったとはいえない．

深焼きは鋼のC％のみならず，合金元素及びオーステナイト結晶粒度によって変化する．つまり，

$$深焼き（焼入深さ）= f（C\%, 合金元素, 結晶粒度）$$

となる．深焼きは焼入性（ハーデナビリティ）ともいわれ，$D_I$（インチ）の記号で表される．$D_I$とは，中心部まで焼きが入る最大直径（インチ）をいい，$D_I$

## 4. 鉄鋼材料選定上のポイント

### 表 4.1.1 焼入性計算用

#### 表の使い方

鋼のC％と結晶粒度については数表III，合金元素については数表 I 及び II から，それぞれ該当する数字を求め，これらを総和し，数表IVから$D_I$（インチ）に換算する．

（例） AISI 8740 鋼の$D_I$は4.35インチとなる．
（結晶粒度7）

| 元素(%) | 数値 | 数表 |
|---|---|---|
| 0.40 C | 0.329 | III |
| 0.85 Mn | 0.584 | I |
| 0.30 Si | 0.083 | I |
| 0.55 Ni | 0.079 | I |
| 0.50 Cr | 0.318 | I |
| 0.25 Mo | 0.244 | I |
| 0.010 P | 0.011 | II |
| 0.030 S | −0.009 | II |
| 計 | 1.639 | |
| | $D_I$ 4.35インチ | IV |

### 数表 I 主合金元素

| (%) | Mn | Si | Ni | Cr | Mo | (%) | Mn | Si | Ni | Cr | Mo | (%) | Mn | Si | Ni | Cr |
|---|---|---|---|---|---|---|---|---|---|---|---|---|---|---|---|---|
| 0.01 | 0.014 | 0.003 | 0.002 | 0.009 | 0.013 | 0.56 | 0.457 | 0.144 | 0.081 | 0.344 | 0.428 | 1.22 | 0.710 | 0.268 | 0.159 | 0.561 |
| 0.02 | 0.028 | 0.006 | 0.003 | 0.018 | 0.025 | 0.57 | 0.462 | 0.146 | 0.082 | 0.349 | 0.433 | 1.24 | 0.718 | 0.271 | 0.161 | 0.566 |
| 0.03 | 0.041 | 0.009 | 0.005 | 0.027 | 0.037 | 0.58 | 0.467 | 0.148 | 0.084 | 0.353 | 0.438 | 1.26 | 0.725 | 0.275 | 0.164 | 0.571 |
| 0.04 | 0.054 | 0.012 | 0.006 | 0.036 | 0.049 | 0.59 | 0.472 | 0.150 | 0.085 | 0.357 | 0.442 | 1.28 | 0.733 | 0.278 | 0.166 | 0.576 |
| 0.05 | 0.067 | 0.015 | 0.008 | 0.045 | 0.061 | 0.60 | 0.477 | 0.152 | 0.086 | 0.361 | 0.447 | 1.30 | 0.741 | 0.281 | 0.168 | 0.581 |
| 0.06 | 0.079 | 0.018 | 0.009 | 0.053 | 0.072 | 0.61 | 0.482 | 0.154 | 0.087 | 0.365 | 0.452 | 1.32 | 0.749 | 0.284 | 0.170 | 0.586 |
| 0.07 | 0.091 | 0.021 | 0.011 | 0.061 | 0.083 | 0.62 | 0.487 | 0.157 | 0.088 | 0.369 | 0.456 | 1.34 | 0.757 | 0.287 | 0.172 | 0.590 |
| 0.08 | 0.103 | 0.024 | 0.012 | 0.069 | 0.094 | 0.63 | 0.492 | 0.159 | 0.090 | 0.373 | 0.461 | 1.36 | 0.765 | 0.290 | 0.175 | 0.595 |
| 0.09 | 0.114 | 0.027 | 0.014 | 0.077 | 0.104 | 0.64 | 0.496 | 0.161 | 0.091 | 0.377 | 0.465 | 1.38 | 0.772 | 0.294 | 0.177 | 0.600 |
| 0.10 | 0.125 | 0.029 | 0.015 | 0.085 | 0.114 | 0.65 | 0.501 | 0.163 | 0.092 | 0.381 | 0.470 | 1.40 | 0.780 | 0.297 | 0.179 | 0.605 |
| 0.11 | 0.136 | 0.032 | 0.017 | 0.093 | 0.124 | 0.66 | 0.505 | 0.165 | 0.094 | 0.385 | 0.474 | 1.42 | 0.787 | 0.300 | 0.181 | 0.609 |
| 0.12 | 0.146 | 0.035 | 0.019 | 0.101 | 0.134 | 0.67 | 0.510 | 0.167 | 0.095 | 0.389 | 0.479 | 1.44 | 0.794 | 0.303 | 0.183 | 0.614 |
| 0.13 | 0.156 | 0.038 | 0.020 | 0.108 | 0.143 | 0.68 | 0.514 | 0.169 | 0.096 | 0.393 | 0.483 | 1.46 | 0.801 | 0.306 | 0.185 | 0.618 |
| 0.14 | 0.166 | 0.041 | 0.022 | 0.115 | 0.152 | 0.69 | 0.519 | 0.171 | 0.097 | 0.396 | 0.487 | 1.48 | 0.808 | 0.309 | 0.187 | 0.623 |
| 0.15 | 0.176 | 0.043 | 0.023 | 0.122 | 0.161 | 0.70 | 0.523 | 0.173 | 0.099 | 0.400 | 0.491 | 1.50 | 0.815 | 0.312 | 0.190 | 0.627 |
| 0.16 | 0.186 | 0.046 | 0.024 | 0.129 | 0.170 | 0.71 | 0.527 | 0.175 | 0.100 | 0.404 | 0.496 | 1.52 | 0.822 | 0.315 | 0.193 | 0.632 |
| 0.17 | 0.195 | 0.049 | 0.026 | 0.136 | 0.179 | 0.72 | 0.531 | 0.177 | 0.101 | 0.407 | 0.500 | 1.54 | 0.828 | 0.318 | 0.196 | 0.636 |
| 0.18 | 0.204 | 0.052 | 0.028 | 0.143 | 0.188 | 0.73 | 0.536 | 0.179 | 0.102 | 0.411 | 0.504 | 1.56 | 0.835 | 0.321 | 0.198 | 0.641 |
| 0.19 | 0.213 | 0.054 | 0.029 | 0.149 | 0.196 | 0.74 | 0.540 | 0.181 | 0.104 | 0.415 | 0.508 | 1.58 | 0.841 | 0.323 | 0.200 | 0.645 |
| 0.20 | 0.222 | 0.057 | 0.030 | 0.156 | 0.204 | 0.75 | 0.544 | 0.183 | 0.105 | 0.418 | 0.512 | 1.60 | 0.848 | 0.326 | 0.203 | 0.650 |
| 0.21 | 0.231 | 0.060 | 0.032 | 0.163 | 0.212 | 0.76 | 0.548 | 0.185 | 0.106 | 0.422 | 0.516 | 1.62 | 0.854 | 0.329 | 0.205 | 0.653 |
| 0.22 | 0.239 | 0.062 | 0.033 | 0.169 | 0.220 | 0.77 | 0.552 | 0.187 | 0.107 | 0.425 | 0.520 | 1.64 | 0.860 | 0.332 | 0.208 | 0.657 |
| 0.23 | 0.247 | 0.064 | 0.035 | 0.175 | 0.228 | 0.78 | 0.556 | 0.189 | 0.109 | 0.429 | 0.524 | 1.66 | 0.866 | 0.335 | 0.210 | 0.661 |
| 0.24 | 0.255 | 0.067 | 0.037 | 0.181 | 0.236 | 0.79 | 0.560 | 0.191 | 0.110 | 0.432 | 0.528 | 1.68 | 0.872 | 0.338 | 0.212 | 0.665 |
| 0.25 | 0.263 | 0.070 | 0.038 | 0.187 | 0.244 | 0.80 | 0.564 | 0.193 | 0.111 | 0.436 | 0.531 | 1.70 | 0.878 | 0.340 | 0.215 | 0.670 |
| 0.26 | 0.271 | 0.073 | 0.040 | 0.193 | 0.251 | 0.81 | 0.568 | 0.195 | 0.112 | 0.439 | 0.535 | 1.72 | 0.884 | 0.343 | 0.217 | 0.673 |
| 0.27 | 0.279 | 0.075 | 0.041 | 0.199 | 0.258 | 0.82 | 0.572 | 0.197 | 0.113 | 0.443 | 0.539 | 1.74 | 0.890 | 0.346 | 0.219 | ... |
| 0.28 | 0.287 | 0.078 | 0.042 | 0.205 | 0.265 | 0.83 | 0.576 | 0.199 | 0.114 | 0.446 | 0.543 | 1.76 | 0.896 | 0.349 | 0.222 | ... |
| 0.29 | 0.294 | 0.080 | 0.044 | 0.211 | 0.272 | 0.84 | 0.580 | 0.201 | 0.116 | 0.449 | 0.547 | 1.78 | 0.902 | 0.351 | 0.225 | ... |
| 0.30 | 0.301 | 0.083 | 0.045 | 0.217 | 0.279 | 0.85 | 0.584 | 0.203 | 0.117 | 0.453 | 0.550 | 1.80 | 0.908 | 0.354 | 0.228 | ... |
| 0.31 | 0.308 | 0.085 | 0.047 | 0.222 | 0.286 | 0.86 | 0.588 | 0.206 | 0.118 | 0.456 | 0.554 | 1.82 | 0.914 | 0.357 | 0.231 | ... |
| 0.32 | 0.315 | 0.088 | 0.048 | 0.228 | 0.293 | 0.87 | 0.592 | 0.207 | 0.120 | 0.459 | 0.558 | 1.84 | 0.920 | 0.359 | 0.234 | ... |
| 0.33 | 0.322 | 0.090 | 0.049 | 0.234 | 0.299 | 0.88 | 0.596 | 0.208 | 0.121 | 0.462 | 0.561 | 1.86 | 0.925 | 0.362 | 0.237 | ... |
| 0.34 | 0.329 | 0.093 | 0.051 | 0.239 | 0.306 | 0.89 | 0.599 | 0.210 | 0.122 | 0.466 | 0.565 | 1.88 | 0.930 | 0.365 | 0.240 | ... |
| 0.35 | 0.336 | 0.095 | 0.052 | 0.244 | 0.312 | 0.90 | 0.602 | 0.212 | 0.123 | 0.469 | 0.568 | 1.90 | 0.936 | 0.367 | 0.243 | ... |
| 0.36 | 0.343 | 0.098 | 0.053 | 0.249 | 0.318 | 0.91 | 0.606 | 0.214 | 0.124 | 0.472 | | 1.92 | 0.941 | 0.370 | 0.245 | ... |
| 0.37 | 0.349 | 0.100 | 0.055 | 0.255 | 0.324 | 0.92 | 0.609 | 0.216 | 0.125 | 0.475 | | 1.94 | 0.946 | 0.373 | 0.246 | ... |
| 0.38 | 0.355 | 0.102 | 0.057 | 0.260 | 0.330 | 0.93 | 0.613 | 0.218 | 0.126 | 0.478 | | 1.96 | 0.951 | 0.375 | 0.247 | ... |
| 0.39 | 0.362 | 0.105 | 0.058 | 0.265 | 0.336 | 0.94 | 0.616 | 0.220 | 0.128 | 0.481 | | 1.98 | 0.955 | 0.378 | 0.249 | ... |
| 0.40 | 0.368 | 0.107 | 0.059 | 0.270 | 0.342 | 0.95 | 0.620 | 0.221 | 0.129 | 0.485 | | 2.00 | 0.960 | 0.381 | 0.250 | ... |
| 0.41 | 0.374 | 0.110 | 0.061 | 0.275 | 0.348 | 0.96 | 0.623 | 0.223 | 0.130 | 0.488 | | 2.10 | ... | ... | 0.262 | ... |
| 0.42 | 0.380 | 0.112 | 0.062 | 0.280 | 0.354 | 0.97 | 0.627 | 0.225 | 0.131 | 0.491 | | 2.20 | ... | ... | 0.275 | ... |
| 0.43 | 0.386 | 0.114 | 0.063 | 0.285 | 0.360 | 0.98 | 0.630 | 0.227 | 0.132 | 0.494 | | 2.30 | ... | ... | 0.288 | ... |
| 0.44 | 0.392 | 0.117 | 0.064 | 0.290 | 0.365 | 0.99 | 0.633 | 0.229 | 0.134 | 0.497 | | 2.40 | ... | ... | 0.303 | ... |
| 0.45 | 0.398 | 0.119 | 0.066 | 0.295 | 0.371 | 1.00 | 0.637 | 0.230 | 0.135 | 0.500 | | 2.50 | ... | ... | 0.318 | ... |
| 0.46 | 0.404 | 0.121 | 0.067 | 0.300 | 0.377 | 1.02 | 0.643 | 0.234 | 0.137 | 0.506 | | 2.60 | ... | ... | 0.333 | ... |
| 0.47 | 0.409 | 0.124 | 0.069 | 0.304 | 0.382 | 1.04 | 0.650 | 0.238 | 0.139 | 0.511 | | 2.70 | ... | ... | 0.351 | ... |
| 0.48 | 0.415 | 0.126 | 0.070 | 0.309 | 0.387 | 1.06 | 0.656 | 0.241 | 0.142 | 0.517 | | 2.80 | ... | ... | 0.369 | ... |
| 0.49 | 0.420 | 0.128 | 0.072 | 0.313 | 0.393 | 1.08 | 0.662 | 0.245 | 0.144 | 0.522 | | 2.90 | ... | ... | 0.387 | ... |
| 0.50 | 0.426 | 0.130 | 0.073 | 0.318 | 0.398 | 1.10 | 0.669 | 0.248 | 0.146 | 0.528 | | 3.00 | ... | ... | 0.405 | ... |
| 0.51 | 0.431 | 0.133 | 0.074 | 0.323 | 0.403 | 1.12 | 0.675 | 0.251 | 0.148 | 0.534 | | | | | | |
| 0.52 | 0.437 | 0.135 | 0.076 | 0.327 | 0.408 | 1.14 | 0.681 | 0.255 | 0.150 | 0.539 | | | | | | |
| 0.53 | 0.442 | 0.137 | 0.077 | 0.331 | 0.413 | 1.16 | 0.687 | 0.258 | 0.153 | 0.545 | | | | | | |
| 0.54 | 0.447 | 0.139 | 0.078 | 0.336 | 0.418 | 1.18 | 0.694 | 0.262 | 0.155 | 0.550 | | | | | | |
| 0.55 | 0.452 | 0.141 | 0.079 | 0.340 | 0.423 | 1.20 | 0.702 | 0.265 | 0.157 | 0.555 | | | | | | |

4.1 焼 入 性

## 数表 (ASTM A 255-67)

### 数表 II 微小合金元素

| (%) | V | P | S | Al | Ti | (%) | V | P | S | Al | Ti |
|---|---|---|---|---|---|---|---|---|---|---|---|
| 0.01 | 0.061 | 0.011 | −0.003 | 0.006 | −0.008 | 0.09 | 0.111 | 0.092 | −0.027 | 0.049 | −0.081 |
| 0.02 | 0.097 | 0.022 | −0.006 | 0.012 | −0.018 | 0.10 | 0.097 | 0.101 | −0.032 | 0.054 | −0.092 |
| 0.03 | 0.137 | 0.033 | −0.009 | 0.017 | −0.025 | 0.11 | 0.086 | ... | ... | 0.059 | −0.099 |
| 0.04 | 0.146 | 0.044 | −0.011 | 0.022 | −0.034 | 0.12 | 0.072 | ... | ... | 0.064 | −0.112 |
| 0.05 | 0.146 | 0.054 | −0.014 | 0.028 | −0.043 | 0.13 | 0.061 | ... | ... | 0.069 | −0.123 |
| 0.06 | 0.140 | 0.064 | −0.018 | 0.033 | −0.053 | 0.14 | 0.037 | ... | ... | 0.074 | −0.134 |
| 0.07 | 0.137 | 0.073 | −0.020 | 0.039 | −0.062 | 0.15 | 0.025 | ... | ... | 0.079 | −0.146 |
| 0.08 | 0.124 | 0.083 | −0.024 | 0.044 | −0.072 | | | | | | |

### 数表 IV $D_I$ 換算

| 総和 | $D_I$(インチ) | 総和 | $D_I$(インチ) |
|---|---|---|---|
| 0.740 | 0.55 | 1.550 | 3.55 |
| 0.778 | 0.60 | 1.556 | 3.60 |
| 0.813 | 0.65 | 1.562 | 3.65 |
| 0.845 | 0.70 | 1.568 | 3.70 |
| 0.875 | 0.75 | 1.574 | 3.75 |
| 0.903 | 0.80 | 1.580 | 3.80 |
| 0.929 | 0.85 | 1.585 | 3.85 |
| 0.954 | 0.90 | 1.591 | 3.90 |
| 0.978 | 0.95 | 1.597 | 3.95 |
| 1.000 | 1.00 | 1.602 | 4.00 |
| 1.021 | 1.05 | 1.607 | 4.05 |
| 1.041 | 1.10 | 1.613 | 4.10 |
| 1.060 | 1.15 | 1.618 | 4.15 |
| 1.079 | 1.20 | 1.623 | 4.20 |
| 1.097 | 1.25 | 1.628 | 4.25 |
| 1.114 | 1.30 | 1.633 | 4.30 |
| 1.130 | 1.35 | 1.638 | 4.35 |
| 1.146 | 1.40 | 1.643 | 4.40 |
| 1.161 | 1.45 | 1.648 | 4.45 |
| 1.176 | 1.50 | 1.653 | 4.50 |
| 1.190 | 1.55 | 1.658 | 4.55 |
| 1.204 | 1.60 | 1.663 | 4.60 |
| 1.217 | 1.65 | 1.667 | 4.65 |
| 1.230 | 1.70 | 1.672 | 4.70 |
| 1.243 | 1.75 | 1.677 | 4.75 |
| 1.255 | 1.80 | 1.681 | 4.80 |
| 1.267 | 1.85 | 1.686 | 4.85 |
| 1.279 | 1.90 | 1.690 | 4.90 |
| 1.290 | 1.95 | 1.695 | 4.95 |
| 1.301 | 2.00 | 1.699 | 5.00 |
| 1.312 | 2.05 | 1.703 | 5.05 |
| 1.322 | 2.10 | 1.708 | 5.10 |
| 1.332 | 2.15 | 1.712 | 5.15 |
| 1.342 | 2.20 | 1.716 | 5.20 |
| 1.352 | 2.25 | 1.720 | 5.25 |
| 1.362 | 2.30 | 1.724 | 5.30 |
| 1.371 | 2.35 | 1.728 | 5.35 |
| 1.380 | 2.40 | 1.732 | 5.40 |
| 1.389 | 2.45 | 1.736 | 5.45 |
| 1.398 | 2.50 | 1.740 | 5.50 |
| 1.407 | 2.55 | 1.744 | 5.55 |
| 1.415 | 2.60 | 1.748 | 5.60 |
| 1.423 | 2.65 | 1.752 | 5.65 |
| 1.431 | 2.70 | 1.756 | 5.70 |
| 1.439 | 2.75 | 1.760 | 5.75 |
| 1.447 | 2.80 | 1.763 | 5.80 |
| 1.455 | 2.85 | 1.767 | 5.85 |
| 1.462 | 2.90 | 1.771 | 5.90 |
| 1.470 | 2.95 | 1.775 | 5.95 |
| 1.477 | 3.00 | 1.778 | 6.00 |
| 1.484 | 3.05 | 1.785 | 6.10 |
| 1.491 | 3.10 | 1.792 | 6.20 |
| 1.498 | 3.15 | 1.799 | 6.30 |
| 1.505 | 3.20 | 1.806 | 6.40 |
| 1.512 | 3.25 | 1.813 | 6.50 |
| 1.519 | 3.30 | 1.820 | 6.60 |
| 1.525 | 3.35 | 1.826 | 6.70 |
| 1.531 | 3.40 | 1.833 | 6.80 |
| 1.538 | 3.45 | 1.839 | 6.90 |
| 1.544 | 3.50 | 1.845 | 7.00 |

### 数表 III C%—結晶粒度

| (%) | 結晶粒度 | | | | (%) | 結晶粒度 | | | |
|---|---|---|---|---|---|---|---|---|---|
| | No. 5 | No. 6 | No. 7 | No. 8 | | No. 5 | No. 6 | No. 7 | No. 8 |
| 0.01 | ... | ... | ... | ... | 0.46 | 0.428 | 0.392 | 0.358 | 0.325 |
| 0.02 | ... | ... | ... | ... | 0.47 | 0.433 | 0.397 | 0.362 | 0.330 |
| 0.03 | ... | ... | ... | ... | 0.48 | 0.438 | 0.402 | 0.366 | 0.334 |
| 0.04 | ... | ... | ... | ... | 0.49 | 0.443 | 0.407 | 0.372 | 0.338 |
| 0.05 | ... | ... | ... | ... | 0.50 | 0.448 | 0.412 | 0.377 | 0.343 |
| 0.06 | ... | ... | ... | ... | 0.51 | 0.452 | 0.417 | 0.382 | 0.348 |
| 0.07 | 0.021 | ... | ... | ... | 0.52 | 0.456 | 0.422 | 0.387 | 0.352 |
| 0.08 | 0.050 | 0.012 | ... | ... | 0.53 | 0.461 | 0.427 | 0.391 | 0.356 |
| 0.09 | 0.076 | 0.038 | 0.005 | ... | 0.54 | 0.465 | 0.431 | 0.396 | 0.360 |
| 0.10 | 0.101 | 0.062 | 0.029 | ... | 0.55 | 0.469 | 0.435 | 0.400 | 0.364 |
| 0.11 | 0.120 | 0.084 | 0.052 | 0.017 | 0.56 | 0.473 | 0.439 | 0.404 | 0.367 |
| 0.12 | 0.138 | 0.103 | 0.071 | 0.037 | 0.57 | 0.477 | 0.443 | 0.408 | 0.371 |
| 0.13 | 0.155 | 0.121 | 0.088 | 0.056 | 0.58 | 0.481 | 0.447 | 0.412 | 0.375 |
| 0.14 | 0.170 | 0.136 | 0.104 | 0.070 | 0.59 | 0.485 | 0.450 | 0.416 | 0.378 |
| 0.15 | 0.184 | 0.150 | 0.119 | 0.084 | 0.60 | 0.489 | 0.454 | 0.419 | 0.382 |
| 0.16 | 0.198 | 0.164 | 0.133 | 0.097 | 0.61 | 0.493 | 0.458 | 0.423 | 0.386 |
| 0.17 | 0.211 | 0.176 | 0.146 | 0.110 | 0.62 | 0.497 | 0.461 | 0.427 | 0.389 |
| 0.18 | 0.224 | 0.188 | 0.158 | 0.122 | 0.63 | 0.500 | 0.464 | 0.430 | 0.393 |
| 0.19 | 0.236 | 0.199 | 0.169 | 0.134 | 0.64 | 0.504 | 0.467 | 0.433 | 0.396 |
| 0.20 | 0.247 | 0.210 | 0.179 | 0.146 | 0.65 | 0.507 | 0.470 | 0.436 | 0.400 |
| 0.21 | 0.258 | 0.221 | 0.188 | 0.156 | 0.66 | 0.510 | 0.473 | 0.439 | 0.403 |
| 0.22 | 0.268 | 0.231 | 0.198 | 0.166 | 0.67 | 0.513 | 0.476 | 0.442 | 0.407 |
| 0.23 | 0.278 | 0.241 | 0.208 | 0.176 | 0.68 | 0.517 | 0.479 | 0.446 | 0.410 |
| 0.24 | 0.288 | 0.250 | 0.217 | 0.184 | 0.69 | 0.520 | 0.482 | 0.449 | 0.413 |
| 0.25 | 0.297 | 0.260 | 0.225 | 0.193 | 0.70 | 0.523 | 0.485 | 0.452 | 0.415 |
| 0.26 | 0.306 | 0.269 | 0.233 | 0.201 | 0.71 | 0.526 | 0.488 | 0.455 | 0.418 |
| 0.27 | 0.314 | 0.277 | 0.241 | 0.209 | 0.72 | 0.530 | 0.491 | 0.458 | 0.422 |
| 0.28 | 0.322 | 0.285 | 0.250 | 0.216 | 0.73 | 0.533 | 0.494 | 0.461 | 0.425 |
| 0.29 | 0.330 | 0.292 | 0.259 | 0.223 | 0.74 | 0.536 | 0.497 | 0.464 | 0.428 |
| 0.30 | 0.337 | 0.299 | 0.267 | 0.230 | 0.75 | 0.539 | 0.500 | 0.467 | 0.431 |
| 0.31 | 0.343 | 0.306 | 0.274 | 0.238 | 0.76 | 0.542 | 0.502 | 0.470 | 0.433 |
| 0.32 | 0.350 | 0.313 | 0.281 | 0.246 | 0.77 | 0.544 | 0.505 | 0.473 | 0.436 |
| 0.33 | 0.356 | 0.320 | 0.288 | 0.253 | 0.78 | 0.547 | 0.508 | 0.476 | 0.439 |
| 0.34 | 0.362 | 0.327 | 0.295 | 0.260 | 0.79 | 0.549 | 0.511 | 0.479 | 0.441 |
| 0.35 | 0.368 | 0.333 | 0.301 | 0.266 | 0.80 | 0.551 | 0.513 | 0.481 | 0.444 |
| 0.36 | 0.374 | 0.339 | 0.306 | 0.272 | 0.81 | 0.554 | 0.516 | 0.484 | 0.447 |
| 0.37 | 0.380 | 0.345 | 0.312 | 0.278 | 0.82 | 0.556 | 0.519 | 0.487 | 0.450 |
| 0.38 | 0.386 | 0.351 | 0.318 | 0.284 | 0.83 | 0.559 | 0.521 | 0.490 | 0.453 |
| 0.39 | 0.392 | 0.357 | 0.324 | 0.290 | 0.84 | 0.561 | 0.524 | 0.492 | 0.456 |
| 0.40 | 0.398 | 0.362 | 0.329 | 0.296 | 0.85 | 0.563 | 0.526 | 0.494 | 0.458 |
| 0.41 | 0.403 | 0.368 | 0.334 | 0.301 | 0.86 | 0.566 | 0.529 | 0.497 | 0.461 |
| 0.42 | 0.408 | 0.373 | 0.339 | 0.306 | 0.87 | 0.568 | 0.531 | 0.500 | 0.464 |
| 0.43 | 0.413 | 0.378 | 0.344 | 0.310 | 0.88 | 0.571 | 0.534 | 0.502 | 0.467 |
| 0.44 | 0.418 | 0.383 | 0.349 | 0.315 | 0.89 | 0.573 | 0.537 | 0.504 | 0.469 |
| 0.45 | 0.423 | 0.387 | 0.351 | 0.320 | 0.90 | 0.574 | 0.539 | 0.507 | 0.471 |

4. 鉄鋼材料選定上のポイント

表 4.1.2(a)　AISI 鋼の焼入性 $(D_I)$（アメリカ）

| 鋼種 | $D_I$(インチ) | 鋼種 | $D_I$(インチ) |
|---|---|---|---|
| 1018 | 0.47 | 4621 H | 1.75 |
| 1022 | 0.57 | 4718 H | 2.12 |
| 1524 | 1.02 | 4720 H | 1.37 |
| 1035 | 0.66 | 4815 H | 2.12 |
| 1536 | 1.06 | 4817 H | 2.30 |
| 1038 H | 0.80 | 4820 H | 2.58 |
| 1040 | 0.71 | 5046 H | 1.47 |
| 1541 H | 1.75 | 5120 H | 1.16 |
| 1045 H | 1.00 | 5130 H | 2.27 |
| 1050 | 0.81 | 5140 H | 2.45 |
| 1552 | 1.34 | 51 B 60 H | 3.64 |
| 1060 | 0.87 | 6118 H | 1.37 |
| 1080 | 1.01 | 8617 H | 1.37 |
| 1117 | 0.61 | 8620 H | 1.57 |
| 1118 | 0.77 | 8622 H | 1.75 |
| 1141 | 1.27 | 8625 H | 1.85 |
| 1144 | 1.14 | 8627 H | 2.12 |
| 1027 H | 1.35 | 8630 H | 2.20 |
| 4028 H | 1.35 | 8640 H | 3.07 |
| 4032 H | 1.37 | 8645 H | 3.32 |
| 4042 H | 1.75 | 86 B 45 H | 5.00 |
| 4118 H | 1.16 | 8650 H | 3.64 |
| 4130 H | 2.12 | 8660 H | 6.20 |
| 4140 H | 4.00 | 8720 H | 1.75 |
| 4150 H | 5.10 | 8822 H | 1.93 |
| 4161 H | 5.40 | 9260 H | 2.12 |
| 4320 H | 2.12 | 9310 H | 5.00 |
| 4340 H | 7.00 | 94 B 15 H | 2.58 |
| 4419 H | 1.16 | 94 B 17 H | 2.58 |
| 4620 H | 1.16 | 94 B 30 H | 3.64 |

表 4.1.2(b)　JIS 合金鋼の焼入性 $(D_I)$（大和久）

| 鋼種 | $D_I$(インチ) | 円/kg | 鋼種 | $D_I$(インチ) | 円/kg |
|---|---|---|---|---|---|
| S 30 C | 0.70 | 50 | SNCM 431 | 5.4 | |
| S 45 C | 0.85 | 50 | SNCM 625 | 8.8 | 155 |
| S 50 C | 0.90 | 50 | SNCM 630 | >17 | |
| S 55 C | 0.95 | 50 | SNCM 240 | 3.85 | |
| SCr 430 | 2.3 | | SNCM 7 | 4.1 | |
| SCr 435 | 2.5 | | SNCM 439 | 6.3 | |
| SCr 440 | 2.6 | | SNCM 447 | 6.8 | |
| SCr 445 | 2.8 | | SNCM 220 | 2.50 | |
| SCr 415 | 1.6 | | SNCM 415 | 2.45 | |
| SCr 420 | 1.9 | | SNCM 420 | 2.85 | |
| SCM 432 | 3.3 | 70 | SNCM 616 | 18.6 | |
| SCM 430 | 3.9 | 70 | SMn 433 | 1.2 | |
| SCM 435 | 4.2 | 70 | SMn 438 | 1.46 | |
| SCM 440 | 4.5 | | SMn 443 | 1.56 | |
| SCM 445 | 4.7 | | SMn 420 | 0.95 | |
| SCM 415 | 2.7 | 69 | SMnC 443 | 3.35 | |
| SCM 420 | 3.1 | 69 | SMnC 420 | 2.05 | |
| SCM 421 | 3.5 | | SACM 645 | 5.6 | |
| SCM 822 | 4.3 | | S 9 CK | 0.33 | |
| SNC 236 | 2.65 | 120 | S 15 CK | 0.41 | |
| SNC 631 | 3.50 | 120 | S 20 CK | 0.48 | |
| SNC 836 | 4.70 | 130 | | | |
| SNC 415 | 1.30 | 110 | | | |
| SNC 815 | 3.15 | 130 | | | |

備考　1. 化学成分は JIS 規格中央値.
　　　2. 結晶粒度は 8 とする.

の大きいものほど焼入性が良いということになる.

　焼入性を良くする合金元素は, B, Mn, Mo, Cr が主力で, Ni や Si はあまり有力ではない. また, 結晶粒度は粗いほうが焼入性を良くする性質をもっており, 粒度番号の小さいもの（粗粒）が焼入性が良い. しかし, 結晶粒度の粗

いものは機械的性質が劣化するので好ましくない．合金鋼としては粒度番号 7 ～ 8 が適当である．したがって，焼入性の比較的良い合金鋼は，B 鋼，SMn, SMnC, SCr, SCM などである．アメリカにおいては C-Mn-B 鋼（CMB 鋼）が焼入性の良い，安価な合金鋼として開発利用されている．

　合金鋼の焼入性は，化学成分及び結晶粒度から計算によって求めることができる．表 4.1.1 は焼入性計算用の数表[1]である．表 4.1.2（a）及び（b）は，AISI 鋼及び JIS 合金鋼の焼入性（$D_1$ インチ）を示すものである．JIS 合金鋼においては，大体鋼種番号が大きくなるほど $D_1$ が大，つまり，焼入性が良いようになっている．

　鋼種の選択に当たっては焼入性（$D_1$）をベースにおいて，値段の安いものをと心掛けるべきである．高価で，あまり焼入性の向上に役立たない Ni を含む合金鋼は敬遠するのが賢明策である．アメリカでは Price（値段）と Jominy（焼入性）で鋼種を選べと強調している．合金元素の種類別ではなく，焼入性をベースにおくところがポイントである．

## 4.2　マス・エフェクト（質量効果）

　マス・エフェクトというのは鉄鋼部品の性質が，その化学成分だけでなく，部品の質量（マス）によって違ってくることをいう．これには二つの種類があって，一つは熱処理結果に影響するもの，もう一つは機械的性質に影響するものである．

### 4.2.1　熱処理のマス・エフェクト

　焼入れした鋼の性質は，その化学成分だけでなく，鋼材のマスによって違ってくるもので，一般に鋼材が太くなるほど熱処理のきき方が少なくなってくる．この質量によって熱処理のきき方が違う割合がマス・エフェクトである．つまり質量効果（マス・エフェクト）が大きいということは，鋼材の大きさによって熱処理結果の違い方が大きいということであり，大物になるほど焼きの入り方が少なくなるということを意味している．S-C 材（炭素鋼）はマス・エ

---

1)　Metal Progress. Sept., 1974

フェクトが大きい鋼の一例である．逆にマス・エフェクトが小さいということは，小物はもちろん大物までもよく焼きが入るということである．SCM やSNCM 材（合金鋼）はマス・エフェクトが小さい鋼の一例である．

このように，部品の大きさによって焼きの入り方の違うことを質量効果，同じ大きさの部品でも鋼種によって焼きの入り方の違うことを焼入性というのである．つまり，質量効果と焼入性は，焼きの入り方を立場を変えてながめた性質である．質量効果は部品の大きさからみた焼きの入り方であり，焼入性は鋼質からみた焼きの入り方である．したがって，焼入性の良い鋼は質量効果が小さく，大物までよく焼きが入ることになる．逆に焼入性の悪い鋼は質量効果が大きく，大物になると焼きが入りにくくなる．つまり，質量効果を改善するも

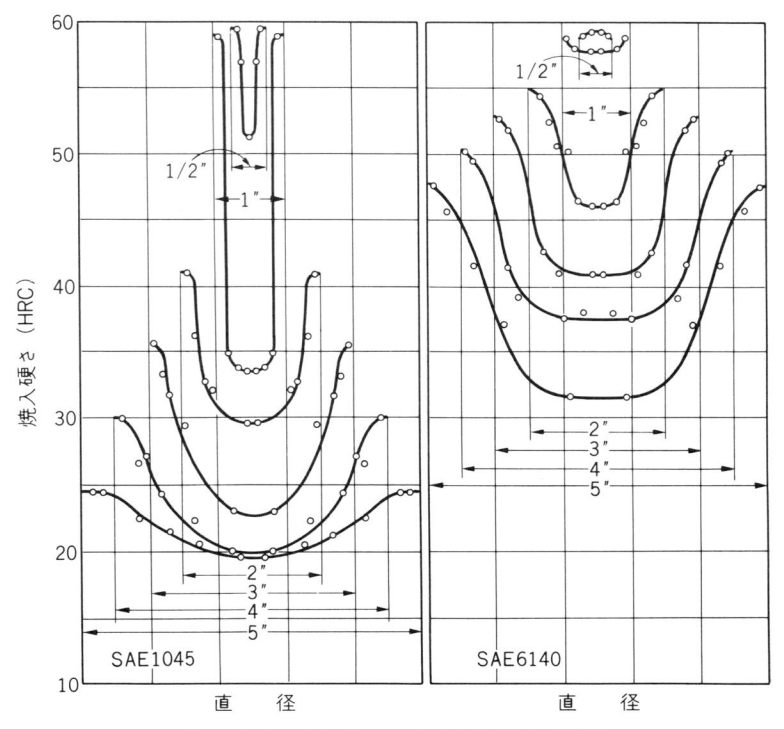

図 4.2.1 水焼入れによる断面硬さの変化

4.2 マス・エフェクト

のが焼入性である．その焼入性を改善する効果のある合金元素は，C, B, Mn, Mo, Cr などである．

一般に炭素鋼（S-C材）はマス・エフェクトが大きく，自硬性の強い SNCM や SCM 材などはマス・エフェクトが小さい．このマス・エフェクトのために鋼材の焼入硬さと焼入硬化層深さが違ってくるのである．一例を断面硬さにとってみよう．図 4.2.1 は炭素鋼（S 45 C）と特殊鋼（Cr-V 鋼）の 1/2～5 インチ径の丸棒を水焼入れしたときの，それぞれの断面硬さの変化を示すもので，直径が大きくなるにつれて表面硬さ及び焼入硬化層深さが小さくなることがわかる．

このように焼入硬さが部品のマスによって違うのであるから，調質後の機械的強度もこれにつれて変化するのは当然である．図 4.2.2 はこの結果を示すもので，棒径が増すにつれて調質後の引張強さは規則正しく減少していくことがわかる．

伸びは棒径とともに多少増すが，その程度は極めてわずかである．絞りや衝撃値は棒径とともに減少する．

表 4.2.1 は，アメリカで発表（1972 年）された炭素鋼及び合金鋼の焼入質量効果を示すもので，参考のために JIS 該当鋼種も併記してある．また，表 4.2.2

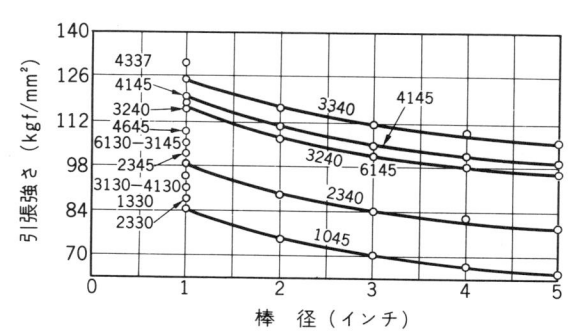

熱処理：焼ならし後，油又は水焼入れし，540℃に焼戻し
試験片の採取：棒径 1 インチのものは中心から，その他の棒径のものは 1/2 R のところから採取
備考：図中の数字は AISI 鋼種番号

**図 4.2.2 棒径と調質後の引張強さとの関係**

## 4. 鉄鋼材料選定上のポイント

表 4.2.1(a)　焼入硬さに対する質量効果（炭素鋼）（アメリカ，1972 年）

| JIS | 鋼種 | 成分 (%) | | | 焼入硬さ：表面，(中心)，HRC | | | | 備考 |
|---|---|---|---|---|---|---|---|---|---|
| | | C | Mn | Si | ½インチ | 1 インチ | 2 インチ | 4 インチ | |
| S 15 C | 1015 w | 0.15 | 0.53 | 0.17 | 36.5 (22.0) | HRB 99.0 (90.0) | HRB 98.0 (82.0) | HRB 97.0 (78.0) | 細粒 |
| S 20 C | 1020 w | 0.19 | 0.48 | 0.18 | 40.5 (28.0) | 29.5 (HRB 93.0) | HRB 95.0 (83.0) | HRB 94.0 (77.0) | 〃 |
| S 22 C | 1022 w | 0.22 | 0.82 | 0.20 | 45.0 (27.0) | 41.0 (HRB 92.0) | 38.0 (HRB 84.0) | 34.0 (HRB 81.0) | 〃 |
| S 30 C | 1030 w | 0.31 | 0.65 | 0.14 | 50.0 (23.0) | 46.0 (21.0) | 30.0 (HRB 90.0) | HRB 97.0 (85.0) | 〃 |
| S 40 C | 1040 o | 0.39 | 0.71 | 0.15 | 28.0 (21.0) | 23.0 (18.0) | HRB 93.0 (91.0) | HRB 91.0 (89.0) | 〃 |
| S 50 C | 1050 w | 0.54 | 0.69 | 0.19 | 64.0 (57.0) | 60.0 (33.0) | 50.0 (26.0) | 33.0 (20.0) | 〃 |
| S 50 C | 1050 o | 0.54 | 0.69 | 0.19 | 57.0 (34.0) | 33.0 (26.0) | 27.0 (21.0) | HRB 98.0 (91.0) | 〃 |
| SK 7 | 1060 o | 0.60 | 0.66 | 0.17 | 59.0 (35.0) | 34.0 (30.0) | 30.5 (25.0) | 29.0 (24.0) | 〃 |
| SK 6 | 1080 o | 0.85 | 0.76 | 0.13 | 60.0 (40.0) | 45.0 (39.0) | 43.0 (40.0) | 39.0 (32.0) | 〃 |
| SK 4 | 1095 w | 0.96 | 0.40 | 0.20 | 65.0 (48.0) | 64.0 (44.0) | 63.0 (37.0) | 63.0 (33.0) | 混粒 |
| SK 4 | 1095 o | 0.96 | 0.40 | 0.20 | 60.0 (41.0) | 46.0 (40.0) | 43.0 (37.0) | 40.0 (33.0) | 〃 |
| SUM 31 | 1117 w | 0.19 | 1.10 | 0.11 | 42.0 (29.5) | 37.0 (HRB 93.0) | 33.0 (HRB 86.0) | 32.0 (HRB 81.0) | 粗粒 |
| | 1118 w | 0.20 | 1.34 | 0.09 | 43.0 (33.0) | 36.0 (HRB 96.5) | 34.0 (HRB 87.0) | 32.0 (HRB 82.0) | 〃 |
| SUM 41 SMn 438 | 1137 w | 0.37 | 1.40 | 0.17 | 57.0 (50.0) | 56.0 (45.0) | 52.0 (24.0) | 48.0 (20.0) | 〃 |
| SUM 41 SMn 438 | 1137 o | 0.37 | 1.40 | 0.17 | 48.0 (42.0) | 34.0 (23.0) | 28.0 (18.0) | 21.0 (16.0) | 〃 |
| SUM 42 | 1141 o | 0.39 | 1.58 | 0.19 | 52.0 (46.0) | 48.0 (38.0) | 36.0 (22.0) | 27.0 (18.0) | 〃 |
| SUM 3 SMn 443 | 1144 o | 0.46 | 1.37 | 0.05 | 39.0 (28.0) | 36.0 (24.0) | 30.0 (22.0) | 27.0 (HRB 97.0) | 〃 |

備考：W…水焼入れ，O…油焼入れ

は，JIS 機械構造用鋼の丸棒径と中心硬さ及び調質有効直径の関係を示したものである．

　JIS 鉄鋼ハンドブックに載っている鋼材の熱処理方法及び機械的性質は，JIS 標準サイズ（一般鋼材…径 25 mm，工具鋼…15 mm 角又は丸，長 20 mm）に対するもので，これより太いものに対してはマス・エフェクトの関係で修正することが必要である．JIS の機械構造用鋼に対する熱処理のマス・エフェク

## 4.2 マス・エフェクト

表 4.2.1(b)　焼入硬さに対する質量効果（合金鋼）（アメリカ，1972年）

| JIS | 鋼種 | 成分 (%) | | | | | | 焼入硬さ：表面，(中心)，HRC | | | |
|---|---|---|---|---|---|---|---|---|---|---|---|
| | | C | Mn | Si | Ni | Cr | Mo | ½インチ | 1インチ | 3インチ | 4インチ |
| | 3310 (o) | 0.09 | 0.50 | 0.27 | 3.45 | 1.55 | 0.06 | 38.0 (37.0) | 37.0 (32.0) | 32.0 (29.0) | 30.0 (28.0) |
| | 9310 (o) | 0.09 | 0.57 | 0.32 | 3.11 | 1.23 | 0.13 | 40.0 (38.0) | 40.0 (37.0) | 38.0 (32.0) | 31.0 (29.0) |
| SNCM 420 | 4320 (o) | 0.20 | 0.59 | 0.25 | 1.77 | 0.47 | 0.23 | 44.5 (44.5) | 39.0 (36.0) | 35.0 (27.0) | 25.0 (24.0) |
| | 4520 (o) | 0.18 | 0.57 | 0.28 | 0.03 | 0.01 | 0.52 | HRB 96.0 (93.0) | HRB 94.0 (89.0) | HRB 94.0 (88.0) | HRB 93.0 (82.0) |
| | 4620 (o) | 0.17 | 0.52 | 0.26 | 1.81 | 0.10 | 0.21 | 40.0 (31.0) | 27.0 (HRB 97.0) | 24.0 (HRB 91.0) | HRB 96.0 (88.0) |
| | 4820 (o) | 0.20 | 0.61 | 0.29 | 3.47 | 0.07 | 0.22 | 45.0 (44.0) | 43.0 (37.0) | 36.0 (27.0) | 27.0 (24.0) |
| SNCM 220 | 8620 (o) | 0.23 | 0.81 | 0.28 | 0.56 | 0.43 | 0.19 | 43.0 (43.0) | 29.0 (25.0) | 23.0 (HRB 97.0) | 22.0 (HRB 93.0) |
| SCM 430 | 4130 (w) | 0.30 | 0.48 | 0.20 | 0.12 | 0.91 | 0.20 | 51.0 (50.0) | 51.0 (44.0) | 47.0 (31.0) | 45.5 (24.5) |
| | 8630 (w) | 0.29 | 0.85 | 0.25 | 0.62 | 0.44 | 0.19 | 52.0 (47.0) | 52.0 (43.0) | 51.0 (30.0) | 47.0 (22.0) |
| | 1340 (o) | 0.40 | 1.77 | 0.25 | 0.10 | 0.12 | 0.01 | 58.0 (57.0) | 57.0 (50.0) | 39.0 (32.0) | 32.0 (26.0) |
| | 3140 (o) | 0.40 | 0.90 | 0.27 | 1.21 | 0.62 | 0.02 | 57.0 (57.0) | 55.0 (55.0) | 46.0 (40.0) | 34.0 (33.5) |
| SCM 440 | 4140 (o) | 0.40 | 0.73 | 0.26 | 0.11 | 0.94 | 0.21 | 57.0 (55.0) | 55.0 (50.0) | 49.0 (38.0) | 36.0 (34.0) |
| SNCM 439 | 4340 (o) | 0.40 | 0.68 | 0.28 | 1.87 | 0.74 | 0.25 | 58.0 (56.0) | 57.0 (56.0) | 56.0 (54.0) | 53.0 (47.0) |
| SCr 440 | 5140 (o) | 0.43 | 0.78 | 0.22 | 0.06 | 0.74 | 0.01 | 57.0 (56.0) | 53.0 (45.0) | 46.0 (35.0) | 35.0 (20.0) |
| | 8740 (o) | 0.41 | 0.90 | 0.25 | 0.63 | 0.53 | 0.29 | 57.0 (55.0) | 56.0 (54.0) | 52.0 (45.0) | 42.0 (36.0) |
| | 4150 (o) | 0.51 | 0.89 | 0.27 | 0.12 | 0.87 | 0.18 | 64.0 (63.0) | 62.0 (62.0) | 58.0 (56.0) | 47.0 (42.0) |
| | 5150 (o) | 0.49 | 0.75 | 0.25 | 0.11 | 0.80 | 0.05 | 60.0 (59.0) | 59.0 (50.0) | 55.0 (40.0) | 37.0 (29.0) |
| | 6150 (o) | 0.51 | 0.80 | 0.35 | 0.11 | 0.95 | 0.01 | 61.0 (60.0) | 60.0 (57.0) | 54.0 (44.0) | 42.0 (35.0) |
| | 8650 (o) | 0.48 | 0.86 | 0.31 | 0.58 | 0.53 | 0.24 | 61.0 (61.0) | 58.0 (57.0) | 53.0 (52.0) | 42.0 (38.0) |
| | 9255 (o) | 0.52 | 0.75 | 0.20 | 0.07 | 0.12 | 0.01 | 61.0 (58.0) | 57.0 (48.0) | 52.0 (33.0) | 35.5 (27.5) |
| | 5160 (o) | 0.62 | 0.84 | 0.24 | 0.04 | 0.74 | 0.01 | 63.0 (62.0) | 62.0 (60.0) | 53.0 (43.0) | 40.0 (29.0) |
| | 4063 (o) | 0.61 | 0.79 | 0.26 | 0.15 | 0.14 | 0.24 | 65.0 (64.0) | 64.0 (60.0) | 43.0 (38.5) | 32.0 (31.0) |

備考：W…水焼入れ，O…油焼入れ

表 4.2.2 機械構造用鋼の丸棒径と中心硬さ及び調質有効直径

| 鋼　　種 | 丸棒中心の硬さ/直径 HRC/$\phi$mm | JIS参考値 (径25 mm) 引張強さ $(N/mm^2)$ | HBS | 調質有効直径 (mm) |
|---|---|---|---|---|
| S 30 C | 43/ 10 | > 540 | 152〜212 | 約　10 |
| S 40 C | 50/ 15 | > 610 | 179〜255 | 約　15 |
| S 50 C | 55/ 18 | > 740 | 212〜277 | 約　18 |
| SCr 430 | 43/ 18 | > 780 | 229〜285 | 10〜 35 |
| SMn 438 | 49/ 18 | > 740 | 212〜285 | 10〜 35 |
| SCM 432 | 44/ 18 | > 880 | 255〜321 | 10〜 35 |
| SCr 435 | 47/ 18 | > 880 | 255〜311 | 10〜 35 |
| SCM 430 | 43/ 25 | > 830 | 241〜293 | 15〜 45 |
| SMnC 443 | 52/ 25 | > 930 | 269〜321 | 15〜 45 |
| SCr 440 | 50/ 25 | > 930 | 269〜321 | 15〜 45 |
| SNCM 240 | 50/ 25 | > 880 | 255〜311 | 15〜 45 |
| SNC 236 | 47/ 35 | > 740 | 212〜255 | 12〜 50 |
| SCM 435 | 47/ 35 | > 930 | 269〜321 | 25〜 50 |
| SNCM 431 | 43/ 40 | > 830 | 248〜302 | 15〜 70 |
| SNCM 625 | 40/ 45 | > 930 | 269〜321 | 25〜100 |
| SCM 440 | 50/ 45 | > 980 | 285〜341 | 35〜 85 |
| SNC 631 | 44/ 60 | > 830 | 248〜302 | 35〜115 |
| SNCM 630 | 43/ 70 | >1080 | 302〜352 | 25〜150 |
| SNC 836 | 47/100 | > 930 | 269〜321 | 50〜150 |
| SNCM 439 | 50/110 | > 980 | 293〜352 | 85〜150 |

トを示せば，表4.2.3のようになる．つまり，表中の数字はJIS鉄鋼ハンドブックの機械的性質を保証し得る最大径(mm)を示すもので，これより太くなればJIS規定値を満足しないことを意味する．図4.2.3はこれを棒グラフで示したものである．

表4.2.4は，JIS鉄鋼ハンドブックの機械的性質を確保する丸棒径と$D_I$との関係を示したものである．この表には鋼材の価格（円/kg）も併記してあるので，安価で焼入性の良い鋼を選ぶのに好都合である．この表から明らかなように，SCM 435 と SNC 836 では焼入性($D_I$)がほとんど変わらないのに，値段は約倍違うということがわかる．つまり，SNC 836 よりも SCM 435 の方が安くて良いということになる．クロムモリブデン鋼よりもニッケルクロム鋼の方が

## 4.2 マス・エフェクト

**表 4.2.3 JIS 機械構造用鋼のマス・エフェクト**
**(JIS の機械的性質を保証し得る最大径 mm)**

| 鋼 種 | 水冷 | 油冷 | 空冷 | 鋼 種 | 水冷 | 油冷 | 空冷 |
|---|---|---|---|---|---|---|---|
| S 15 C | 20 | | | SCM 440 | (85) | 65 | |
| S 20 C | 20 | | | SCM 445 | (90) | 70 | |
| S 25 C | 20 | | | SCM 415 | 50 | 40 | |
| S 30 C | 30 | | | SCM 420 | 60 | 45 | |
| S 35 C | 32 | | | SCM 421 | | 45 | |
| S 40 C | 35 | | | SNC 236 | | 50 | |
| S 45 C | 37 | | | SNC 631 | | 70 | |
| S 50 C | 40 | | | SNC 836 | | 80 | |
| S 55 C | 42 | | | SNC 415 | 60 | 40 | |
| SCr 1 | 60 | 40 | | SNC 815 | | 60 | |
| SCr 430 | 60 | 40 | | SNCM 431 | | 80 | |
| SCr 435 | 60 | 40 | | SNCM 625 | | 100 | |
| SCr 440 | (65) | 45 | | SNCM 630 | | 150 | 70 |
| SCr 445 | (70) | 50 | | SNCM 240 | | 45 | |
| SCr 415 | 40 | 30 | | SNCM 7 | | 50 | |
| SCr 420 | 45 | 35 | | SNCM 439 | | 80 | |
| SCM 432 | 80 | 60 | | SNCM 447 | | 90 | |
| SCM 430 | 80 | 60 | | SNCM 815 | | 90 | 45 |
| SCM 435 | 80 | 60 | | | | | |

**表 4.2.4 JIS 鉄鋼ハンドブックの機械的性質を確保する最大径 (mm) と $D_I$ (インチ) (JIS 標準サイズは $\phi 25$ mm)**

| 鋼 種 | 水焼入れ (HQW) | 油焼入れ (HQO) | $D_I$ (インチ) | 円/kg | 円/$D_I$ |
|---|---|---|---|---|---|
| S 45 C | 37 | (18) | 0.85 | 50 | 59 |
| S 55 C | 42 | (20) | 0.95 | 50 | 53 |
| SMn 438 | (50) | (30) | 1.46 | 55 | 38 |
| SCr 440 | 65 | 45 | 2.6 | 60 | 23 |
| SMnC 443 | (74) | (56) | 3.35 | 55 | 16 |
| SCM 435 | 80 | 60 | 4.2 | 70 | 17 |
| SNC 836 | — | 80 | 4.7 | 130 | 28 |
| SNCM 625 | — | 100 | 8.8 | 155 | 18 |

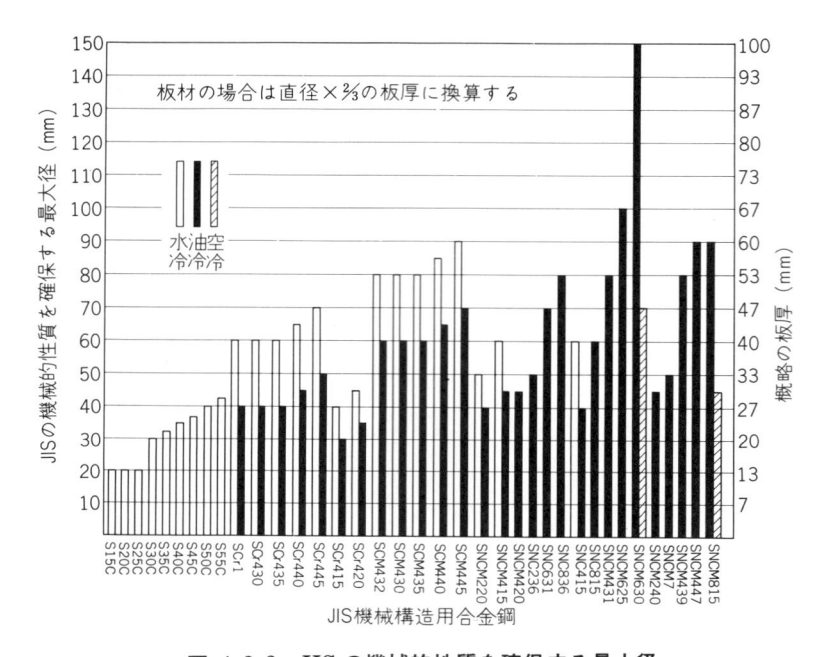

52　　　　　　　　4. 鉄鋼材料選定上のポイント

図 4.2.3　JIS の機械的性質を確保する最大径

上物であるというようなイメージに惑わされてはいけない．また，SCr 440 よりも SMnC 443 の方が値段が安くて，しかも焼入性（$D_I$）が良いということは注目すべき点である．

　図 4.2.4 は，JIS 鉄鋼ハンドブックの機械的性質を確保する丸棒の径と焼入性（$D_I$）との関係を，水焼入れ（HQW）と油焼入れ（HQO）に分けて示したものである．今，部品の直径 60 mm を水焼入れして JIS 規定の機械的性質を確保するには，$D_I$ 2 インチの鋼質のものが必要となる．よって，$D_I$ = 2 インチの合金鋼のうちで，値段の安いものを選べばよいことになる．つまり，表 4.1.2（b）から SCr 430 でよいことがわかる．直径 60 mm を油焼入れするならば，$D_I$ は 3.5 インチとなり，SCM 430 でよいことになる．また，$D_I$ 2 インチの鋼を使えば，水焼入れならば直径 60 mm，油焼入れならば直径 40 mm まで，JIS 鉄鋼ハンドブックの機械的性質を確保することがわかる．

**図 4.2.4** JIS 鉄鋼ハンドブックの機械的性質を確保する丸棒径と $D_I$ との関係

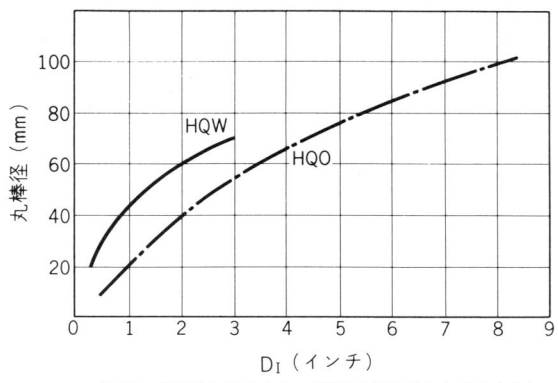

(図中，HQW は水焼入れ，HQO は油焼入れを意味する)

このように，所要の機械的性質を確保する鋼種を選ぶときには，材質（化学成分）でなしに，$D_I$ を基準にして選ぶのがよいのであって，このとき値段のことも併せ考えて，同じ $D_I$ ならば値段の安いものを選定すべきである．材質で選ぶというよりは円/$D_I$ で選ぶのがよい．

最近，アメリカでも鋼材を $D_I$ と値段から選ぶことが強調されており，コンピュータを使って熱処理部品用鋼材を $D_I$ から選択する方法（CHAT）が盛んに行われている．CHAT[2]とは Computer Harmonized Application Tailored の略である．

### 4.2.2 機械的性質のマス・エフェクト

鋼材の機械的性質はその材質に特有なものではなく，鋼材の形状寸法が変わると変動するものである．つまり，同じ材質でも実験室の試験機にかけてやるような小形のものと，大きな実体とでは機械的性質が変わってくるのである．この形状寸法によって機械的性質が変化することを，マス・エフェクト又はサイズ・エフェクト（寸法効果）という．サイズ・エフェクトを顕著に示す機械的性質は疲労強度である．そのほか，引張強さや摩耗抵抗などにもサイズ・エ

---

2) Metal Progress, Dec. 1972, Feb. 1973, April, June, Nov, 1973.

## 4. 鉄鋼材料選定上のポイント

フェクトがある．

### （1） 疲労強度

一般に寸法が大きくなれば疲労強度は低下する．特に，曲げやねじり疲労のときには 15～20％以上も低下する．引張，圧縮疲労のときは，サイズ・エフェクトはほとんどないといわれている．図 4.2.5 及び表 4.2.5 は，この結果を示すものである．

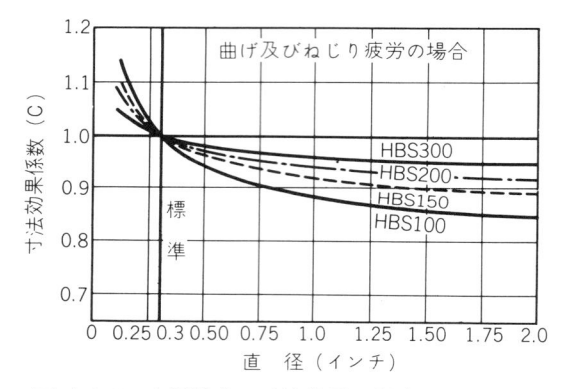

**図 4.2.5 疲労強度の寸法効果に対する硬さの影響**

**表 4.2.5 試験片の直径別疲労強度 (kgf/mm²)**

| 車軸材 | 小野式($\phi$ 8 mm) | 大形材($\phi$100 mm) | 車軸実体($\phi$170 mm) |
|---|---|---|---|
| SFA 55 | 23 | 18.5 | 10.0 |
| SFA 60 | 26 | 20.5 | 10.5 |
| SFA 65 | 28 | 22.5 | 11.0 |

### （2） 引張強さ

表 4.2.6 は，引張強さやその他の機械的性質（抗張特性）に及ぼす炭素鋼のサイズ・エフェクトを示すものである．つまり，引張強さや降伏点は棒径とともに低下する．伸びや絞りなどは低下度が少ない．熱処理材になると，熱処理に対するマス・エフェクトが加算されるので，その低下度は更に大きくなる．

表 4.2.6 抗張特性に対するサイズ・エフェクト

| 材料と処理 | 直径<br>(インチ) | 降伏点<br>(kgf/mm²) | 引張強さ<br>(kgf/mm²) | 伸び<br>(%) | 絞り<br>(%) | 硬さ<br>(HBS) | アイゾット衝撃値<br>(ft–lb) |
|---|---|---|---|---|---|---|---|
| C 1015<br>(0.15% C)<br>焼きならし | 1/2<br>1<br>2<br>4 | 33.5<br>32.7<br>31<br>29 | 44<br>42.9<br>42<br>41 | 38.6<br>37<br>37.5<br>36.5 | 71<br>69.6<br>69.2<br>67.8 | 126<br>121<br>116<br>116 | 85<br>85<br>86<br>83 |
| C 1117<br>(0.17% C)<br>焼きならし | 1/2<br>2<br>4 | 31.5<br>29<br>24.5 | 48.5<br>46.5<br>44.3 | 34.3<br>33.5<br>34.3 | 61<br>64.7<br>64.7 | 143<br>137<br>126 | 70<br>83<br>84 |
| C 1040<br>(0.40% C)<br>焼きならし | 1<br>2<br>4 | 37.8<br>37.1<br>34.3 | 59.5<br>58.8<br>58.5 | 28<br>28<br>27 | 55<br>53<br>51.8 | 170<br>167<br>167 | 48<br>51<br>39 |
| C 1040<br>(0.40% C)<br>水焼入れ550℃焼戻し | 1/2<br>2<br>4 | 57<br>48.5<br>44.8 | 76.5<br>71<br>69.2 | 23.8<br>24.7<br>24.7 | 61.5<br>63.6<br>60.2 | 223<br>207<br>201 | 75<br>85<br>62 |
| C 1050<br>(0.50% C)<br>水焼入れ600℃焼戻し | 1/2<br>2<br>4 | 61.5<br>55<br>47.6 | 83<br>82<br>78.5 | 21.7<br>23<br>23.7 | 60<br>61<br>55.5 | 241<br>235<br>229 | 51<br>24<br>15 |
| C 1050<br>(0.50% C)<br>油焼入れ600℃焼戻し | 1/2<br>2<br>4 | 56.8<br>47.5<br>41 | 85.5<br>78.5<br>70.5 | 22.8<br>23<br>25 | 58<br>55.6<br>54.5 | 248<br>223<br>207 | 22<br>20<br>21 |

### (3) 摩　耗

一般に耐摩耗性は寸法(直径)が増すほど大となる。つまり，寸法が大きくなるほど摩耗量は減少する。これは摩擦面積や発熱などに関係するのである．

以上のようなわけであるから設計者あるいは材料使用者は，このサイズ・エフェクトを頭に入れておかなくてはならない．

## 4.3　ファイバ・フロー (鍛流線)

金属の結晶は一般に塑性加工，つまり，圧延，鍛伸，引抜きなどを行うと，長手方向に結晶が細長く伸ばされる．この流れの組織をファイバ・フローとい

う．木材でいうならば木目に該当するものである．

　鋼材の機械的性質は，このファイバ・フローに沿う場合（L方向）と直角の場合（C方向）とでは違ってくる．図4.3.1は，約0.4％Cの炭素鋼についてファイバ・フローの方向と機械的性質との関係を示したものである．この図から明らかなように，引張強さや降伏点はファイバ・フローには無関係であるが，伸び，絞り，衝撃値などの粘さを表す性質は，ファイバ・フローに大きく左右されることがわかる．つまり，粘さを示す性質はファイバ・フローに沿う方が，ファイバ・フローに直角の方向よりも大となる．したがって，衝撃を受ける部品や曲げを受けるようなものには，このファイバ・フローの方向を考えて材料取りすることが大切である．

　また，機械加工するのにも，このファイバ・フローをカットしないように外形を削正することが必要である．このために，鍛造成形するときはすえ込みを

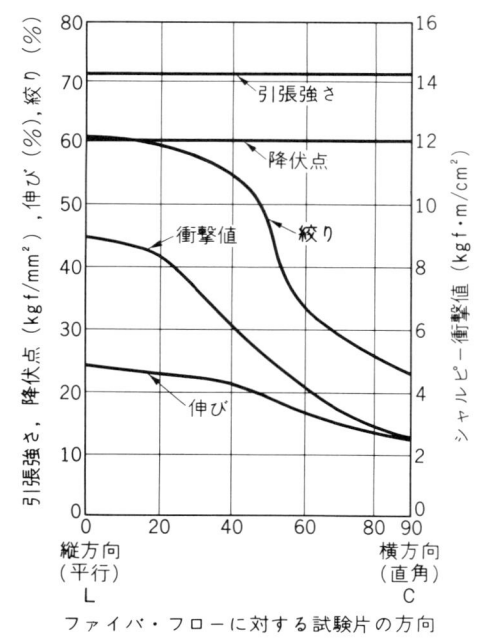

**図 4.3.1　ファイバ・フローの方向と機械的性質の関係（0.4％C鋼）**

行ったり，鍛伸したりして成形することが推奨されている．

以上のように，鋼材はファイバ・フローによって機械的性質に方向性（異方性）を生ずるのであって，縦目には強いが，横目になるともろくなることを忘れてはならない．

## 4.4 残留応力（レシジュアル・ストレス）

残留応力とは，外力の作用がなくなった状態で，材料内に残留する応力をいう．一般に材料に残留応力があれば，それだけ材料の強度に影響を及ぼすものである．特に，疲労強度は残留応力に影響されることが大きい．引張強さや耐力は残留応力によって影響されることは大きくないが，全然影響なしというわけではない．一般に引張りの残留応力はそれだけ材料の強度を弱め，圧縮の残留応力はそれだけ材料の強度を高める．したがって，引張りの残留応力は好ましくないが，圧縮の残留応力は好ましいものである．鋼材部品の外層に圧縮の残留応力があれば，疲労や曲げに強いことはよく知られている事実であり，これを活用することが推奨されている．引張強さや耐力の場合には，たとえ外層に好ましい圧縮の残留応力があったとしても，これとバランスするための引張りの残留応力が内層に存在するので，全体として残留応力は好ましいものとはいえない．なお，残留応力はその大きさと分布状態を推定することがむずかしいので，抗張特性の場合には残留応力の存在は避けた方がよい．どんな鋼材でも，残留応力のないものはないといってよいくらいであるから，引張強さや耐力をもとにして材料を選ぶときには，この残留応力の影響を考えて，これのないものを選定することが大切である．しかし，曲げやねじり又は曲げ疲労などを受ける材料に対しては，外層に残留圧縮応力が存在するものがよい．

また，摩耗に対しては残留応力（引張りも圧縮も）は好ましいものではなく，残留応力があればたとえ硬さは大であっても摩耗量が多い．つまり，減りやすいのである．したがって，摩耗が問題になる場合にはこの残留応力を除くようにする．このために焼入硬化後，160～200℃に焼戻しすることが推奨されている．こうすると残留応力が緩解されて，耐摩耗性が向上するのである．図

4.4.1はこの結果を示すもので，高周波焼入れした部品についてのものである．つまり，高周波焼入部品は焼入れしばなしのものよりも，低温焼戻し(180℃)したものの方が摩耗量が減少するのである．いいかえれば，摩耗抵抗が大となるのである．

そのほか，残留応力があると鋼材はさびやすく，機械的性質が劣化する．また，残留応力がある鋼材は，酸などによって腐食割れ(S.C.C.ストレス・コロージョン・クラック)を生じたり，めっきぜい性をおこすことがあるから注意しなければならない．防食の目的で亜鉛めっきを施す部品には，この残留応力は禁物である．

残留応力を除去するには，応力除去焼なまし(JIS記号 HAR)を行うのがよい．応力除去のためには，再結晶温度以上に加熱しなければならない．鉄鋼の再結晶温度は約450℃であるから，応力除去焼なまし温度は450℃以上ということになる．溶接部の応力除去のJISによれば，一般圧延鋼材は$625\pm25$℃，合金鋼材は$700\pm25$℃に，それぞれ25 mm厚につき1 hもしくは2 h保持した後，200℃/h以下の冷却速度で冷やすことが規定されている(JIS Z 3700)．

残留応力は焼なましのような熱的処理でなくても，機械的振動を与えたり，ショット・ピーニングすることによって除去することもできる．

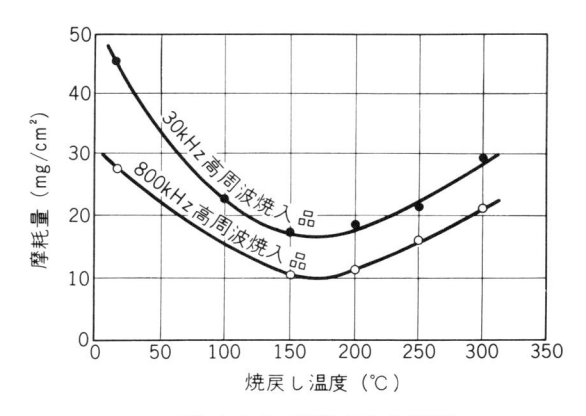

図 4.4.1 残留応力と摩耗

## 4.5 ノッチ・エフェクト（切欠き効果）

　機械用部品においては，鋭い隅角部（シャープ・コーナ）があると，局部的応力集中（平均応力の約10倍）を生じて破壊しやすくなる．このようなシャープ・コーナを切欠き（ノッチ）と称し，これによって強度が減少することをノッチ・エフェクトという．ノッチ・エフェクトには一般に次の特性がある．

① ノッチ・エフェクトは，材料それ自身について決まった基本的な特性ではなく，材料の種類，大きさ，形状，力のかかり方などによって違ってくる．

② ノッチ・エフェクトのきき方，つまり切欠き感度は延性材料では小さく，高硬度合金鋼などは大きい．

③ 切欠きの半径が小さくなるほど，切欠き感度は増してくる．

④ 部品の大きさが大きくなるほど，切欠き感度は増大する．

　したがって，シャープ・コーナは絶対にこれを避け，必ず丸味をつけて応力集中を防がなければならない．つまり，「鋭い角は面をとり」ということになる．ギヤの歯底やキー溝などは，みな丸味をもたせることが必要である．また，段違部（だんち部）も丸味をつけるのがよい．この丸味の半径は，最小3 mmが望ましい．

　隅角部に丸味（R）がつけられないときは，チャンファー（C）でもよい．

## 5. 機械設計と材料と熱処理

　一般に機械設計の対象になる鉄鋼材料は，生材で使うほどばからしいことはない．必ず熱処理を施して，体質改善を行ってから使用すべきである．熱処理によって，はじめて鋼材は本来の面目を発揮するのである．機械用鉄鋼材料に施す熱処理には，①焼ならし，②焼なまし，③焼入・焼戻し，④表面硬化などいろいろあるが，焼入・焼戻し（調質）と表面硬化が大部分である．

　従来，機械設計は材料強度の面を主体にして材料力学的見地から行われてきた．しかし，熱処理を必要とする部品は材料力学的見地よりも，むしろ熱処理的見地にたって設計されなければならない．いかに材料力学上，合理的な設計であっても，それが熱処理的にみて不適当な形状であるならば，設計変更をすべきである．設計屋が設計した部品をそのまま熱処理し，焼割れをおこしたり，焼狂いを出したりすることは愚の骨頂である．熱処理屋は機械設計屋のいいなりになることなく，どんどん形状変更の意見を開陳するのがよい．設計屋も熱処理屋の意見を採用して，熱処理しやすいような形状に変更して欲しいものである．設計屋と熱処理屋がこのようにタイアップしてこそ，はじめて熱処理機械部品がその真価を発揮するのである．次に，熱処理上考えなければならない設計的事項を述べてみよう．

### 5.1 機械的性質に対する考え方

　鋼材の機械的性質は熱処理によっていろいろ変化するが，これを要約すれば次のとおりになる．

① 焼入・焼戻し（調質）された鋼の機械的性質は硬さによって決まり，鋼種による差はほとんどない．つまり，硬さが基盤になるのである．

② 十分よく焼きの入った鋼の焼入硬さは，その鋼のC％によって決まり，

合金元素にはあまり影響を受けない。ただ，鋼種によって焼きの入り方（焼入性）にいろいろ差がつくのである．

③　焼入・焼戻し後の機械的性質は，よく焼きの入ったものほど良好な値を示し，焼入れの不十分なものでは，焼戻し後の硬さが，たとえ完全焼入れのものと同じでも機械的性質は劣る．

以上のように，熱処理品の機械的性質は鋼の種類によってあまり差がないことになるので，設計部品に対しては，単に部品の形状と硬さとを定めれば他の諸性質は大体同じで，自然に決まってくるのである．したがって，要求される硬さをできるだけ低Cの鋼で得ることができればよいわけである．この場合，焼割れ，焼戻しぜい（脆）性，残留オーステナイト（C％が低くなれば問題はない）や焼入れによる不都合な残留応力などに，一応注意しなければならない．

しかし，もしも焼戻し温度が高く，要求される強度があまり大きくなく，使用条件が苛酷でなければ，必ずしも完全焼入・焼戻しを必要としない．これに対して，高い強度が要求され，また焼戻し温度が比較的低い場合には，完全焼入・焼戻しが必要である．

一般に破壊は鋼材部品の表面に生じるものであるから，表面の強さが大切である．そのうえ，表面だけ焼入硬化された部品は表面に圧縮応力が残留するので，それだけ破壊に対して抵抗を示すことになる．それは，一般に破壊は引張力によって生じるからである．したがって，中心まで全部焼きの入った部品よりも，表面だけ焼きの入ったものの方が好都合なストレス分布を示すものである．一般には，焼入性（焼きの入る深さ）と残留応力の分布ならびに外力によるストレス分布の3者をそれぞれ考えて，熱処理効果を決定しなければならない．いたずらに焼入性の良い鋼が，良い焼入効果を示すとは限らない．

## 5.2　形状に対する考え方

熱処理部品の形状に対する考え方を次に述べよう．いかに設計上，良い形であっても，熱処理的に見て悪い形ならば，それは絵に書いた餅（もち）にひとしい．熱処理の効果は，部品の形状に左右されることが大きい．これを形状効

## 5.2 形状に対する考え方

果（シェープ・エフェクト）という．形状効果には次の三つが考えられる．

### 5.2.1 断面のバランスについて

断面変化の激しい部品は焼入れの際，発生する内部応力のために割れること

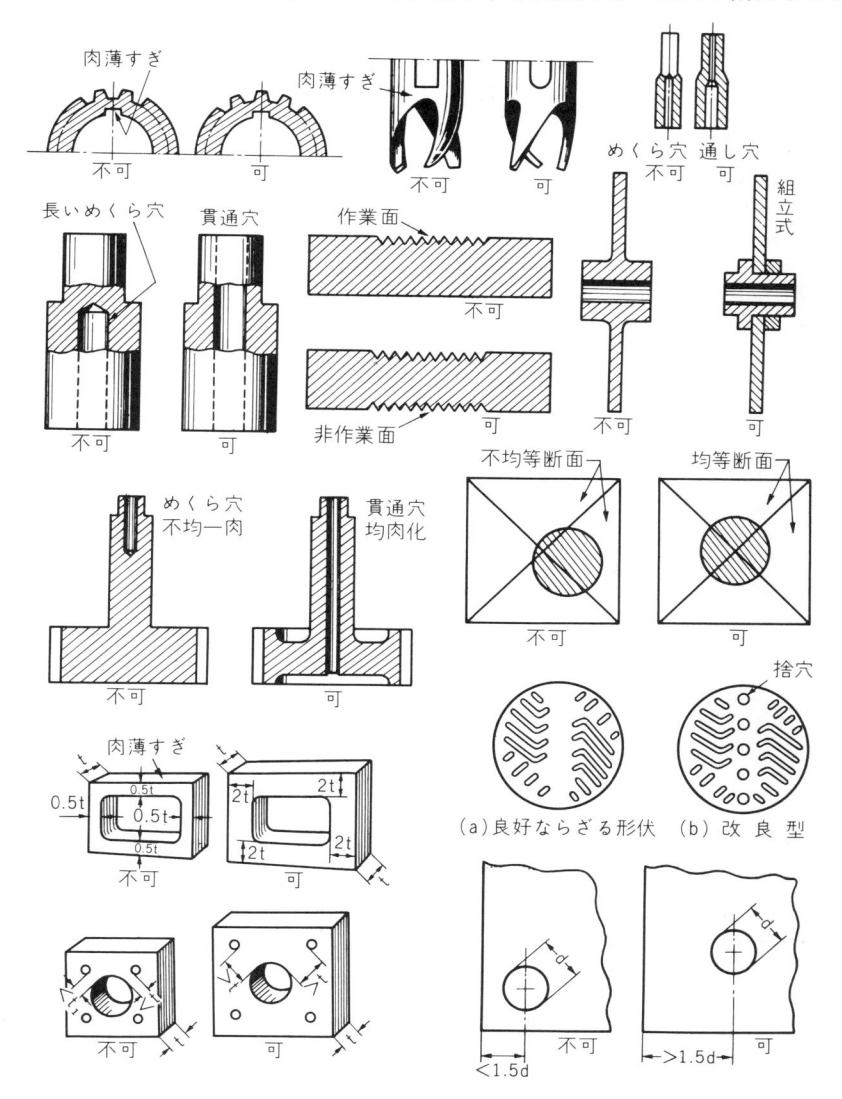

図 5.2.1 断面のバランス（その1）

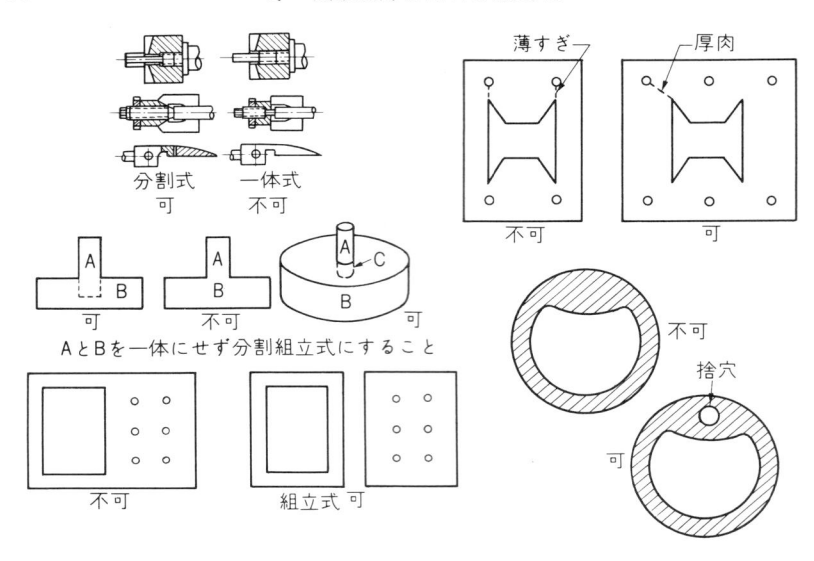

図 5.2.1　断面のバランス（その2）

が多い．割れの発生は，断面形状の変化の程度と焼入れの激しさとに関係があって，水焼入れ，油焼入れ，空気焼入れの順に発生率が小さくなる．しかし，焼入方法によって焼割れの発生を調節するよりも，断面形状の急変を避け，肉厚をバランスさせるように設計することが望ましい．それには，

① 厚肉部と薄肉部とを一体にせず，分割して組立式にすること．
② 整肉用の捨穴をつけること．
③ めくら穴は通し穴にすること．
④ 太物部品などは中空にすること．

図 5.2.1 は，断面のバランスを考えた二，三の例を示すものである．

### 5.2.2　隅角部について

隅角部のシャープ・コーナは絶対にこれを避け，必ず丸味を与えて，焼入時の応力集中を防止したり，使用中の応力集中による疲労きれつを避けるようにしなければならない（ノッチ・エフェクト）．半径 5 mm の丸味をつければ鋭角部分の影響は半減し，15 mm の丸味をつければ全殺し得るのである．丸味はだ

## 5.2 形状に対する考え方

んち部分にもつけることが大切である．またテーパをつけて，だんちをなくすことも良い方法である（丸味半径は 3 mm 以上が望ましい）．

図 5.2.2 は，隅角部の丸味のつけ方の一例を示すものである．

### 5.2.3 形状による冷え方の違い

部品の形状によって冷え方，つまり焼きの入りが違ってくる．球がいちばん

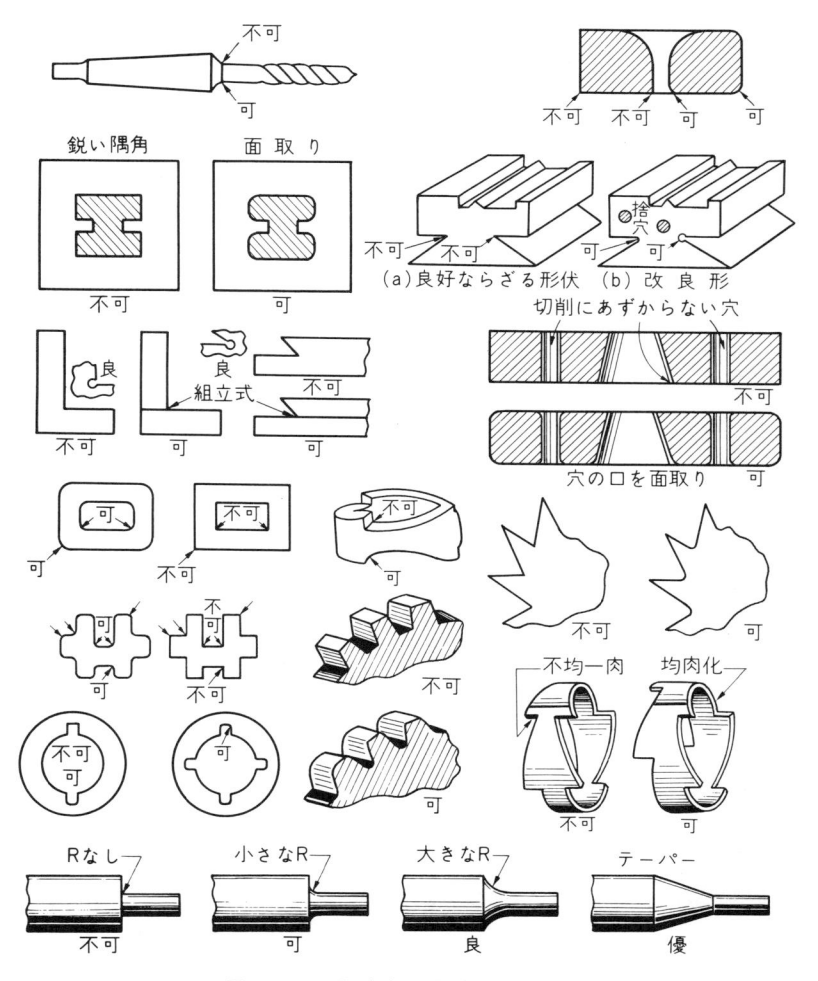

**図 5.2.2　隅角部の丸味のつけ方**

早く，板材がいちばん遅く冷える．その割合は，

$$球：丸棒：板 = 4：3：2$$

である．

また，同じ部品でも場所によって冷える割合が違う．図5.2.3はこれを示すものである．熱処理に当たっては，これらの冷え方の違いを頭に入れておくことが大切である．

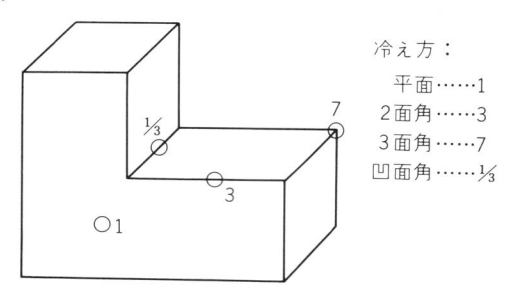

冷え方：
平面……1
2面角……3
3面角……7
凹面角……1/3

**図 5.2.3 部品の場所による冷え方の違い**

## 5.3 熱処理に対する考え方

製作しようとする部品の形状，大きさ及び硬さが決まれば，この硬さを得るために焼入れ上，考えなければならない事柄は，①焼入方法の選択，②鋼の焼入性の決定，③鋼種の決定，④焼入温度及び焼戻し温度の決定，⑤焼戻しぜい性，などである．

### 5.3.1 焼入方法の選択

この場合は，最も一般的な焼入方法及び部品の最も遅く冷える断面の大きさを決めることである．焼入方法は，正確には鋼の成分がわかってから決めるべきものである．しかし，一般には特別な困難や不都合のない限り，強い焼入方法が望ましい．それには，水又は塩水などの焼入れが適している．また，特殊焼入油や一般焼入油などによる焼入れも用いられる．そのほか，特別な理由により，時間焼入れ（引上焼入れ），マルクエンチ，熱浴焼入れなどの方法も考えられる．

## 5.3 熱処理に対する考え方

JIS鉄鋼ハンドブックに記載されている焼入方法は，すべてJIS標準サイズ（構造用鋼 $\phi$ 25 mm，工具用鋼 $\phi$ 15 mm）に対するものであるから，実際部品の焼入れに当たっては，必ずしもこれによる必要はない．JISで油冷になっていても実物が大型であるならば，水冷しなければならないというようなケースはいくらでもある．また，JIS鉄鋼ハンドブックでは水冷になっているものも，実物では油冷しなければならないものがある．例えば，S 55 C は水冷（JIS）となっているが，水焼入れすると割れてしまうことは確実である．したがって，この場合は油焼入れしなければならない．要は，JIS鉄鋼ハンドブック記載の焼入方法は参考にすぎないのである．

部品を均一に焼入れするには焼入液を動かすか，又は品物を動かすことが必要である．一般に焼入液をかくはんすれば，その速度によって焼入れの急冷度が著しく影響されるものである．つまり，かくはん速度が大きくなるほど，急速に均一に焼きが入るようになる．また，焼入れされる部品によってはジェットによる噴射焼入れが有効なこともある．

このようにして，一応焼入方法が決まれば，次は部品の最も遅く冷える部分を予測する．この部分は一般に最も肉の厚いところである．しかし，隅角部や端面からの冷却の影響も十分考慮しなければならない．最も徐冷される部分の寸法は，最終仕上製品の寸法と削り代とから決まってくる．この部分の肉厚を減らすことは，必要な焼入性を減少してもよいことになるから，焼入前にできるだけ多く，荒削りしておくことが有効である．また，焼割れや焼曲がりを防ぐために，部品の形状をできるだけ単純化することが望ましい．そのほか，シャープ・コーナなどはできるだけ避けるようにしなければならない．

### 5.3.2 焼入性の決定

これは決められた焼入方法により，焼きを入れるのに必要な焼入性を決定することである．普通，焼入れは部品の最も徐冷された部分が50％程度のマルテンサイト（ハーフ・マルテン）が存在するように焼入れされれば，この焼入れは上等とされている．したがって，この程度に焼きが入るような焼入性が必要となるのである．一般に鋼の焼入性はジョミニーの一端焼入法によるジョミニ

ーカーブを求め，水冷端からの距離における硬さによって表されることが多い．したがって，部品のある特定部分の冷却に相当するジョミニー距離のところで要求される硬さが出るような焼入性を有する鋼が必要になるのである．

表5.3.1は，ジョミニー距離と同じ硬さが得られる丸棒径の各部位を表すものである（図2.2.2参照）．なお，ジョミニー試験における空冷端は，ほぼ静水中に焼入れした3½インチ板又は5½インチ丸棒の中心，及び静油中に焼入れした2インチ板又は3½インチ丸棒の中心に相当する．したがって，これより大きな部品についてはジョミニー試験は不適当ということになる．

一般に機械部品の焼入れには，設備的にも油焼入れがよく使われる．もしも水焼入れでかくはんが不十分なようであるならば，焼入性の良い合金鋼を油焼入れする方がよい．これは焼割れと焼きひずみの防止に有効だからである．所定の冷却速度に対してどんな合金鋼が良いかを決めるには，部品の重要部位（所要部位）が所定の硬さになるための必要条件を，次のようにして決めてからするのがよい．

**表 5.3.1　ジョミニー距離と同じ硬さが得られる丸棒の径（インチ）**

| ジョミニー距離 (1/16インチ) | ジョミニー距離と同じ硬さが得られる丸棒の径（インチ） | | | | | |
|---|---|---|---|---|---|---|
| | 水冷（静止） | | | 油冷（静止） | | |
| | 表面 | 3/4 R | 中心 | 表面 | 3/4 R | 中心 |
| 2 | 3.8 | 1.1 | 0.7 | 0.8 | 0.5 | 0.2 |
| 4 | | 2.0 | 1.2 | 1.8 | 1.0 | 0.6 |
| 6 | | 2.9 | 1.6 | 2.5 | 1.6 | 1.0 |
| 8 | | 3.8 | 2.0 | 3.0 | 2.0 | 1.4 |
| 10 | | 4.8 | 2.4 | 3.4 | 2.4 | 1.7 |
| 12 | | 5.8 | 2.8 | 3.8 | 2.8 | 2.0 |
| 14 | | 6.7 | 3.2 | | 3.2 | 2.4 |
| 16 | | | 3.6 | | 3.6 | 2.8 |
| 18 | | | 3.9 | | 4.0 | 3.1 |
| 空冷端 | | | 5.5 | | | 3.5 |

## 5.3 熱処理に対する考え方

▶部品の重要部位の所要冷却速度の決め方

① 部品と同一チャージの鋼種から少なくとも2個の供試材を採取する．鍛圧品が利用できないときには鋳造品を利用する．

② 部品と同じように機械加工する．浸炭や脱炭を防ぐために銅めっきする．部品と同じように熱処理する．供試材 No.1 は，できるだけ部品と同じように焼入れする（焼戻しはしない）．

③ 供試材 No.1 を切断，研磨して，所要部位の断面硬さを測定する．ここでは表面からDの深さのところを所要部位とする．

④ もう一つの供試材から図5.3.1のように，ジョミニー試験片をDの深さに該当する位置から採取し，No.1と同じような温度から一端焼入れを行い，D面について測硬する．

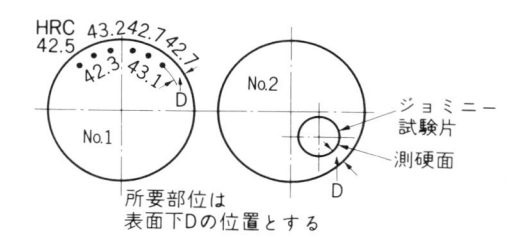

図 5.3.1

⑤ No.1の硬さ（例えば，HRC 42.7）と同じ硬さを示すジョミニー距離を No.2 から求める（$J=8/16$ インチ），これが所要部位の冷却速度である．又は同一鋼種のHカーブがわかっていれば，これから No.1 の焼入硬さに等しいジョミニー距離を求め，これから冷却速度を決定することもできる．

⑥ このように部品の所要部位の冷却速度を確認し，これを満足するような鋼種，あるいは焼入方法，もしくはその両方を決定する．

⑦ No.2のジョミニー試験片もとれないような小さな断面部品であるならば，他の試験による結果を利用しなければならない．つまり，部品の所要部位の硬さと同じ硬さを示すジョミニー距離を，その鋼種のHカーブから求めて冷却速度を推定するのである．

以上のようにして，冷却速度，C%，硬さが決まったら，図5.3.2から焼入性（$D_I$ インチ）を求める．この $D_I$ を満足するような鋼種を，表4.1.2から決定すればよい．

70    5. 機械設計と材料と熱処理

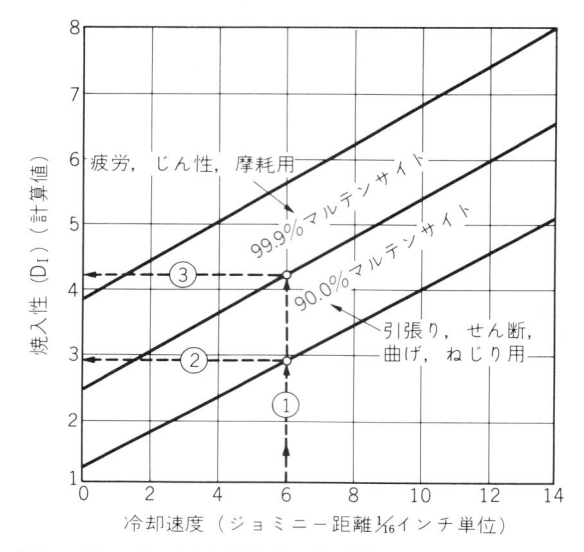

(例) 90％マルテンサイト組織を得る冷却速度が $J_6$ ならば，必要とする焼入性は最小 $D_I$ ＝2.90インチ（①→②），最大4.20インチ（①→③）となる．

**図 5.3.2 ジョミニー距離で表された冷却速度がわかっているとき，所定のマルテンサイト焼入れするのに要する焼入性（$D_I$）の求め方**

### 5.3.3 鋼種の決定

所要の焼入性（$D_I$又はジョミニー距離）が決まれば，次はこの焼入性に対応する鋼種を選定する段取りになる．図5.3.3は部品の直径又は板厚と応力状況ならびに水焼入れか油焼入れかによって，どんな鋼種が適当かを選定するとき便利なチャート[3]である．図の横軸は直径又は板厚，縦軸は所要の冷却速度（ジョミニー距離で表す）をとってあり，応力が引張り，せん断あるいはねじり，曲げの場合，それぞれ水焼入れと油焼入れの二つのケースをカーブにしてある．チャートの使い方は図中に例示してある．

一般にCは鋼のじん性を低くし，また焼割れをおこしやすく，残留オーステナイトを多くする傾向があるから，C％はできるだけ低いことが望ましい．そ

---

3) Metal Progress, Nov., 1968.

## 5.3 熱処理に対する考え方

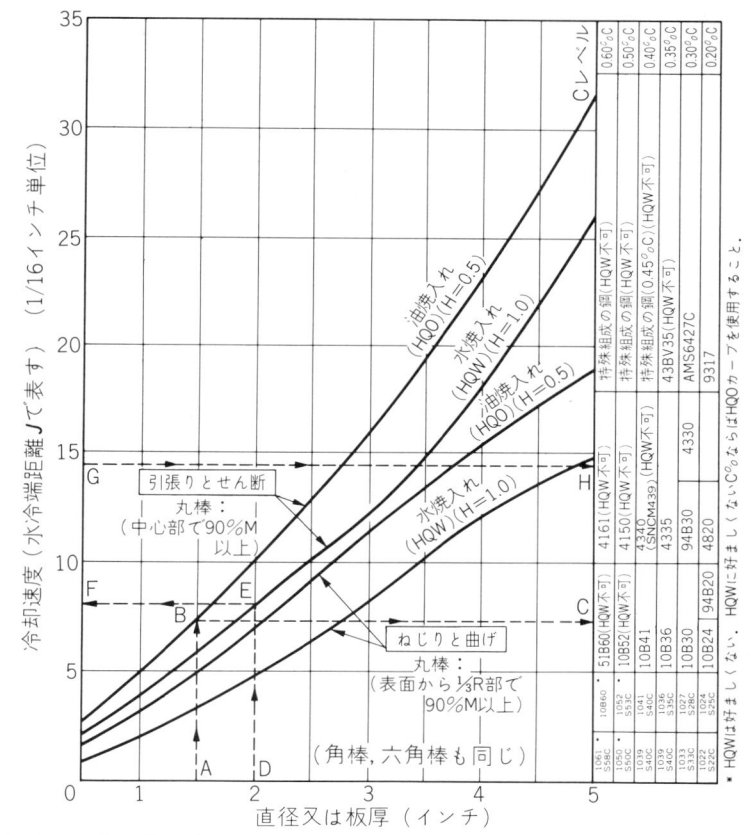

▶チャートの使い方
● 丸棒の中心
① 部品の直径を横軸に選定する．
② 適当なカーブまで垂線を立てる．
③ 水平線を引き鋼種の等級とC％を求める．
(例) 直径1.5インチ，引張りを受ける部品，0.4％C，油焼入れ…適材　10 B 41（A→B→C）となる．

● 板材の中心　（引張り，せん断）
① 部品の板厚を横軸に選定する．
② 適当なカーブまで垂線を立てる．
③ 水平線を引き冷却速度を求める．
　水焼入れの板材の中心冷却速度（$J$）＝（丸棒の$J$×1.82）－1
　油焼入れの板材の中心冷却速度（$J$）＝（丸棒の$J$）×2
　　（$J$は1/16インチ単位）
④ 上式で計算した板材の冷却速度を縦軸にとる．
⑤ 水平線を引き鋼種の等級とC％を求める．
(例)　板厚2インチ，0.3％C，水焼入れ（D→E→F）
　　　冷却速度＝（8.5×1.82）－1＝14
　　　適材は4330（G→H）となる．

図 5.3.3　所要の機械的性質を満足する安価な鋼材の選び方

の最低C％は，必要な熱処理によって所要の強さが得られるための必要なC量によって決められる．一般的にいって，C量が0.4％以下ならば焼割れなどの熱処理障害をおこすことがないので，構造用調質鋼はC＜0.4％が多い．

なお，225～350℃の焼戻しは300℃ぜい性といって鋼をもろくするので，この焼戻し温度は避けなくてはならない．300℃ぜい性は他の焼戻しぜい性（第一次焼戻しぜい性450～525℃；第二次焼戻しぜい性525～600℃，焼戻し温度からの急冷で防止できる）と異なり，成分的にも，また焼戻し温度からの急冷によっても，防ぐことはできないので注意しなければならない．このため可能な最低焼戻し温度（300℃を除いて）のとき，所要の強度を確保する最低C％を選定しなければならない．鋼のC％が決まれば，所要の焼入性を得るために合金元素を適当に選ぶべきである．幸い，焼入性に必要な合金元素の添加は，C％に比較して添加量が極端に大でない限りは，焼戻し鋼（調質鋼）の硬さに対してはあまり影響しない．必要な焼入性の鋼を得るためには数多くの組み合わせがあるが，鋼の製造法，加工法，価格あるいはまた，国内元素の供給状況などによって制限を受けるものである．

### 5.3.4 焼入れ及び焼戻し温度の決定

焼入れのため加熱する場合，適当な焼入温度はJIS鉄鋼ハンドブックに記載されているが，必ずしもこれによる必要はない．部品の形状寸法を考慮して適当に修正してよい．一般に焼入温度を決めるには，供試鋼から小試験片をとっていろいろの焼入温度から時間を変えて焼入れし，顕微鏡試験によって初析フェライト又はセメンタイトあるいは炭化物が固溶したかどうかを調べる．焼入温度としては炭化物なり，初析フェライトなりが固溶する温度よりも約30℃高い温度が良好とされている．また，同時にオーステナイト結晶粒度を調べる．一般に細粒鋼は，粗粒鋼よりも強じんであるといわれている．細粒鋼と粗粒鋼の区別は，普通オーステナイト結晶粒度5を境とし，粒度5以下のものを粗粒，6以上のものを細粒としている．

なお，焼入保持時間は構造用合金鋼（パーライト系）はゼロ，工具鋼（カーバイド系）はカーバイドがある程度（約30％）固溶するのに必要な時間だけ（約

10～15分)保持するのがよい．カタログなどに示されている1インチ角30分などという焼入保持時間は無意味である．焼入保持時間は部品の大きさによって決まるものではなく，鋼質（パーライト系か，カーバイド系か）によって決めるべき性質のものである．

次に，焼戻し温度を決定するには，一応 JIS 鉄鋼ハンドブックによればよいが，所要の性質によっては必ずしもこれがベストというわけではない．実際に焼戻し温度を決めるには，焼戻し温度をいろいろ変えて硬さを測定するのがよい．焼戻し時間は温度ほど影響は大きくない．そのほか，焼入後の残留オーステナイトや焼戻しぜい性などにも注意し，焼戻し（調質）のときは急冷すべきである．成分元素としては，Mo を含有すると焼戻しぜい性は減少する．また，焼戻しの温度が $A_1$ 点以上になってオーステナイトが生成されないように注意すべきである．残留オーステナイトはC％が多いほど多く，0.3％C以下ならば合金元素が多くない限り，問題にならないといわれている．

以上のような考えで，焼入方法，鋼の焼入性，鋼種が決まると部品を試作し，焼入・焼戻しを行い，焼きの入り方，焼割れ，焼きひずみなどを調べ，また，もしできれば部品から引張りや衝撃試験片などを採取して試験を行い，所要の強度を有するかどうかを検査することが望ましい．また，鍛造部品などであれば，鍛造がよく行われたか否か，鍛造によるファイバ・フローがどうなっているか，などを試験するのがよい．

焼きが十分よく入らなかった場合には，合金元素をもっと多く添加するか，又は冷却速度を更に速くするような強い冷却方法を講ずる必要がある．しかし，あまり冷却速度を強くすると，焼割れや焼曲がりがおこりやすくなるから注意しなければならない．このような場合には，所要の機械的性質が得られる範囲内で，できるだけC％の低い鋼がよいのはもちろんであるが，なお，焼曲がりなどの欠陥を伴うときには，焼入方法を再吟味する必要がある．すなわち，時間焼入れやマルクエンチ，熱浴焼入れ，そのほかプレスクエンチ，プレステンパなどを採用する．それでもなお十分でないときには，部品の形状や寸法を再検討して設計をやり直し，断面の急変を避け，シャープ・コーナはできるだ

け面取りを大きくし，焼割れを避けるように心掛けるべきである．要するに，部品の製作には設計，鋼種，焼入方法の3者がよく釣り合って，はじめて要求にマッチするものができるのである．

# 6. 機械構造用鋼の選び方と使い方

　機械部品を設計，製作する場合には，まずその部品に要求される性能を十分考慮して，その部品にマッチした材料を選び，これに適応した熱処理を行うことが大切である．つまり，「適材，適処理，適所」ということが重要なのである．値段の高い特殊鋼（合金鋼）だけが適材とは限らない．炭素鋼（普通鋼）でも適当に熱処理して使えば，十分「適性，適所」の実をあげることができるのである．

　しかし，いかによく設計，製作された部品でも，永久に使えるものはなく，いつか寿命に達し，廃棄交換を余儀なくされるものである．つまり，部品には定年があるということである．部品の破損，交換の原因を大別すると，表 6.0.1 のようになる．

表 6.0.1　機械部品の寿命

| 現　象 | 発生ひん度順位 | 過　程 | 進行度 | 安全性 |
|---|---|---|---|---|
| 疲　労 | 1 | 眼に見えない | 急　進 | 危　険 |
| 摩　耗 | 2 | 眼に見える | 漸　進 | 安　全 |
| さ　び | 3 | 眼に見える | 漸　進 | 安　全 |
| ショック | 4 | 眼に見えない | 急　進 | 危　険 |
| 力不足 | 5 | 眼に見えない | 急　進 | 危　険 |

　**（1）　疲労**　最も多い原因で，破損に至る過程がほとんど眼に見えず，ある日突然破壊するので危険きわまりない．

　**（2）　摩耗**　摩滅して使えなくなるというケースもかなり多い．しかしその寿命に達する過程が眼に見える．つまり，余寿命を推定することができるので，予備品の手配もできる．部品交換の目安がたつので，保守上安全度が高い．

機械部品の設計に当たっては，摩耗で定年を考えるのが安全である．

（**3**） **さび** さびも余寿命を推定することができるので，保守上，好都合な場合が多い．日本のように，高温多湿な条件下ではさびということを忘れてはならない．

（**4**） **ショック** 予期しない衝撃を受けて部品が破損することがある．いわば脳溢血タイプの破損である．その破壊過程がまったく眼に見えないので，危険きわまりない．

（**5**） **力不足** これはまったく，設計ミスで応力計算の間違いといわざるを得ない．いわば初歩的なミスである．

以上，部品の破損の原因は五つのカテゴリーに分類されるが，部品の設計に当たっては眼に見える現象，残り寿命を推定できるものを目安にして設計するのが安全である．つまり，いちばんよい目安は摩耗で定年を迎えるように設計することである．疲労やショックで部品が破損するような危険をおかしてはならない．

また，機械部品を製作するに当たっては，溶接，切削，深絞り，冷間曲げ，研削，焼入れなどの加工を施すことが多いので，これらに対する適応性などが問題になる場合もある．もちろん，工業的に材料を選定する場合には，①コスト，②重量，③強度（特に単重当たりの強度）の３点を勘案することが大切で，いたずらに過当性能の材料を選ぶことは避けなければならない．

次に，これらの要求にマッチした材料の選び方と使い方について解説してみよう．

## 6.1. 抗張特性が要求されるとき

### 6.1.1 抗張特性に必要な性質

抗張特性とは，広く静的外力に耐える性質をいう．抗張特性が大きいためには，次の３点が必要である．

① 引張強さと降伏点が高いこと．
② 硬いこと（ただし，HBS＜500）．

③ その割合に伸びが小さくないこと．

### 6.1.2 抗張特性に影響する因子
#### （1） 材質と硬さ

従来，鋼の機械的性質，特に引張強さを主体とする抗張特性は，鋼種によって大差があるようにばく然と考えられていた．しかし，これらの諸性質は硬さによって決まり，硬ささえ同じであれば鋼種による差はほとんどないのである．図 6.1.1 は硬さと引張強さとの関係を示したもので，引張強さはブリネル硬さに比例することがわかる．つまり，その関係は次式で示される．

$$引張強さ\ \sigma_B\ (\mathrm{kgf/mm^2}) \fallingdotseq 1/3 \times \mathrm{HBS}（ブリネル）\fallingdotseq 2.1 \times \mathrm{HS}（ショア）$$
$$\fallingdotseq 3.2 \times \mathrm{HRC}（ロックウェル C）$$

ただ，高硬度（HBS＞500）になると，比例関係が乱れ，硬すぎると弱いということになる．これは焼入れによる残留応力のためといわれている．

なお，この関係は調質（焼入・焼戻し）されたものばかりでなく，単に焼なまし又は焼ならしされたような場合にも成り立つものである．また，伸びや絞りについても同様に鋼種による差はあまりなく，硬さによって大体決まるものといわれている．

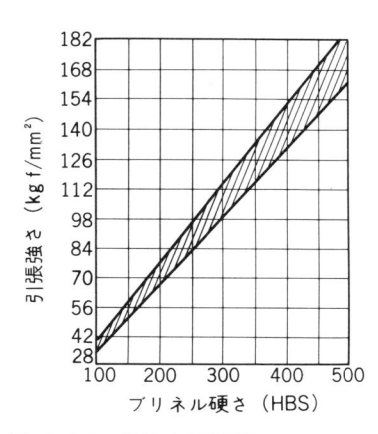

図 6.1.1 硬さと引張強さとの関係 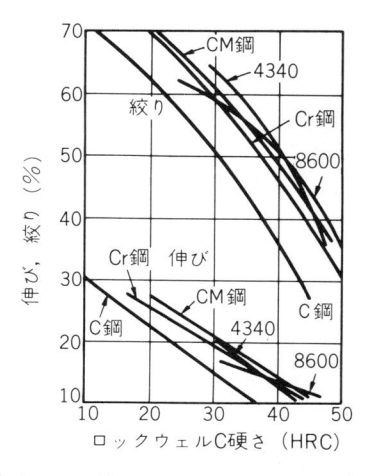　　図 6.1.2 伸び及び絞りと硬さとの関係

図 6.1.2 に，一例として 0.3～0.4％ C 程度の C 鋼，Cr-Mo 鋼，SAE 8600 鋼（Ni-Cr-Mo 鋼）及び 4340 鋼（Ni-Cr-Mo 鋼）に対するものを示してある．

### （2） 焼入れの完全さ

次に，焼入硬さは図 6.1.3 のように十分焼きが入りさえすれば C％によって決まり，他の合金元素（5％以下）にはあまり関係しないものである．したがって，必要とする硬さが得られるような C％をまず決定することが大切である．合金元素はむしろ焼入性（焼入硬化深度）に関係するものである．ただし，この場合の焼入硬さはいわゆる焼きが十分入ったときのことで，焼きを十分入れるには焼入性を考えて，ある鋼種では水冷，油冷，他の鋼種では空冷でもよいことがある．

C％と硬さの関係は，大体次の式で表される．

① 焼なまし，焼ならし硬さ　　HBS＝80＋200×％C

② 焼入硬さ
　　実用最高硬さ　　HRC＝30＋50×％C
　　臨界硬さ　（50％マルテンサイト）（ハーフ・マルテン）
　　HRC＝24＋40×％C

焼戻し後の硬さ及び引張強さは，焼きが十分入ったか，入らないかによって変化するもので，完全焼入れのものを焼戻しした方が耐力性が大きい．つまり，熱処理によって耐力向上をはかるには，材質よりもむしろ完全に焼きが入るかどうか，いわば部品の大きさを考え，焼入性に主眼をおいて，材料を選定することが大切である．

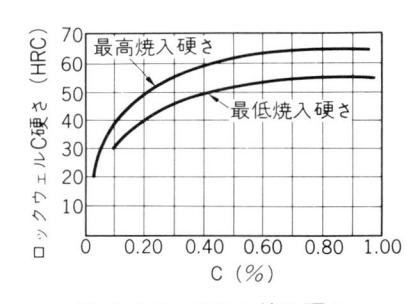

図 6.1.3　C％と焼入硬さ

## 6.1 抗張特性が要求されるとき

焼入れの完全度と焼戻し後の降伏比(降伏点／引張強さ)との関係を示せば,図 6.1.4 のようになる.焼入れの完全度は $(R_M-R_Q)$ で表してある.ここに $R_M$ とは,その鋼が焼入れによって得られる最高硬さを示し,$R_Q$ は実際の焼入硬さを示すものである.したがって,この両者の差が大きくなるほど,焼入れがよくきいていないことを示すものである.なお,焼戻しは 540℃,600℃,650℃ で行ったものの結果である.この図から明らかなように,$(R_M-R_Q)$ の値が同じでも降伏比は一定でなく,ある幅にわたっているが,$(R_M-R_Q)$ の値が大きくなるにつれて,降伏比はしだいに小さくなる.すなわち,よく焼きの入ったものを焼戻した場合の降伏比は 90 % 前後であるが,$(R_M-R_Q)$ が 50 付近では降伏比は 65 % 程度になる.

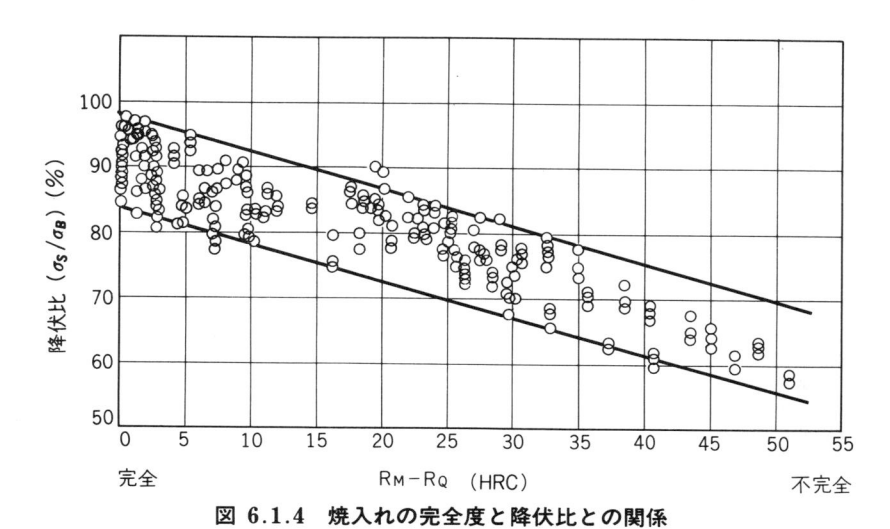

また,図 6.1.5 は,SCM 440 鋼の焼入れの完全度と焼戻し後の機械的性質との関係を示すもので,この場合でも焼入硬さの高いものほど,焼戻しした後の機械的性質の良いことがわかる.例えば,焼入硬さ HRC 55 (完全焼入れ) のものと HRC 35 (不完全焼入れ) のものとを,㉚に焼戻しした場合で比較すると,表 6.1.1 のように完全焼入品が断然優秀であることがわかる.つまり,引張強さは焼戻し硬さが同じであるから同一としても,降伏点,衝撃値,その他が著しく

**図 6.1.4 焼入れの完全度と降伏比との関係**

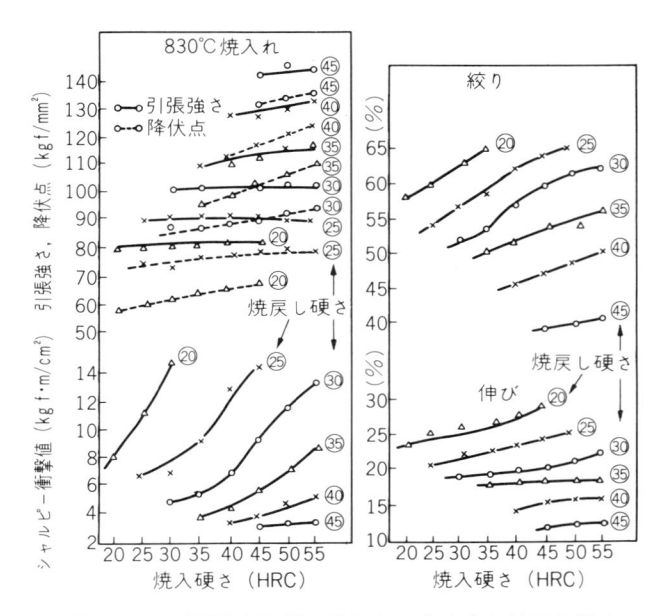

図 6.1.5 SCM 440 鋼の焼入れの完全度と焼戻し後の
機械的性質との関係

表 6.1.1 完全焼入れの不完全焼入品の焼戻し後の抗張特性

| 焼入硬さ<br>(HRC) | 焼戻し<br>硬さ<br>(HRC) | 引張強さ<br>(kgf/<br>mm²) | 降伏点<br>(kgf/<br>mm²) | 衝撃値<br>(kgf·m/<br>cm²) | 伸び<br>(%) | 絞り<br>(%) |
|---|---|---|---|---|---|---|
| 55（完全焼入れ） | 30 | 100 | 90 | 13 | 23 | 62 |
| 35（不完全焼入れ） | 30 | 100 | 85 | 5 | 19 | 53 |

異なるのである．つまり，粘さや降伏点は焼入れの完全度によって大きく影響されるのである．したがって，良好な機械的性質（抗張特性）を得るには，十分によく焼きを入れることが大切である．つまり，焼入硬さがチェックポイントになるのである．

以上のことから考えて，高温焼戻しを行って軟らかい状態で使用する材料でも，いったんよく焼入れを行っておく必要があることがわかる．また，焼入性の悪い鋼は，中心部は焼きがよく入らないから機械的性質が劣ることになる．

この意味から，鋼の焼入性がやかましい問題になるわけである．また，同一焼戻し硬さならば，C％の低い鋼ほど伸び及び絞りが大きいことも忘れてはならない．

### 6.1.3 調質材の抗張特性

図 6.1.6 は，完全焼入焼戻し材の抗張特性の一般性を示すもので，一般に使われる合金鋼についての範囲である．すなわち，完全焼入焼戻し材においては，硬さが同じならば抗張特性は，ほとんどみな等しくなることがわかる．したがって，焼入性が必要程度のものであり，かつ加工が容易ならば安い鋼種を選ぶべきである．

表 6.1.2 は，C 鋼，Cr 鋼，Cr-Mo 鋼のそれぞれ完全焼入硬さ（最高焼入硬さ）と，これを焼戻し（調質）したときの機械的性質を示すものである．

また表 6.1.3 は，硬さ，強さ，サイズ別の鋼種選択ガイドを参考のために示したものである．

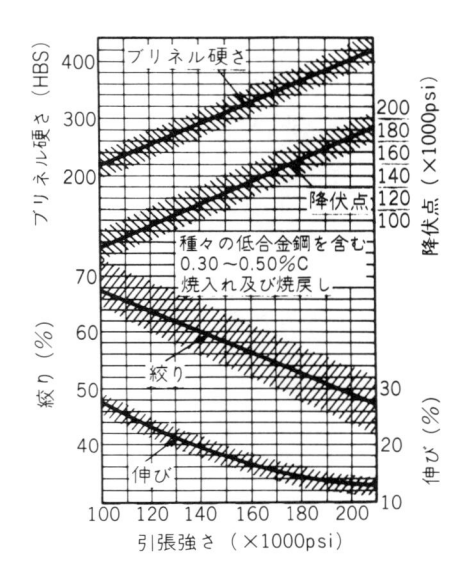

図 6.1.6 完全焼入・焼戻しした低合金鋼の抗張特性

表 6.1.2 各鋼の完全焼入硬さ及び調質後の機械的性質

| 鋼 種 | C 鋼 | | | Cr 鋼 | | | Cr-Mo 鋼 | | |
|---|---|---|---|---|---|---|---|---|---|
| | S 30 C | S 40 C | S 50 C | SCr 435 | SCr 440 | SCr 445 | SCM 435 | SCM 440 | SCM 445 |
| 焼入硬さ（HRC） | 45〜50 | 50〜55 | 55〜58 | 45〜50 | 50〜55 | 55〜57 | 45〜50 | 50〜58 | 55〜58 |
| 焼戻し硬さ（HRC） | 25 (470℃) | 28 (500℃) | 30 (500℃) | 27 (600℃) | 32 (600℃) | 34 (600℃) | 29 (600℃) | 35 (600℃) | 38 (600℃) |
| 引張強さ（kgf/mm²） | 90 | 92 | 100 | 95 | 100 | 113 | 100 | 124 | 129 |
| 降伏点（kgf/mm²） | 80 | 82 | 86 | 81 | 90 | 103 | 90 | 114 | 118 |
| 伸 び（%） | 20 | 20 | 18 | 20 | 20 | 20 | 22 | 19 | 16 |
| 絞 り（%） | 60 | 60 | 55 | 65 | 55 | 50 | 63 | 55 | 40 |
| 衝撃値（kgf·m/cm²） | 12.2 | 11.6 | 9.3 | 15.6 | 8.0 | 6.1 | 22.1 | 15.2 | 8.3 |
| 焼入硬さ（実用）（HRC） | 45 | 50 | 55 | 45 | 50 | 55 | 45 | 50 | 55 |

### 6.1.4 抗張特性の向上策

鋼材の抗張特性を向上させるには，次の手段を講ずるのがよい．

① 完全焼入れを施してから，所要硬さまで焼戻しをすること．

② 部品の寸法を考慮して，完全焼入れができるような焼入性をもつ鋼種を選ぶこと（やたらに合金鋼を使用しないこと）．

③ 遅れ破壊に対しては，$\sigma_B$ 1180 N/mm²（120 kgf/mm²）止まりにすることが安全である．

④ 防食のために亜鉛めっきする場合には，HRC 48 止まりに調質することが望ましい．

## 6.2 耐疲労性が要求されるとき

### 6.2.1 耐疲労性に必要な性質

一般に機械構造用部品は，繰返し荷重を受けることが多く，その寿命も疲労破損によって決められることが大部分である．こういう場合には，疲労強度の高いことが必要であって，それには次の3点が必須条件である．

① 調質硬さ HRC 45（腐食を伴うときは HRC 40）を確保すること．

② 表面を平滑にし，残留圧縮応力を存在させること．

## 6.2 耐疲労性が要求されるとき

③ シャープ・コーナをなくすこと（Rをつけること）.

### 表 6.1.3 硬さ，強さ，サイズ別の鋼種選択ガイド[4]（大和久編）

| 用途 | 焼入れ | 所要最低硬さ | | 算出引張強さ $\sigma_B$ (kgf/mm²) | 算出降伏点 $\sigma_S$ (kgf/mm²) | 最低焼入硬さ | | 丸棒，角棒，六角棒の大きさ (mm) | | | | | | |
|---|---|---|---|---|---|---|---|---|---|---|---|---|---|---|
| | | | | | | | | <13 | 13〜25 | 25〜38 | 38〜50 | 50〜63 | 63〜75 | 75〜88 |
| | | | | | | | | 板厚 (mm) | | | | | | |
| | | HBS | HRC | | | HBS | HRC | <8 | 8〜15 | 15〜25 | 25〜33 | 33〜40 | 40〜50 | 50〜58 |
| 高力用 | 油焼入れ | 229〜293 | 20〜33 | 77〜101 | 63〜87 | 388 | 42 | SCM 430 | | SCM 435 | | | | |
| | | 293〜341 | 33〜38 | 101〜119 | 87〜105 | 409 | 44 | SCr 435 | SCM 435 SNCM 240 | | | SCM 440 | SCM 445 | SNCM 439 |
| | | 341〜388 | 38〜42 | 119〜133 | 105〜119 | 455 | 48 | SCM 435 SCr 440 | SNCM 7 | SCM 440 | | SCM 445 | | SNCM 439 |
| | | 388〜429 | 42〜45 | 133〜143 | 119〜129 | 496 | 51 | SCM 440 SCr 445 SNCM 240 SNCM 7 | | SCM 445 | | SNCM 439 | | |
| | 水焼入れ | 229〜293 | 20〜33 | 77〜101 | 63〜87 | 388 | 42 | | SCM 430 SCr 430 SCr 435 | SCr 435 | SCM 435 SNCM 240 | | SCM 435 | |
| | | 298〜341 | 33〜38 | 101〜119 | 87〜105 | 409 | 44 | | SCM 430 SCr 430 | SCr 435 SCr 440 | | SNCM 240 | SNCM 7 SNCM 240 | |
| 中力用 | 油焼入れ | 187〜293 | HRB 91〜33 | 66〜101 | 52〜87 | 388 | 42 | SCM 430 | | | SCM 440 | | | |
| | | 293〜341 | 33〜38 | 101〜119 | 87〜105 | 409 | 44 | SCr 435 | SCM 435 SNCM 240 | SCM 440 SNCM 7 | | SCM 445 | | |
| | | 341〜388 | 38〜42 | 119〜133 | 105〜119 | 455 | 48 | SCM 435 SCr 440 | SCM 440 SNCM 7 | | | SCM 445 | SNCM 431 | SNCM 439 |
| | | 388〜429 | 42〜45 | 133〜143 | 119〜129 | 496 | 51 | SCM 440 SCr 445 SNCM 240 SNCM 7 | | SCM 445 | | SNCM 439 | | |
| | 水焼入れ | 187〜293 | HRB 91〜33 | 66〜101 | 52〜87 | 388 | 42 | S 25 〜40 C SCM 430 | SCM 430 SCr 430 | | | SCr 440 | SCM 435 | |
| | | 293〜341 | 33〜38 | 101〜119 | 87〜105 | 409 | 44 | S 35 〜45 C | SCr 435 | SCM 435 | | SNCM 240 | SCM 440 SNCM 7 | |
| | | 341〜388 | 38〜42 | 119〜133 | 105〜119 | 455 | 48 | SCM 430 SCr 430 SCr 435 | | SCr 440 | | SCr 445 SNCM 240 | SCM 440 SNCM 7 | |

備 考
1. 焼戻し温度430°C以上．
2. C＞0.33％，径38mm以下は水焼入れ不可．
3. C＞0.4％，HBS＞293は溶接しないこと．
4. 硬さは，径25mm以下は中心位置，25〜50mmは½R，50mm以上は¾Rの位置である．

---

4) Metal progress, April, 1973.

## 6.2.2 耐疲労性に影響する因子
### (1) 引張強さと硬さ

一般に疲労強度は，材質よりも引張強さと密接な関係があるもので，これを

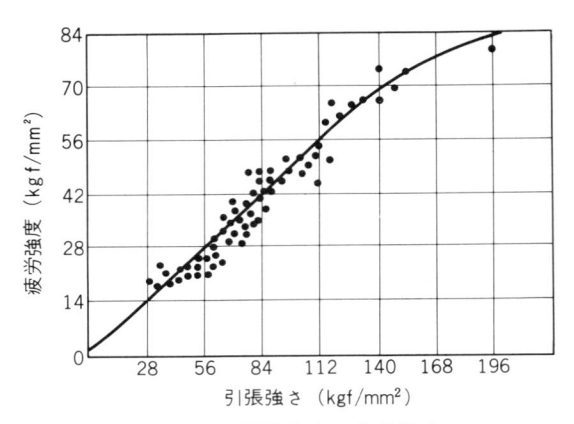

図 6.2.1 引張強さと疲労強度

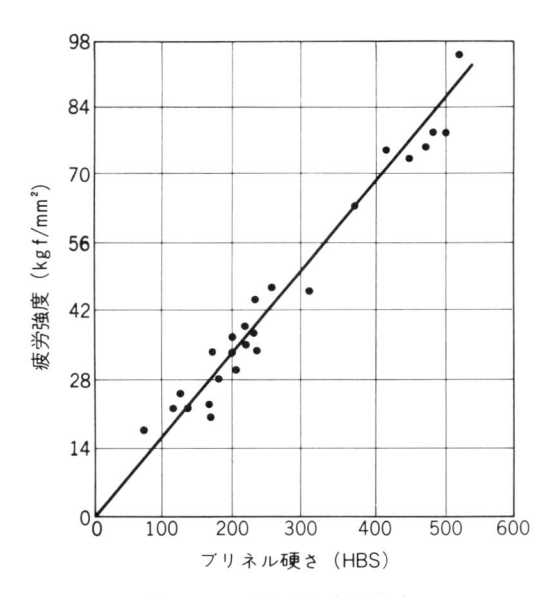

図 6.2.2 硬さと疲労強度

## 6.2 耐疲労性が要求されるとき

示せば図 6.2.1 のとおりである．

つまり，引張強さ 1370 N/mm² (140 kgf/mm²) までは強さの大きいものほど疲労強度が高く，その関係は直線的であり，材質にはほとんど関係がない．疲労強度は生材においては引張強さの約 50%，熱処理材においては約 45% である．

なお，引張強さと硬さは比例関係にあるので，疲労強度と硬さとの間にも当然比例関係が成立するわけである．図 6.2.2 及び図 6.2.3 は，この関係を示すものである．つまり，ブリネル硬さ 450 くらいまで，ロックウェル硬さならば HRC 45 くらいまでは，硬いものほど疲労強度は大きいということになる．この関係は図 6.2.3 にみるように，鋼質には無関係である．

したがって，疲労強度を必要とする場合には，焼入・焼戻しによって HRC 45 が得られるように調質するのがよい．ただし，この場合，考えなくてはならない問題は，部品の大きさで，部品が大きくなれば，炭素鋼では HRC 45 に調質

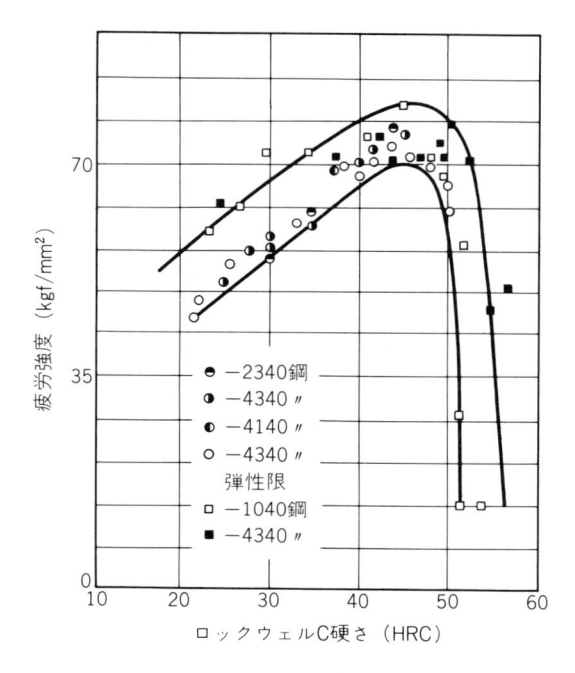

**図 6.2.3　各合金鋼の疲労強度と硬さ**

## 6. 機械構造用鋼の選び方と使い方

することがむずかしくなることである.つまり,部品のマスによって熱処理効果の異なることを考え,部品が太いときには(約 $\phi 20$ mm 以上)合金鋼を使うようにしなくてはならない.

疲労強度からいうならば,炭素鋼でも合金鋼でも HRC 45 が得られさえすればよいのであって,熱処理のマス・エフェクトのために,太いものに対して合金鋼を使うだけのことである.ただばく然と合金鋼がいいんだなどということで合金鋼を使ってはならない.

もちろん,HRC 45 の硬さといっても,よく焼きの入ったものを焼戻した場合と,不完全焼入れのものを焼戻ししたときでは疲労強度は違ってくる.よく焼きの入ったものの調質品がベストであることはいうまでもない.

図 6.2.4 は,焼入れの完全度(マルテンサイト％で表す)と疲労強度との関

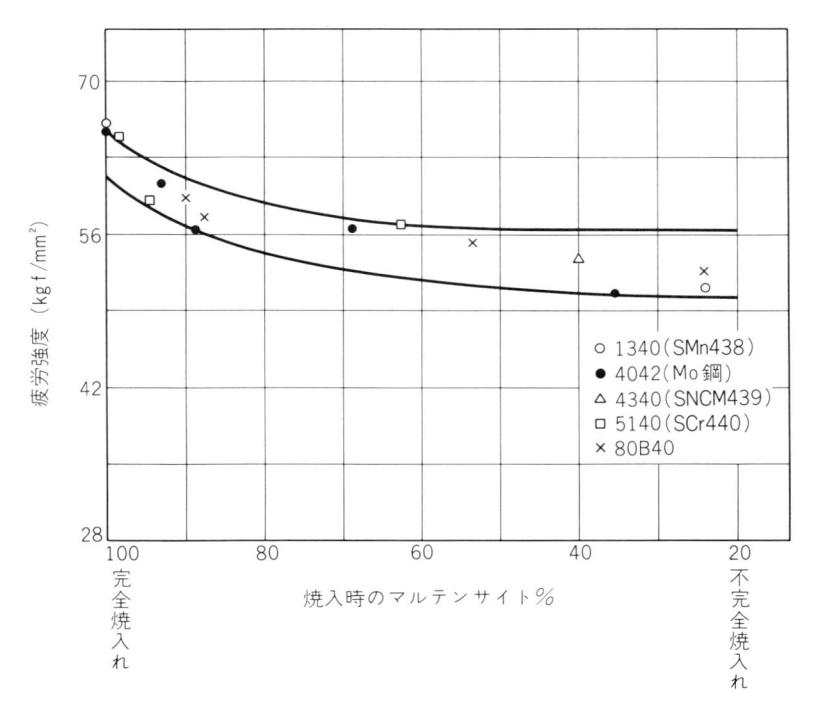

**図 6.2.4 焼入れの完全度と疲労強度との関係**

係を示すものである．特に完全焼入品は疲労きれつの進行が遅いので，疲労破損に対しても有利である．

以上のように，HRC 45 材は疲労強度は高いが，これは表面平滑材のときであって，腐食を伴う場合や黒皮つきの場合には，HRC 38 止まりにするのがよい．図 6.2.5 はノッチがついたり，腐食を伴う場合の疲労強度と引張強さとの関係を示すものである．一般に疲労強度は平滑材が最も高く，黒皮つきのときはその 1/2，脱炭やはだ荒れのときはまたその 1/2 と考えてよい．要するに，疲労強度を高くするには，まず硬くすることが必要で，表面が平滑で腐食やはだ荒れを伴わないときは HRC 45，その他一般の場合には HRC 38〜40 にするのがよい．

ただ，この硬さを確保する深さ，いいかえれば硬化層は何ミリメートルあったらよいかが問題である．それには外力による応力分布を考えて，適当に硬化深度を選定しなければならない．この決定はなかなか一概にはいえないが，丸棒の場合には半径の約 1/2 と考えてよい．

**（2） 残留圧縮応力**

一般に疲労破壊は部品の表面から生じるものであるから，表層部を硬くし，

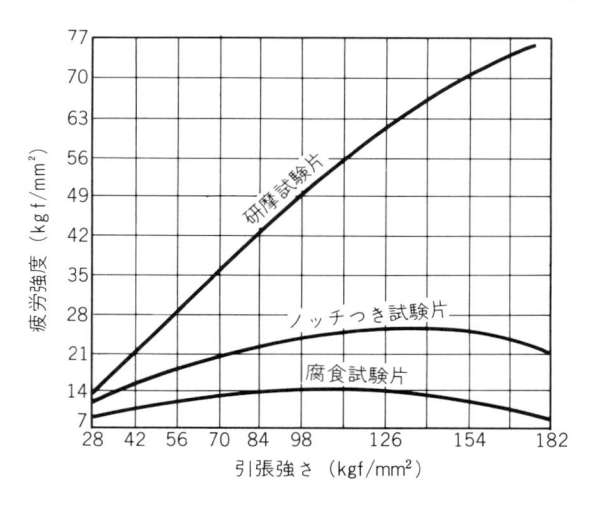

図 6.2.5 腐食を伴う場合の疲労強度

更に圧縮応力が残留するように処理すると,疲労強度を高めるのにすこぶる有効である.このために高周波焼入れや炎焼入れ又は浸炭焼入れや窒化などを施したり,ショットピーニングやローラ仕上げなどが賞用されるのである.高周波焼入れや炎焼入れは,部品のマス・エフェクトを考慮しなくてよいので便利である.

### (3) 寸法効果

部品の疲労強度は同じ硬さ(HRC 45)に処理されていても,部品が太くなると,細いものよりも疲労強度が低下してくる.つまり,疲労強度は部品のサイズによって異なってくるのであって,この寸法効果(サイズ・エフェクト)を忘れてはいけない.

### 6.2.3 耐疲労性の向上策

疲労強度を高めるには,材質よりもむしろ熱処理にポイントを置くべきである.つまり,HRC 45 が得られるように熱処理することが大切である.なお,疲労強度を考えるときには,熱処理のときマス・エフェクト(質量効果),疲労強度そのものについてはサイズ・エフェクト(寸法効果)のことを忘れてはいけない.マス・エフェクトによって,炭素鋼を使うか,合金鋼を使うかを決め,更に部品のサイズ・エフェクトによる疲労強度の低減を考慮して設計しなければならない.なお,部品の疲労強度は残留圧縮応力によって著しく向上するので,ショットピーニングや表面焼入れを大いに活用すべきである.

## 6.3 耐衝撃性が要求されるとき

### 6.3.1 耐衝撃性に必要な性質

① 衝撃値の高いこと.
② 力と同時に伸び,絞りの大きいこと.
③ じん(靱)性(タフネス),ぜい(脆)性(ブリトルネス),延性(ダクタイル)を混同してはいけない.

　　・硬い…………脆い(ぜい性)(Brittle)
　　・軟らかい………延い(延性)(Ductile)

6.3 耐衝撃性が要求されるとき　　　　　　　　89

・力×変形能大…粘い（じん性）（Tough）

$$\begin{cases} 強じん（調質）\cdots\cdots 合金鋼 \\ 硬じん（低温焼戻し）\cdots\cdots 工具鋼 \end{cases}$$

### 6.3.2 耐衝撃性に影響する因子

#### (1) 硬さと焼入れの完全さ

一般に衝撃値は硬さと相反する性質をもっており，硬ければもろいというのが常識である．だからといって，軟らかくすれば粘くなるかというと一概にはそうはいかない．調質（焼入・焼戻し）すれば，素材より硬くてもかえって衝撃値が大となる．表6.3.1はこの結果の一例を示すものである．しかし同じ焼入・焼戻し材でも，完全焼入れのものを焼戻しした方が，不完全焼入れのものを焼戻ししたものよりも衝撃値は高い．いいかえれば，焼入れの完全なものほ

表 6.3.1 調質鋼の機械的性質

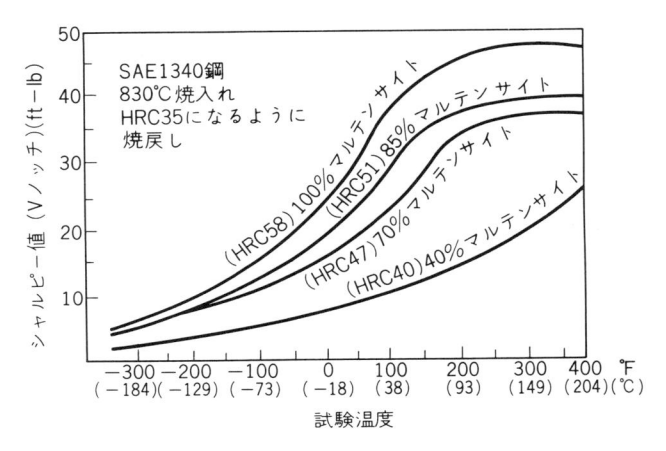

| 処　理 | C (%) | 硬　さ (HBS) | 引張強さ (kgf/mm²) | 伸び (%) | 絞り (%) | 衝撃値 (kgf·m/cm²) |
|---|---|---|---|---|---|---|
| 圧延のまま | 0.70 | 250 | 85.7 | 16.4 | 16.3 | 0.6 |
| 焼入焼戻し（調質） | 0.70 | 350 | 101.7 | 22.0 | 45.3 | 2.7 |

図 6.3.1 焼入れの完全度と衝撃値

ど焼戻ししたときの衝撃値が高い．図6.3.1は，焼入れの完全度と衝撃値との関係，また図6.3.2はCr鋼について不完全焼入度と衝撃値との関係を示すものである．これらの図からもわかるように，焼きを完全に入れるということが耐衝撃性の向上にいかに大切であるかが痛感されるのである．完全に焼きを入れさえすれば，焼戻し後の衝撃値は合金鋼であろうと，炭素鋼であろうと，みなほとんど等しくなってしまう．図6.3.3はこの結果を示すものである．

### （2）焼戻し温度

焼入鋼を焼戻しする際には，その温度によって衝撃値が逆に低下することがある．この現象を焼戻しぜい性という．焼戻しぜい性には次の3種類がある．最初のものは250～300℃の低温に焼戻ししたときに現れるぜい性で，一名，300℃ぜい性ともいわれている．どんな鋼にも現れるもので，この焼戻し温度は避けるべきである．むしろ，これよりも低い焼戻し温度の方が硬くて，しかも粘いことになるので，これを採用した方が有利である．次は450～525℃の焼戻しで現れるぜい性で，これを第一次焼戻しぜい性といっている．たいがいの鋼に現れるぜい性であるが，MoやWを少量添加すれば防止できるといわれている．第3番目に現れるぜい性は，525～600℃の焼戻し温度から徐冷（炉冷

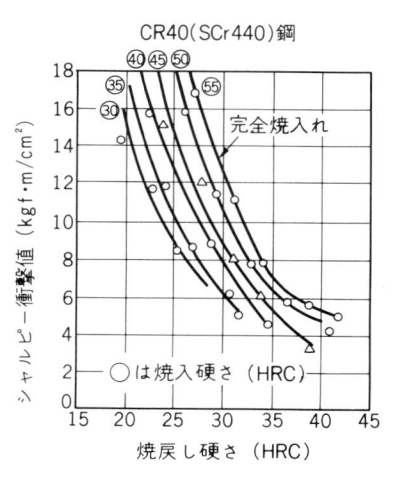

図 6.3.2　不完全焼入度と衝撃値

## 6.3 耐衝撃性が要求されるとき

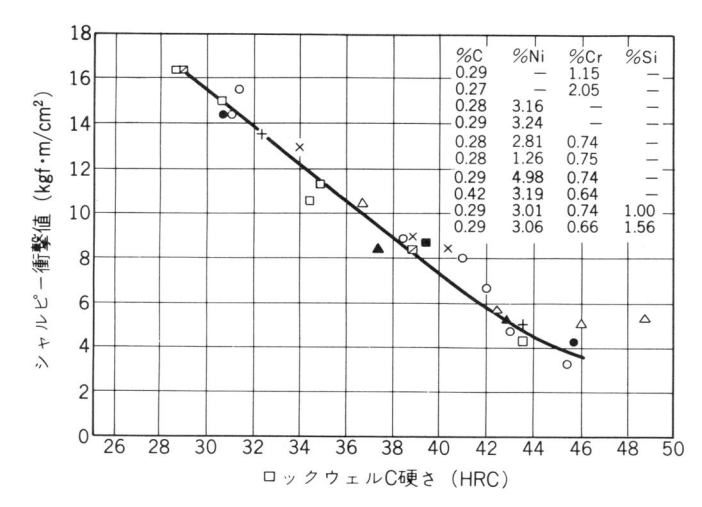

|  | %C | %Ni | %Cr | %Si |
|---|---|---|---|---|
|  | 0.29 | — | 1.15 | — |
|  | 0.27 | — | 2.05 | — |
|  | 0.28 | 3.16 | — | — |
|  | 0.29 | 3.24 | — | — |
|  | 0.28 | 2.81 | 0.74 | — |
|  | 0.28 | 1.26 | 0.75 | — |
|  | 0.29 | 4.98 | 0.74 | — |
|  | 0.42 | 3.19 | 0.64 | — |
|  | 0.29 | 3.01 | 0.74 | 1.00 |
|  | 0.29 | 3.06 | 0.66 | 1.56 |

図 6.3.3　衝撃値に及ぼす合金元素の影響（完全焼入・焼戻し）

や空冷）したときだけに生ずるもので，Ni-Cr 鋼に特に顕著に現れる．これを第二次焼戻しぜい性という．第二次焼戻しぜい性は，焼戻し温度から急冷すれば防ぐことができるが，なお少量の Mo や W を添加すれば有効である．図 6.3.4 は，これらの焼戻しぜい性の関係を定性的に示したものである．したがって，焼戻しする際には，焼戻しぜい性を考えて焼戻し温度を選択しなくてはならない．

### 6.3.3 耐衝撃性の向上策

　一般に耐衝撃性を向上させるには，完全に焼入れして焼戻しするのがよい．HRC 45～50 で使用する場合には，オーステンパ処理が有効である．不完全焼入れは，じん性を低下させるものである．完全焼入れすれば，焼戻し後の耐衝撃性は合金元素に左右されず，だいたい焼戻し硬さで規正される．

　なお，ここで注意を要するのは，硬さから直ちに粘さ，もろさを論ずることはできないということである．その硬さが焼なまし硬さであるか，調質硬さであるかによって内容が大いに変わってくる．いうなれば，最終硬さに落着くまでの途中経過（熱処理）がじん性にものをいうのである．また，いかに軟らか

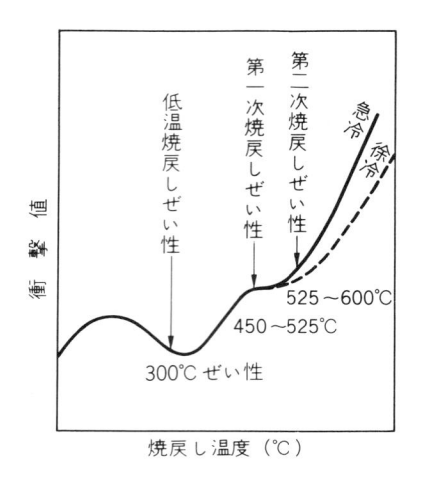

図 6.3.4　焼戻しぜい性

い状態で使う部品でも，粘さを必要とするときには，いったん焼きを入れてから焼戻し（高温）するのがよい（焼入硬さのチェックが大切）．

## 6.4　耐摩耗性が要求されるとき

摩耗にはいろいろの種類があるが，その主なものは次のとおりである．
① ひっかき摩耗
② 凝着摩耗
③ ころがり摩耗
④ 打撃摩耗
⑤ 腐食摩耗
⑥ 微動摩耗

これらの摩耗の種類によって，材料の選び方や処理の方法も違ってくる．

### 6.4.1　耐摩耗性に影響する因子（一般性）

**（1）硬　　さ**

一般に硬いものほど，耐摩耗性は大きい（図 6.4.1）．しかし，同じ硬さでも内部応力の少ない状態の方が有利である．つまり，焼入れしばなしでは，内部

応力が内蔵されているため,硬い割合には摩耗が多い.これを低温焼戻し（180〜200℃）すると,硬さはいくぶん低くなるが,耐摩耗性は向上する.図6.4.2は,この結果を示すものである.したがって,耐摩耗性を必要とするときは,焼入後,低温焼戻しするのがよい.

**（2）化 学 成 分**

焼入硬さは,0.6％C以上になるとだいたい一定になるが,耐摩耗性はC％の多い鋼ほど大となる.すなわち,同じ硬さでも高C鋼の方が,耐摩耗性が大

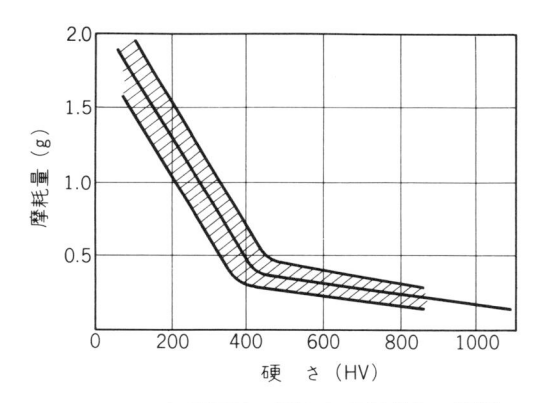

図 6.4.1　各種鋼材の硬さと摩耗量との関係

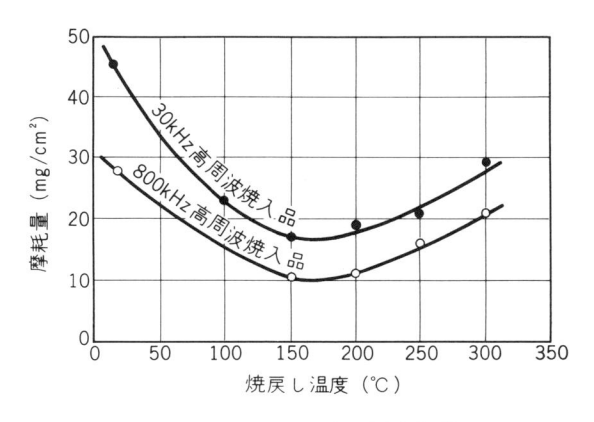

図 6.4.2　焼戻し温度と耐摩耗性

である(図 6.4.3).

したがって，耐摩耗性を必要とする場合には，事情の許す限り，高 C 鋼を使用するのがよく，ことに高 C 鋼の場合には，過剰セメンタイトを球状化することが有利である．添加元素としては W，Cr，V，Mo などのように，特殊な硬質炭化物をつくるものは，耐摩耗性を著しく向上させる．また，高 Mn 鋼（13% Mn）(SCMnH) は打撃摩耗に威力を発揮する．

(3) 組　　織

顕微鏡組織的に耐摩耗性を比較すれば，

　　　　　マルテンサイト＞トルースタイト＞ソルバイト＞パーライト

のようになる．すなわち，焼入組織であるマルテンサイトが最も耐摩耗性が大きく，焼なまし組織のパーライトが最も小さい．なお，同じ組織でも C％の多い方が耐摩耗性が大きい．また，同じパーライト組織でも層間隔によって，耐摩耗性が異なるもので，層間隔の粗いパーライトほど耐摩耗性は小さい．圧延組織は焼なまし組織よりも摩耗しやすい．

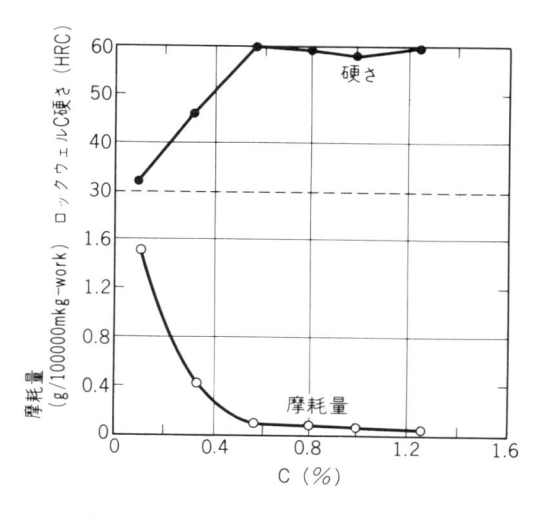

図 6.4.3　焼入鋼の硬さと耐摩耗性

### 6.4.2 耐摩耗性の向上策

**(1) 材質的**

C％を高目にすること．同時にカーバイドを多くすること．それにはカーバイド生成用元素の W，Cr，V，Mo などを添加するのがよい．

**(2) 熱処理的**

焼入れ―低温焼戻しによって硬さを高めること．摩耗は表面のできごとであるから，表面層だけを硬くすればよいので，浸炭，窒化，高周波焼入れ，火炎焼入れなどを適用するのがよい．この場合，必ず低温焼戻しして残留応力を軽減することが必要である．

なお，高C鋼や高合金鋼（例えば，SUJ，SKS，SKD）などは焼入れによって，残留オーステナイトが多くなり($20～30\%$)，これが耐摩耗性を悪くするので，サブゼロ処理（HSZ）を行うのがよい．サブゼロ処理によって残留オーステナイトがマルテンサイトに変態して硬さを増すため，耐摩耗性が向上するのである．サブゼロ処理温度としては$-60～-80℃$（ドライアイス使用）がよいとされているが，$-160～-270℃$（液体酸素や液体窒素使用）の極低温で処理すると硬さはほとんど増さないが，耐摩耗性が 2～3 倍増大するといわれている．この極低温処理を Cryogenic Treatment（クライオジェニック・トリートメント）といっている．

**(3) 熱表面処理的**

部品の表面に耐摩耗用金属を浸透（セメンテーション）する方法，例えば，クロマイジング（Cr），ボロナイジング（B），タングステナイジング（W），チタナイジング（Ti）やカーバイド浸透（TiC，NbC，$Cr_2C$）が有効である．そのほか，摩擦係数を小さくし，焼付を防止する目的でSを浸透する方法（高温浸硫，低温浸硫）も適切な処置である．

**(4) その他**

摩耗を少なくするためには，注油，注水などの潤滑剤の効能も忘れてはならない．また，摩耗条件がひどいときには，材質や表面処理よりも環境を改善した方が有効な場合がある．

## 6.5 耐食性が要求されるとき

### 6.5.1 耐食性に影響する因子

**(1) 化学成分**

耐候性の場合はCu及びPの添加が有効であり，一般の耐食性の場合にはCrの添加が必要である．もちろん，Cは少ないほどよい．

**(2) 組織**

組織的に耐食性を比較すれば次のようになる．

オーステナイト＞フェライト＞マルテンサイト＞パーライト＞ソルバイト＞トルースタイト

**(3) その他**

ストレスが内在するとさびやすくなる．

### 6.5.2 耐食性の良い材料

SUS 304, SUS 430, SUS 403系統が良く，耐摩―耐食用にはSUS 420 J 2, 440が適している．

また，SUS 304（オーステナイト系）に窒化又は浸炭すれば，耐摩耗用ステンレス鋼材が得られる．

## 6.6 溶接性が要求されるとき

最近は機械構造物が溶接構造になっているため，溶接性の良いことが要求される場合が多い．

### 6.6.1 溶接性に必要な性質

① 溶接部又は溶接部に近い母材部に溶接きれつが発生しないこと．
② 溶接部が硬化しないこと．
③ 遷移温度の低いこと．

### 6.6.2 溶接性に影響する因子

化学成分……C, P, Sは溶接性を著しく害するものであり，Vだけが溶接性を良くする元素である．一般に鋼に自硬性を与えるような元素（例えば，C, Cr,

Mn, Mo) は，いずれも溶接性を悪くする．また，リムド鋼は一般に遷移温度が高いので，低温ぜい性を示すことがはなはだしく，溶接には不向きである．これに対して，キルド鋼は遷移温度が低いので好都合である．

### 6.6.3 溶接性の良い材料

一般的にいって，低C（C＜0.15％）のキルド鋼が溶接性の良い材料ということになる．低Cでは強度が不足という場合には，Mn, Ni, V を添加して，いわゆる溶接性の良いハイテン（高張力鋼）にするのがよい．

## 6.7 被切削性が要求されるとき

たいていの機械用材料は切削加工をうける．よって被切削性（マシナビリティ）が要求される場合が多い．

### 6.7.1 被切削性に必要な性質

① 仕上りはだが良好なこと．
② 刃物の切削寿命の長いこと．
③ 動力消費の少ないこと．

### 6.7.2 被切削性に影響する因子

**（1）化 学 成 分**

（a） 炭素（C）……Cがあまり少ないと，軟らかすぎて，かえって被切削性は悪くなる．0.3％CまではCの多い方が被切削性は良くなる．0.3％C以上になると，Cの多いほど被切削性は悪くなる．

（b） マンガン（Mn）……MnはCとのかね合いである．1％Mnくらいまでは強さ，硬さ，もろさを増すので，被切削性は良くなる．しかし，1％Mn以上になると，強さの割合にはもろくならないので，被切削性は悪くなる．好ましいMn量は1～1.3％である．Cを減らしてMnを添加すると，同じ硬さでは被切削性は違ってくる．

（c） けい素（Si）……Siは一般に被切削性を悪くする．

（d） りん（P）……Pは一般に被切削性を良くし，0.1％Pくらいが最良である．

（e）硫黄（S）……Sは被切削性を良くする．0.3％S以下が好ましい．Sは鋼に対しては有害な元素であるが，これはFeSとして存在する場合のことであって，MnSの形で存在するときは有害ではない．快削鋼といって被切削性を特に良くした鋼には，このSを添加したS快削鋼とPb快削鋼とがある．

　（f）鉛（Pb）……Pbは鋼の中に溶け込まずに，小粒となって点在するので，切りくずが途切れ途切れになるため，被切削性が良くなるのである．普通，Pb 0.2％くらいを添加する．これをPb快削鋼といっている．

　（g）不純物，非金属介在物……MnS，FeS，MnO，FeOなどは軟質性であるため，被切削性を良くする．小粒で均一分布しているのがよい．$Al_2O_3$や$SiO_2$などは硬質性のため，被切削性を悪くする．

　（h）炭化物をつくる元素（Cr，V，W，Moなど）……これらはCと同じ影響を与える．同じC％ならば，特殊元素を含まない炭素鋼と同じ被切削性と考えてよい．

　（i）鉄に固溶する元素（Ni）……これはフェライトを強じんにするので，一般には被切削性を悪くする．

　（j）被切削性指数（M.I.）$=265-600\times\%C-1300\times\%Si-100\times\%Mn+100\times\%S+100\times\%Pb$（数の多い方がよい）

**（2）機械的性質**

　（a）硬さ……成分，組織によって，同じ硬さでも被切削性は違ってくる．しかし，いずれにせよ，HBS＝187～229は被切削性が良好である．

　（b）引張強さ……適当に強く，もろいものが被切削性は良好である．

**（3）組　　織**

　（a）フェライト（Fe）……Feは軟らかく，粘いので，被切削性を悪くする．

　（b）セメンタイト（$Fe_3C$）……これは硬すぎてもろいので，被切削性を悪くする．$Fe_3C$の大きさと分布状態がものをいう．

　（c）層状パーライト（L.P.）……低Cのときは，層状パーライトは被切

削性を良くする．高Cのときは強さが大となるので，被切削性が悪くなる．このようなときには一部を球状化した方がよい．

（d） 球状パーライト（G.P.）……C>0.5％ならば球状化すると，被切削性は良くなる．これは硬さと強さが適当な値になるからである．

（e） マルテンサイト（M）……ほとんど切削は不可能である．

（f） ソルバイト（S）……強じんであるから，被切削性はあまり良くない．

（g） オーステナイト（A）……軟粘のため，被切削性は悪い．

（h） 結晶粒度（G.S.）……粗粒のものは被切削性が良い．

**（4） 熱 処 理**

（a） 低C鋼（C<0.1％）……$A_3$変態点以上から水冷すると，粘さが減るので，被切削性は良くなる．

（b） 焼入・焼戻し（調質）……強じんになるので，一般には被切削性が悪くなる．

（c） 焼なまし又は焼ならし……中C鋼（0.5％C）は粗粒化し，フェライトを途切れ途切れにし，セメンタイトを層状にすると被切削性は良くなる．HBS=200くらい，引張強さ $\sigma_B$=690 N/mm² （70 kgf/mm²）くらいが被切削性は最良となる．0.5％C以上の場合は層状パーライトでは硬すぎるから，HBS=200くらいにするために，一部球状化するのがよい．

（d） 特殊鋼の場合……熱処理するならば，引張強さを下げるために粗い層状パーライトにする．高C特殊鋼ならば，高C鋼と同様に球状化した方が被切削性は良くなる．

### 6.7.3 被切削性の良い材料

被切削性を良くした材料が快削鋼で，これにはS快削鋼（S=0.08〜0.33％, SUM 11〜43）とPb快削鋼（Pb=0.1〜0.3％添加）の2種類がある．いずれも切削刃との摩擦係数が減少し，仕上りはだは非常に良好となり，刃物寿命も増大する．引張強さ，硬さなどは該当C％の普通鋼とほとんど変わらない．快削鋼の被切削性は，次式によって簡単に比較推定することができる．

① 被切削性係数（大きい方がよい）＝265−600×％C−1300×％Si−100×％Mn＋100×％S＋100×％Pb

② 切削速度（ft/min）＝267−1400×％C＋93×％Mn＋77×％S＋77×％Pb−527×％P−7078×％Ni

## 6.8 深絞り性が要求されるとき

### 6.8.1 深絞り性に必要な性質

① 軟らかいこと．
② 展廷性，すなわち伸びの大きいこと．
③ 加工硬化しにくいこと．

### 6.8.2 深絞り性に影響する因子

**（1） 化 学 成 分**

一般的にいって，鋼中に添加されると，その硬さが大きくなるような合金元素は深絞り性を悪くする．これは焼なまし状態のものでも，焼ならし状態のものでも同じことがいえる．しかし，合金元素は個々にあるいはまた組み合わされて，いろいろな結果を与えることになるので，なかなか一概にはいえないものである．

**（2） 機 械 的 性 質**

硬さは低いほど良い．カッピング試験（エリクセン試験）で，きれつの入らない程度に伸びの大きいものがよい．また，加工硬化しにくいものがよい．

**（3） 組　　　織**

フェライト結晶粒度の大きいもの及びその展伸度の少ないもの（つまり結晶粒が長く伸ばされていないもの）が深絞り性が良い．

### 6.8.3 深絞り性の良い材料

C＜0.15％の極軟鋼で，フェライト結晶粒度が2〜3程度のもの，不純物の少ない鋼がよい．

## 6.9 冷間曲げ性が要求されるとき

### 6.9.1 冷間曲げ性に必要な性質
① 軟らかいこと．
② 伸びの大きいこと．
③ 加工硬化しにくいこと．

### 6.9.2 冷間曲げ性に影響する因子
（1） **化 学 成 分**
一般にC，P，Crなどは冷間曲げ性を悪くする．このことは圧延のまま，焼なまし又は焼ならし状態の鋼についても一律にいえる．

（2） **機 械 的 性 質**
引張試験で伸び，衝撃試験では衝撃値の高いものほど，冷間曲げ性は良くなる．

（3） **組　　織**
フェライト結晶粒度の大きいもの，同じC％の鋼であるならば，球状組織のものが，冷間曲げ性は良い．

### 6.9.3 冷間曲げ性の良い材料
一般的にいって，低C鋼で不純物の少ない鋼がよい．キルド鋼よりもリムド鋼の方が，冷間曲げ性は良いようである．

## 6.10 研削性が要求されるとき

### 6.10.1 研削性に必要な性質
① 研削能率の良いこと．
② 研削面の精度が良いこと．
③ 研削やけや研削割れのおきないこと．

### 6.10.2 研削性に影響する因子
（1） **化 学 成 分**
一般に低C鋼は研削に適し，C％を増すほど研削性は悪くなる．また，硬い

炭化物をつくる元素，例えば，W，Cr，V などが添加されるほど研削しにくくなる．

**（2） 機 械 的 性 質**

一般に硬さの高いものほど研削しにくい．特に HRC 60 以上になると，1違っても研削性がぐっと悪くなる．

**（3） 組　　　織**

①焼入れしばなしのマルテンサイト，②残留オーステナイト，③網状セメンタイト組織のあるものほど，研削性は悪くなり，研削焼けや研削割れを発生しやすい．したがって，焼入後は必ず焼戻しを施してから研削することが大切で，少なくとも 100～180℃ 焼戻しを行ってから研削するのがよい．浸炭部品などは，網状セメンタイトが出ないように浸炭処理することが肝要である．

### 6.10.3　研削性の良い材料

炭素鋼や構造用合金鋼は一般に研削性は良好であるが，Cr を含む工具鋼，特殊工具鋼，軸受鋼などは研削性が悪い方で，高W工具鋼，高速度工具鋼，ダイス鋼などは研削性が最も悪い．特にVハイスは研削性が悪いものの筆頭である．なお，同じ材質の鋼でも，焼なましや焼ならし組織のものは研削しやすいが，焼入れしばなしのものは最も研削しにくく，焼入焼戻しのものは研削性は良いとはいえないが，研削割れをおこしにくいので取り扱いやすい．なお，硬いものを研削するときには軟質のといしを使うのがよい．

## 6.11　焼入適応性が要求されるとき

### 6.11.1　焼入適応性に必要な性質

① 硬く焼きが入ること，すなわち，焼入硬さの高いこと．
② 焼入性の良いこと，すなわち，焼きが深く入ること．
③ 焼割れが発生しないこと．
④ 焼曲がりや焼きひずみが出ないこと．
⑤ 焼きむらが出ないこと．

## 6.11.2 焼入適応性に影響する因子

### （1） 硬く焼きが入るためには（硬焼き）

焼入硬さは第一義的には，鋼のC％によって左右される．特殊添加元素が入っていても，5％以下ならばその影響はほとんどなく，C％のみに依存する．図6.11.1はこの状況を示すもので，だいたい0.6％Cまでは，焼入硬さはC％とともに大となるが，それ以上はほとんど同一の焼入硬さとなる．しかし正確にいうと，0.9％Cまではわずかながらも，C％の多い鋼の方が焼入硬さは高いのであって，0.9％Cを超すと残留オーステナイトが多くなるので，焼入硬さは低下する．しかし，この残留オーステナイトをなくすような処理，例えば，サブゼロ処理などを行うならば，焼入硬さはC％とともに大となる．

### （2） 深く焼きが入るためには（深焼き）

焼きが深く入るか否かの性質を焼入性という．焼入性の良い鋼は中までよく焼きが入るし，焼入性の小さい鋼は中まで焼きが入らないことになる．また，同じ深さまで焼きを入れる場合，焼入性の大きい鋼は，焼入性の小さい鋼よりも遅く冷やしてもよいことになる．焼入性は，鋼の化学成分及び結晶粒度によって変化する．化学成分ではCの影響が最も大で，焼入性を増大する能力をも

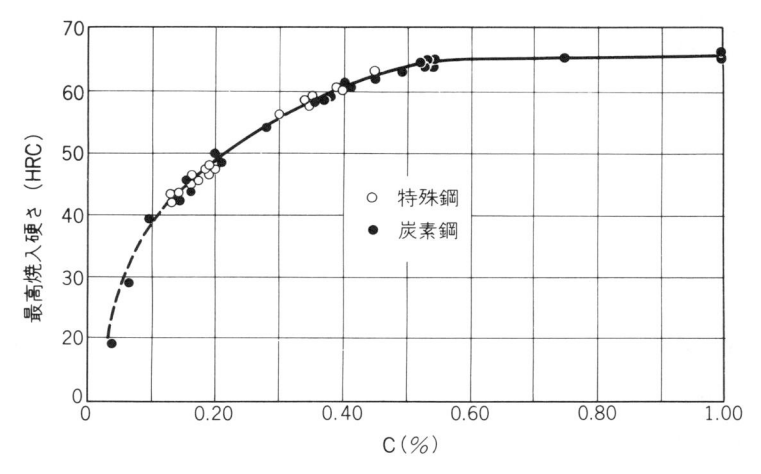

図 6.11.1　C(％)と焼入硬さ

表 6.11.1 焼入性に及ぼす各種元素の影響

| 添加元素大別 | 焼入性を増すもの | 焼入性を減ずるもの |
|---|---|---|
| 固溶元素 | C, Mn, Ni, Si, P, Al | S, Co |
| 炭化物形成元素 | Mo, Cr | V, Ti |
| その他 | B, Zr, Cu, W, Sn, U, As, Sb, Be | Cd, Te |

ち, B, Mn, Mo がこれにつぎ, Cr, Si, Ni の順に弱くなる. 焼入性を悪くする元素には Co, V, Ti などがある.

表 6.11.1 は, 焼入性に及ぼす各種添加元素の影響をわかりやすく表にしたものである.

結晶粒度は, これが細かいほど焼入性は悪くなり, 深く焼きが入らなくなる. V は結晶粒を細かくするので焼入性を悪くする. また逆に, 焼入温度を高めると結晶粒が粗くなるので, 焼きが深く入るようになる.

(3) **焼割れが発生しないためには**

焼割れは, 焼入技術の上手, 下手によって大きく左右されるものであるが, 材質的には C, Mn, Cr 量が多く, Ms 点 (マルテンサイト化温度, Ar″点) が低い鋼, C% でいうならば 0.4％C 以上, Ms 点でいうならば 330℃ 以下の鋼に焼割れを生じやすい. 図 6.11.2 は, これらの関係を示すものである. すなわち, 0.4％C 以下, Ms 点＞330℃ の鋼は焼割れを発生しないことがわかる. Ms 点は, 化学成分から次式によって計算で求めることができる. ただし, これは機械構造用合金鋼の場合に限る.

Ms 点 (℃) = 550 − 350 × %C − 40 × %Mn − 35 × %V − 20 × %Cr − 17 ×
　　　　　%Ni − 10 × %Cu − 10 × %Mo − 5 × %W + 15 × %Co + 30 ×
　　　　　%Al + 0 × %Si

なお, 炭化物の偏析しているものや脱炭層のあるものは, 焼割れを生じやすいので注意しなければいけない.

(4) **焼きひずみが出にくいためには**

これも焼入れのテクニック, 特に冷却技術の巧拙によるところが大きいが,

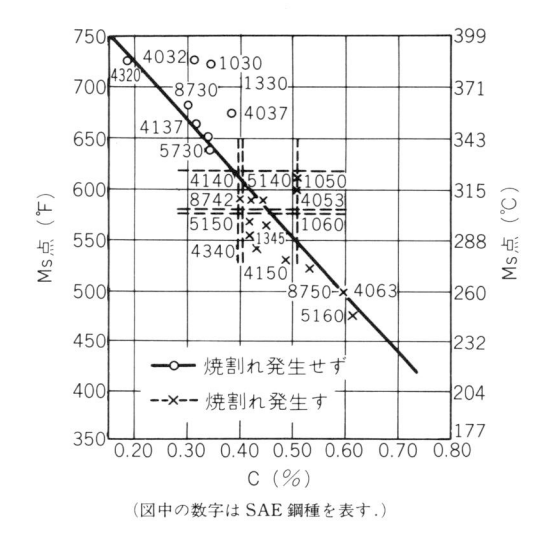

### 6.11 焼入適応性が要求されるとき

**図 6.11.2 焼割れ-Ms点-C(%)の関係（水焼入れ）**

(図中の数字はSAE鋼種を表す.)

材質的には均質な材料，内部応力のない材料，球状化組織の鋼などが焼きひずみは少ない．また，水焼入れよりも油焼入れ，油焼入れよりも空気焼入れの方が焼きひずみが少なくなる．したがって，空気焼入鋼が不わい（歪）焼入れに適していることになる．また，いわゆる不わい（歪）鋼（ゲージ鋼，SKS3，Cr-Mn-W工具鋼）などは，焼入れ後の伸縮が少ないので便利である．

**(5) 焼きむらが出にくいためには**

異常鋼でないこと，表面に脱炭部が存在しないこと，焼入れに塩水又は噴水冷却を使うことなどが焼きむらを生じない条件である．

#### 6.11.3 焼入れに適する材料

硬く焼きを入れるためには高C鋼，深く焼きを入れるためには，Mn，Mo，Cr，Bの多い鋼がよい．浅く焼きを入れるにはV鋼，焼入硬さが常に安定して得られるためには焼入性を規定した鋼，いわゆるH鋼が望ましい．焼割れや焼曲がりを防ぐには，オーステンパやマルクエンチなどの特殊焼入技術によるのがよいが，材質的には0.4％C以下，Ms点が330℃以上のもの，あるいは空気焼入鋼がよい．もちろん，よく焼なましされた状態のものであることが必要で

ある．なお，表面脱炭やはだ荒れの少ない材料が焼入れに適する材料といえよう．

# 7. 工具用鋼の選び方と使い方

## 7.1 工具用鋼に要求される性能

工具鋼というのは，金属加工において金属を削除又は流動させるために使われる鋼をいい，一般用鋼と異なる点はその組成ばかりではなく，製鋼法が電気炉製で鋼質が最良なことである．工具鋼として要求される性質は，一般について硬さ，衝撃値が高く，耐摩性，耐疲労性が大で熱処理性の良いことである．なお，これを工具の加工様式別に示せば，表7.1.1のようになる．

表 7.1.1 工具に要求される特性

| 加 工 様 式 | 主 要 特 性 | 二 次 的 特 性 |
|---|---|---|
| 切　　　　削 | 耐摩性，耐熱性 | じん性，研削性 |
| せ　ん　　断 | 耐摩性，じん性 | 不変形性，焼入性 |
| 成　　　　形 | 耐摩性 | じん性，被加工性 |
| 線　　　　引 | 耐摩性 | 不変形性 |
| 押　　　　出 | 耐熱性，耐摩性 | じん性，被加工性 |
| 圧　　　　延 | 耐摩性 | 焼入性，じん性 |
| 打　　　　撃 | じん性 | 耐摩性 |
| 測　　　　定 | 耐摩性，不変形性 | 焼入性 |

## 7.2 図解式選び方

### 7.2.1 耐摩-じん性比法

一般に工具鋼は，
① 焼入方法によって……水焼入鋼，油焼入鋼，空気焼入鋼など
② 合金元素によって……炭素鋼，中合金鋼，高合金鋼，高速度鋼など
③ 用途によって……高速度鋼，高温加工工具鋼，耐衝撃鋼，常温加工工具

108    7. 工具用鋼の選び方と使い方

鋼，不わい（歪）鋼など

に分類されている．しかし，工具に必要な性質は，耐摩―じん性比（wear-toughness ratio）によって工具を分類し，選択するのが便利である．すなわち，工具鋼のC％は0.30〜2.50の範囲にあるもので，C％が増せば硬さ，耐摩性は大となるが，じん性が小となる．よって耐摩性とじん性を勘案して，次の四つのグループに分け

$$1.30 \sim 2.50 \% \text{C} \cdots\cdots\cdots 耐摩工具$$
$$1.10 \sim 1.30 \% \text{C} \cdots\cdots\cdots 切削工具$$
$$0.75 \sim 1.10 \% \text{C} \cdots\cdots\cdots 型用工具$$
$$0.30 \sim 0.75 \% \text{C} \cdots\cdots\cdots 耐撃工具$$

更に，熱処理性と赤熱抗性とを加味して，表7.2.1のように12群に分類する．各群に属する工具鋼の主な化学成分は，表7.2.2のごとくである．この表には，JIS工具鋼の記号を参考のために併記してある．

図7.2.1は，12群の工具鋼を分類・組み合わせた図である．これらの図表から所要の工具鋼を容易に選び出すことができる．

**選び方の実例：**

**例 1．** ステータップ用鋼の選択

これは表7.2.1及び図7.2.1から2, 6, 10群がまず考えられる．2群では焼きひずみが多く，10群では焼入操作に困難を感ずる．よって6群の鋼を採用する．

**例 2．** リベットスナップ用鋼の選択

型用工具であるから3, 7, 11群の鋼が候補にあがる．しかも，スナップは熱

表 7.2.1 工具鋼の大別

| 用途大別 | 水焼入用 | 油焼入用 | 熱間用 |
|---|---|---|---|
| 耐摩工具 | 1 群 | 5 群 | 9 群 |
| 切削工具 | 2 群 | 6 群 | 10 群 |
| 型用工具 | 3 群 | 7 群 | 11 群 |
| 耐撃工具 | 4 群 | 8 群 | 12 群 |

## 7.2 図解式選び方

### 表 7.2.2 工具鋼の12群（化学成分）

| 組別 | 群別 | 鋼種 | C % | W % | Cr % | Mn % | Mo % | 耐摩性 | じん性 | JIS |
|---|---|---|---|---|---|---|---|---|---|---|
| 水焼入鋼 | 1 | C-W | 1.25~1.50 | 2.5~6.0 | | | | 大↑小 | 小↓大 | SKS 1,8 |
| | | C | 1.30~1.45 | | | | | | | SK 1 |
| | 2 | 高C-低W-(Cr) | 1.1~1.3 | 1.0~2.5 | 0.5~1.2 | | | | | SKS 2,7 |
| | | C | 〃 | | | | | | | SK 2 |
| | 3 | 高C-低W | 0.9~1.1 | 1.0~2.5 | 0.5~1.5 | | | | | SKS 2,4 |
| | | C | 〃 | | | | | | | SK 3,4 |
| | 4 | Cr-Mo | 0.55~0.9 | | 0.4~1.2 | | <0.25 | | | SKT 2,3 |
| | | C | 0.7~0.9 | | | | | | | SK 5,6,7 |
| | | Si-Mn | 0.5~0.8 | | Si 0.75~2.25 | 0.35~1.0 | <0.60 | | | SUP 6,7 |
| 油（空気）焼入鋼 | 5 | 高C-高Cr | 0.9~2.5 | | 11~14 | | 0.7~1.0 | 大↑小 | 小↓大 | SKD 1,2 |
| | 6 | Cr-Mo | 1.1~1.3 | | 0.4~1.75 | | 0.25~0.75 | | | — |
| | | 高C-低W | 〃 | 1.0~2.5 | | | | | | SKS 2,7 |
| | 7 | Cr | 0.9~1.1 | | 0.9~1.1 | | | | | SUJ 1,2 |
| | | Mn | 〃 | | <0.9 | 0.85~1.8 | | | | SKS 3 |
| | 8 | 低W-Cr | 0.4~0.65 | 0.75~3.0 | 0.5~2.0 | | | | | SKS 4 |
| | | Cr-Ni | 0.5~0.8 | | 0.5~1.25 | | Ni 1.0~2.5 | | | SKS 51, SKT 4 |
| | | Si-Mo | 0.45~0.6 | | Si 0.75~2.25 | 0.35~1.25 | 0.15~2.0 | | | (SUP 7) |
| ハイス熱間工具鋼 | 9 | Co ハイス | 0.65~0.9 | 18~23 | 3.5~4.8 | V 1.2~2.5 | Co 5~15 | 大↑小 | 小↓大 | SKH 3,4,5 |
| | 10 | 18-4-1 ハイス | 0.55~0.9 | 17~19 | 〃 | 〃 | | | | SKH 2,(51) |
| | 11 | 高W | 0.45~0.60 | 16~19 | 3.0~4.5 | V 0.5~1.25 | | | | (SKH 2) |
| | | 中W | 0.29~0.50 | 8~12 | 1.25~3.5 | V<0.6 | | | | SKD 5 |
| | | W-Cr | 0.3~0.6 | 4~7.5 | 4.5~7.5 | | | | | SKD 4 |
| | 12 | 低W-Cr | 0.4~0.65 | 1.5~3.0 | 0.75~2.0 | | 0.45~1.75 | | | SKD 62 |
| | | Cr-Mo | 0.3~0.5 | | 4.0~7.5 | | Ni 1.25~5.0 | | | (SKD 6) |
| | | Cr-Ni | 0.3~0.6 | | 0.5~2.5 | | | | | SKT 4,5 |

7. 工具用鋼の選び方と使い方

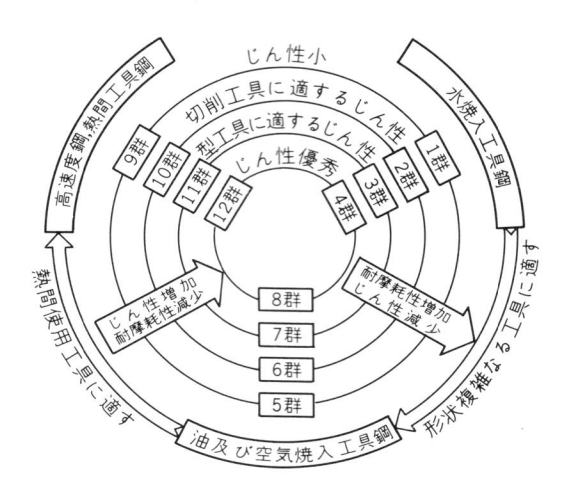

**図 7.2.1　工具鋼の分類・組合せ図**

間加工用工具であるから，11群もしくはじん性を与える意味で12群を採用する．

**例 3.**　ねじ転造用ダイス鋼の選択

ダイス鋼であるから 3, 7, 11 群が適当で，しかも常温加工用工具であるから，7群がよいことになる．しかし，じん性はあまり必要でないから，5群を採用する．

**例 4.**　空気リベットセット用鋼の選択

リベットセットは，じん性を必要とするから 4, 8, 12 群が考えられる．しかし，8 及び 12 群は値段も高く，これほど上等の工具鋼を必要としないから，4群に決定する．

**例 5.**　電気鉄板打抜用型鋼として 0.95 % C，1.20 % Mn，0.25 % Si，0.40 % W，0.55 % Cr 鋼を使用しているが，値段が高いので他の鋼種に変更したい．

本鋼は 7 群の Mn 不わい鋼である．したがって，他の鋼種を選ぶにも油及び空気焼入鋼から選ぶことが必要で，かつ仕事の性質から考えて，じん性はあまり必要ではない．したがって，5 群を採用した方がよい．

**例 6.**　ポンチとして，0.53 % C，0.30 % Mn，0.45 % Si，2.25 % W，1.4

% Cr, 0.25 % V 鋼が使用中破損する率が多いので鋼種を変更したい．

これは 8 群の低 W-Cr 鋼に該当する．8 群は表 7.2.1 の最下列の鋼種であるから，他の鋼種にくら替えすることは不適当で，したがって，8 群中でも合金元素の少ない Si-Mo 鋼を選ぶべきである．

**例 7．** 押出型として 0.35 % C, 0.30 % Mn, 0.21 % Si, 11.22 % W, 2.87 % Cr, 0.47 % V 鋼の摩減がはなはだしいので，他鋼種に変更したい．

本鋼は 11 群の W 鋼に相当する．したがって，同群中の高 W 鋼をまず採用すべきである．

**例 8．** ギヤーホッブとして 0.73 % C, 0.22 % Mn, 0.33 % Si, 17.92 % W, 3.97 % Cr, 1.14 % V 高速度鋼の耐久性が悪い．これを改善するにはいかなる鋼種を選ぶべきか．

本鋼は 10 群の 18-4-1 型高速度鋼である．用途から考えて，じん性よりも耐摩性が必要であるから，9 群の鋼を採用するのがよい．

### 7.2.2 組合せ法

これは工具の性質を九つに大別し，各性質に対して九つの工具鋼を代表させ，これを図解的に組み合わせてチャート（combination chart）を作る．図 7.2.2 は，この組合せ配列図である．工具として，第一に必要な条件は硬さの高

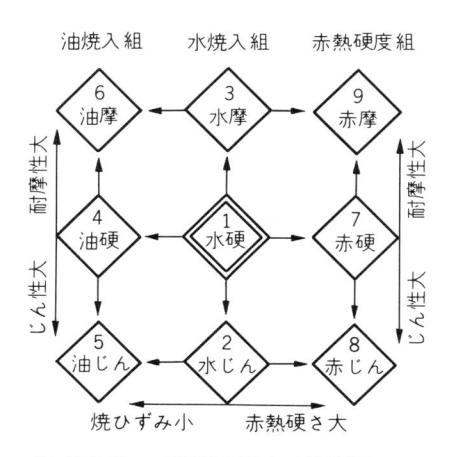

**図 7.2.2 工具鋼の組合せ配列図**

いことであって，これが工具鋼の基本的必要条件であり，この性質を基として他の条件が色々加味されるのである．一般に硬さが高く，かつ最も安価で容易に使用し得るものはC工具鋼である．したがって，この組合せ法ではC鋼を基準とする．C鋼は水焼入れで硬化させるので，便宜上「水硬」と名づける．

以下，九つの代表的鋼を表7.2.3のように命名分類し，工具鋼の選択に便ならしめる．表7.2.4は各組に属する鋼の化学成分を示すものである．「水硬」はC工具鋼で最も安価であるが，他の八つの鋼はすべて特殊鋼で，値段も高くなる．したがって，ある工具を作ろうとする場合には「水硬」を基準にして，次のような方法で材料を選択すればよい．

まず「水硬」で作ってみて適当であるかどうかを検討し，適当な場合にはなるべく「水硬」で作る．

「水硬」で不適当な場合には，「水硬」に不足している性質を矢印の方向に求めていき，工具の条件に適した鋼を使用する．この場合，図7.2.2に記載されている鋼に適当なものがなければ，相隣れる鋼の中間のものを使用する．例えば，ある工具を「水じん」で作ったところ，摩耗がはなはだしく，したがって，耐摩性を少し加えたい場合には，「水じん」と「水硬」との中間の鋼を使用すればよいのである．

この組合せ図解法によれば，工具の必要条件さえ知れば，容易に適当な鋼種を選び出すことができるのである．

**表 7.2.3 工具鋼の9組**

| 特性＼組別 | 油焼入組 | 水焼入組 | 赤熱組 |
|---|---|---|---|
| 耐摩性 大 | 油　　摩<br>6. 高C-高Cr鋼 | 水　　摩<br>3. W　鋼 | 赤　　摩<br>9. ハイス |
| 硬さ 大 | 油　　硬<br>4. Mn-Cr 鋼 | 水　　硬<br>1. C　鋼 | 赤　　硬<br>7. 中W-(Cr)鋼 |
| じん性 大 | 油　じん<br>5. Ni-Cr 鋼 | 水　じん<br>2. Si-Mn 鋼 | 赤　じん<br>8. 低W-Cr 鋼 |

表 7.2.4　工具鋼の 9 組（化学成分）

| 組別 | | 鋼種 | C % | W % | Cr % | Mn % | Si % | JIS |
|---|---|---|---|---|---|---|---|---|
| 水焼入組 | 1(水　硬) | C | 0.7〜1.1 | | | | | SK 2〜6 |
| | 2(水じん) | Si–Mn | 0.5〜0.6 | | | 0.7〜0.8 | 1.5〜2.0 | SUP 6,7 |
| | 3(水　摩) | W | 1.3〜1.4 | 3.5〜4.25 | 0.0〜0.5 | | | SKS 1,11 |
| 油焼入組 | 4(油　硬) | Mn–Cr | 0.9〜1.0 | 0.5〜0.55 | 0.5〜0.6 | 1.1〜1.6 | Ni | SKS 3 |
| | 5(油じん) | Ni–Cr | 0.65〜0.75 | | 0.5〜1.0 | | 1.3〜1.75 | SKT 4,5 |
| | 6(油　摩) | 高C–高Cr | 1.8〜2.3 | | 11〜13 | | | SKD 1,11 |
| 赤熱組 | 7(赤　硬) | 中W–(Cr) | 0.3〜0.5 | 9〜14 | 2.5〜4.0 | | | (SKH 5) |
| | 8(赤じん) | 低W–Cr | 0.45〜0.55 | 2.0〜2.8 | 1.1〜1.6 | | | SKS 41 |
| | 9(赤　摩) | ハイス | 0.5〜0.8 | 18〜19 | 3.5〜4.0 | | | SKH 2 |

## 7.3　使用上，知っておかねばならぬ工具鋼の諸性質

工具鋼を使ううえにおいて，知っておかなければならない工具鋼の重要な諸性質について説明しよう．

### 7.3.1　硬　　さ

切削用工具にも，耐摩用工具にも必要な基本的な性質は，硬さである．硬さは鋼を，その鋼に適当した温度から焼入れしたときに最大値が得られる．この得られる硬さは，その鋼の含有するC％に比例して増大する（C＞0.6％ならばほぼ一定）．しかし，硬さの最大値のまま，すなわち，工具を焼入れたままで使用する場合には，内部応力が残っていたり，もろすぎるために，種々の障害がおきる．そのために工具は，すべて焼戻しを施して適度のじん性を与えてから，使用することが原則になっている．

一般に硬さが高いほど，切削能力は高いけれども，高速切削又は重切削によ

る発熱作用のため，使用前は同一硬さの工具鋼でも熱による硬さの低下度合に差がある．例えば，高速度鋼は熱による硬さの低下に対する抵抗が，他の鋼種に比較して非常に大きい．つまり，赤熱硬さが大きいということになる．常温硬さと赤熱硬さの違いを知っておく必要がある．

### 7.3.2 耐 摩 性

一般に硬さが高いほど，耐摩性が大きい．硬さと耐摩性とは，ともに鋼のC％に重大な関係がある．炭素工具鋼(SK)においては，硬さはSK5までは，C％とともに増大し，それ以上ではあまり増大しない．しかし，合金工具鋼では，Cのほかに加えられる合金元素の種類と量によって，硬さは区々である．そして耐摩性はC％とともに増大する．

また工具鋼のうちで，特に耐摩性を増大するために，Cと硬い炭化物を作る特殊元素を加えたものに，SKD 1，SKD 11，SKD 2，SKD 12 など代表的なものがあり，炭素工具鋼又は低合金工具鋼に比較して10倍から数10倍の耐摩性がある．

以上は工具鋼自体のもつ耐摩性に関する性質であるが，工具の使用中に発生する摩擦熱によって硬さが低下するためにおきる耐摩性の減少を考えなければならない．このためには，工具にかかる荷重を軽減するほか，必要以外の摩擦を極力少なくし，放熱をはかればよい．刃物の送り，切り込みを加減し，抜型に最適のクリアランスを与え，潤滑油を供給することなどにより，工具の耐摩性を著しく改善することができる．

### 7.3.3 耐 撃 性

多くの工具は，切削性又は耐摩性に対する要求が高く，このために，一般に硬さを高くするものであるが，工具によっては衝撃をうけるものもあるので，耐撃性もまた重要である．耐撃性は鋼のじん性に比例するもので，硬さとはその逆の性質である．工具に切削性又は耐摩性と耐撃性とを同時に与えるためには，どちらかの性質を犠牲にしなければならないが，そのいずれの性質を，どの程度犠牲にすべきかは，過去の経験と実験によって決定すべきである．工具鋼のうちでC％を低下させて，焼入硬さを低減させ，焼入れしたままの状態で

じん性を与えた鋼種を特に耐撃鋼と呼んでいる．また，耐撃鋼のうちでも，C%を高くして，表面硬さを高く，しん部の硬さを低くして，表面に切削性能又は耐摩性を与え，しかも耐撃性を与えた SKS 42, SKS 43, SKS 44 のような焼入硬化層深さの特に浅い鋼種もある．

### 7.3.4 熱処理による変形

工具を機械加工するときには，その被加工性から通常焼なまし状態の工具鋼に加工を施して，その寸法，形状を完成品に近づけてから，焼入・焼戻しを行って，その工具に要求される性能を与えるのが普通である．工具鋼に熱処理を施すときは，熱応力と工具鋼の組織の変化による変形と内部応力とが発生する．型打鍛造に用いるダイブロックのように，使用硬さが低く，型彫り後の熱処理が困難なものは，焼入・焼戻し作業を完了した素材（プレ・ハードンド鋼という）に加工し，それ以後の熱処理を行わないことがある．

ここに変形というのは，鋼の焼入前の寸法と焼入後の寸法の変化，すなわち寸法変化のほかに，焼曲がり，ねじれ，局部的膨張，収縮などの形状変化をも含めた広義の変形をさしている．

工具鋼の熱処理のときに発生する変形と内部応力の程度は，工具鋼の特性，焼入冷却の激しさ，工具の形状にもよるが，熱処理前のその工具鋼の履歴にも関係がある．例えば，使用した工具鋼が完全に焼なましができていなかったために，各部の組織が均一でなかったり，内部応力が一部残っていたりすると，加熱作業中に組織が均一になり，内部応力がなくなるので，焼入前に，すでに予期しない変形が発生することもある．これらが原因となって，焼入後の工具に変形が総合して現れることになる．

上述の変形のほかに，どの鋼種でも程度の差こそあれ，熱処理には変形と内部応力とが必ず付随する．工具類の多くは，高い硬さで使用され，しかも正確な寸法，形状が要求される．したがって，熱処理後の仕上作業には著しい困難を伴うので，熱処理前につける仕上代はできるだけ少ないことが望ましい．このため，特に正確な寸法と形状とを必要とする工具には，熱処理による変形と内部応力のできるだけ少ない鋼種を使用し，しかもその変形量と変形の発生箇

所をあらかじめ知って，事前処置を施すことが必要である．

　熱処理のとき，特に鋼を硬化するために，鋼を変態点以上に加熱して焼入れしたときに発生する変形と内部応力は，焼入冷却の激しいほど大きいものであるが，鋼の成分にも深い関係があって，空中放冷で硬化できる鋼が最も理想に近く，油焼入鋼がこれにつぎ，水焼入れによらなければ硬化できない鋼が最も不利である．しかし，同一鋼種でも熱処理方法によって，変形と内部応力の程度に著しい差があることに注意すべきである．

### 7.3.5 硬化深度

　焼入性の良い工具鋼は，かなり大形の工具でもその中心部まで硬化できる．焼入性の良くない鋼は表面だけは硬化するが，表面から少し内部に入ったところは軟らかい状態のままになっている．工具はその性能上，工具の中心まで硬化を必要とするものと，逆に中心まで硬化したのでは都合の悪いものとがある．前者の例ではコイニング・ダイス，後者の例ではヘッディング・ダイスなどが代表的なものである．

　硬化層の深さは，その鋼の焼入性を測定することによって見当がつくが，焼入性はその鋼の成分とオーステナイト結晶粒度とに深い関係がある．したがって，使用する工具鋼が成分だけが規格範囲内におさまっていても，合金元素の量がその範囲内の上限か下限かによって焼入性は異なるし，また，オーステナイト結晶粒度によってもかなりの差異が生ずるので，特に硬化層の深さに限度を定める場合には，使用する工具鋼について1チャージごとに焼入性を測定して，品質管理を行った方がよい．

　また，硬化層の深さは，工具の質量によって変わるものである．この現象を鋼の質量効果（マス・エフェクト）と呼んでいる．鋼の焼入性曲線があれば，各種工具の表面硬さ，硬化層の深さ，中心部の硬さなどが大体推定できる．

### 7.3.6 熱による軟化

　工具の使用温度が高くなると，常温で測った硬さは低下する．その結果，切削能力，耐摩性が急激に劣化し，強さも減少する．工具鋼もすべてこの鉄則にあてはまるが，鋼に添加される合金元素の種類又はその量によって，軟化する

程度に差異がある．高速度鋼は，熱による軟化に対する抵抗の最も大きい鋼種で，約600℃付近まで軟化されない．合金工具鋼中の熱間加工用鋼は，すべて高温度における強さが大きく，また耐摩性も大きい．

### 7.3.7 耐 熱 性

工具の使用温度が更に高くなると，前項の熱による軟化のほかに，高温度で酸化しにくい性質や繰り返し加熱冷却によって生ずるヒート・チェッキングによる割れの発生しにくい性質などが必要になる．このためには，Ni, Cr などを増加して酸化を防止したり，C, W, Mo などを減少させてヒート・チェッキングによる割れを防止することが大切である．

### 7.3.8 熱処理の容易さ

工具を硬化するために施す熱処理の容易さについては，現場の作業者として最も希望するところではあるが，設計技術者としても大いに考えて，工具製造作業の能率と経済性の向上をはからなければならない．工具の形状，又は特別な性能を要求するために，焼割れがおきやすかったり，変形が多くでたり，製品の性能にばらつきが多くでるようなことがある．これを防ぐためには，まず焼入れの容易な工具鋼，例えば，水焼入鋼よりも油焼入鋼，油焼入鋼よりも空気焼入鋼を選ぶべきである．以上のほか，焼入温度範囲の広い工具鋼を選定することも，熱処理を容易にする方法である．

### 7.3.9 被 切 削 性

被切削性についても，現場作業上の問題ではあるが，被切削性の良否は直ちに経済的な重要問題となるので，設計に当たって考えなければならない．被切削性は，合金元素の添加量とともに悪くなり，ことに硬化後の被切削性は，それら添加元素が作る炭化物の量と種類によって変化する．高合金工具鋼のうちC％の多い鋼種の研削加工は著しく困難で，加工中，研削割れが発生して，工具の不良率が増大する．研削割れの発生しない範囲内で，動力が最小で研削能率の最大の条件を被研削性（グラインダビリティ）と称して各鋼種について研究が行われている．

### 7.3.10 脱炭に対する抵抗

工具鋼のC％は一般に高いので，焼入加熱中に脱炭することが多い．工具に脱炭箇所があると，切削性，耐摩性，耐撃性などの性能が低下するから，熱処理の完了した工具は，すべての面から脱炭層を除かなければならない．これは大変な手数を要する作業である．したがって，加熱作業中には，脱炭の防止に努めなければならないことは当然であるが，鋼種によって脱炭の難易があるから，できれば脱炭し難い鋼種を選びたい．脱炭がひどくなると，焼入作業をいかに注意しても，工具に焼きむらができたり，硬化ができないこともある．

### 7.3.11 経済性

工具鋼は製造作業の難易，添加元素の種類と量とによって，大幅な単価の相違がある．工具の性能が優秀であるから，鋼材は高価でもよいとは，一概に断定できない．ことにその工具を多量に生産する場合には，材料原価が高くなり，激しい経済競争にも耐えられなくなる．したがって，必要にして十分な性能をもつ工具を，最も経済的な工具鋼で作ることこそ，工具設計技術者の責任である．

また，工具鋼の単価のみを考えて選定したために，現場作業が困難で，不良品が続出し，鋼材原価の数倍の損失を生ずるなどということも，けっして少ない例ではない．ともに工具の設計技術者として，大いに研究し，総合価値よりみた経済点を見いだすように努めなければならない．

## 7.4 熱処理上考えねばならぬ事柄

工具鋼は熱処理して使用するものであるから，次に熱処理上，考慮すべき二，三の点について述べてみよう．

（1） まず第1に工具鋼は，一般に成形のために火造りするので，焼入前に炭化物を球状化するための球状化焼なまし（HAS）を行うことが大切である．球状化焼なましにはいろいろな方法があるが，普通は変態点直上で適当時間保持して徐冷する．焼なましの結果は，顕微鏡により炭化物の形状，分布などを調べ，網状炭化物や巨大炭化物になっているものは避けるべきである．網状炭

化物や巨大炭化物の工具鋼は，もろく，焼割れをおこしやすいからである．

（2） 次に，工具鋼の性能は焼入れによって左右される．炭化物が球状化したものを適当な焼入温度から水，油あるいは空気中で冷却すると，微細なマルテンサイトと炭化物からなる組織が得られ，これにより硬さと耐摩性あるいはじん性を与えることになる．焼割れは，冷却液に入れた瞬間におこるものではなく，体積の膨張を伴うマルテンサイトになったときにおこるのである．したがって，マルテンサイトになる温度，すなわち，Ms点は焼割れをおこす危険な温度である．このため，焼割れを防止し，焼きひずみを少なくするには，冷却の初めは早く，Ms点付近は徐冷するようにするのがよい．そのためには，時間焼入れあるいはマルクエンチなどが適切である．

（3） 第3には，焼入れした工具鋼は必ず焼戻しを行う．焼入れしたままでは，一般に硬く，もろく，また残留オーステナイトを有し，これが使用中に時効をおこし，置き狂いをおこす原因となる場合が多い．なお，焼入後，長時間放置すると，割れ（置き割れ）をおこすことがあるので，焼入れしたら直ちに（30分以内）焼戻しをしなければならない．

（4） 第4には，ゲージ用鋼のようなものは，焼入・焼戻し後，時効変形の少ないことが大切である．一般にゲージ用鋼は，焼入・焼戻し後使用するのであるが，長年月使用すると形状が多少変化する．これは焼入・焼戻しのままでは，組織的にまだ安定な状態になっていないためである．この影響を少なくするためには，焼入後サブゼロ処理を行い，その後直ちに所定の180～200℃に焼戻しをすると効果がある．

要するに工具用鋼については，根本的な考えとしては構造用鋼（調質）の場合と同じであるが，工具用鋼はCをはじめ，合金元素の含有量が多いために，焼入前の焼なましには特に注意し，また，焼割れや変形などを防止するために，複雑な形状，断面の不均一に注意し，隅角部に丸味をつけるなどの工夫が大切である．また，焼入温度が適正であることはもちろんであるが，Ms点付近の冷却に注意し，更に焼戻しは焼入後，できるだけ速やかに行うべきで，必ずその日のうちに行うように心掛けなければならない．ゲージ鋼のように経年変化

をおこすものには，サブゼロ処理が有効である．一言にしていえば，工具鋼は熱処理によってその本領を発揮するものであるから，熱処理については深い注意と優れた技術が大切である．

## 7.5 工具の硬さについて

工具に定められた熱処理を施して，その工具が使用条件に合った状態になっているかどうかを調べるためには，硬さ試験が適当であり，最も簡便である．しかし，いいかげんな熱処理を行って，いかに硬さを測ってもむだであり，初めての経験で試作した工具の適否を試験するのに，硬さ試験だけで十分であるという意味ではない．

すでに述べたように，鋼材の性質から硬さとじん性とは相反するもので，ことに耐衝撃性についてはじん性と大体比例はするが，同じ硬さの同一鋼種についても焼戻し温度によって多少の差があり，その差が工具の寿命に著しく影響することがある．

したがって，工具の硬さ試験は絶対的なものではなく，その工具のすべての特性を十分承知したうえでの，ある程度の目安として利用するものであることを，まず念頭におくべきである．ことに工具鋼の焼入性によって，焼入れを施した工具の硬化の深さはまちまちである．完成した工具の中心の硬さはひじょうに重要な数値であるが，工具を破壊することなしには，中心の硬さを測定することはできない．この問題は使用する工具鋼の焼入性を確かめたのち，一定の条件で熱処理を行い，その後は表面の硬さ試験によって工具の中心部の硬さを類推するほかはない．

なお，工具の硬さ試験に当たって大切な点は，必要な部分の硬さを正しく測定するということと，使用中その部分の硬さが切削熱や摩擦熱などによってどれくらい軟化するか，つまり熱間硬さがどれくらいかということである．例えば，切削工具は切刃の硬さが必要なのであって，切刃から離れたシャンク部分の硬さなどは必要ではない．また，いくら常温の硬さ（使用前の硬さ）が高くても，切削熱や摩擦熱ですぐ軟化してしまうような硬さでは，何の役にもたた

## 7.5 工具の硬さについて

ない．切刃の部分の硬さを測るには，やすり当たりが最も適しているし，常温硬さよりも使用中の温度における硬さ，つまり熱間硬さを測ることが必要である．それには，いったん使用後，常温硬さを測ることによって大体の被熱温度を推定し，その被熱温度もしくは＋30～50℃の温度に焼戻しした後の硬さ（常温硬さ）を採用するのがよい．表7.5.1は，各種工具の使用硬さの一例を示すものである．

**表 7.5.1 工具の使用硬さ（一例）**

| 工具名 | 鋼種（一例） | HRC | 工具名 | 鋼種（一例） | HRC |
|---|---|---|---|---|---|
| 切削工具 | ドリル，バイト，ねじ切りダイス，リーマ，チェーザ | | 抜型及び穴抜型 | 冷間用 | |
| | SK 1,SK 2,SK 3 | 60～65 | | SK 1,SK 3,SK 5,SK 7 | 58～62 |
| | SKS 1,SKS 11,SKS 2,SKS 21 | 60～65 | | SKS 2,SKS 3 | 58～62 |
| | SKH 2,SKH 3,SKH 51,SKH 52 | 62～67 | | SKD 1,SKD 11,SKD 12 | 60～65 |
| | SKH 4,SKH 10,SKH 55,SKH 56 | 64～70 | | 熱間用 | |
| シャーブレード | 冷間薄板用 | | | SKH 2,SKH 51 | 60～65 |
| | SK 3,SK 4,SKS 43 | 58～62 | 成形プレス型 | SK 3,SK 5 | 45～60 |
| | SKS 31 | 60～65 | | SKD 11 | 58～62 |
| | SKS 11 | 62～65 | | SKT 2,SKT 3,SKT 4,SKT 5 | 45～55 |
| | 冷間中板用 | | コイニングダイス | SKS 8,SKS 42 | 45～55 |
| | SK 4,SK 5,SKS 43,SKS 44 | 55～60 | | SKD 11,SKD 12 | 56～59 |
| | SKD 11,SKD 12 | 55～60 | ねじ転造ローラ | SKD 11,SKD 12 | 58～65 |
| | 冷間厚板，棒用 | | | SKH 2,SKH 51 | 58～65 |
| | SKS 42 | 38～45 | 冷鍛用ポンチ | SKD 11 | 59～61 |
| | SKD 5 | 38～45 | | SKH 51 | 58～62 |
| | 熱間中板，棒用 | | ゲージ類 | SKS 3,SKS 31 | 58～63 |
| | SKD 6,SKD 61 | 35～40 | | SKD 1,SKD 11,SKD 12 | 62～65 |
| | 熱間厚板，ビレット用 | | やすり | SK 2,SK 8 | 62～65 |
| | SKD 4,SKD 6,SKD 61 | 35～40 | たがね | SKS 4,SKS 41,SKS 44 | 56～58 |

# 8. 特殊用途鋼の選び方と使い方

## 8.1 ステンレス鋼

### 8.1.1 ステンレス鋼の選び方

ステンレス鋼で大切な性質は，①耐食性，②機械的強度，③加工性（被切削性，溶接性，冷鍛性など）の三つで，そのほかに，④コスト，⑤生産性も一応考慮に入れる必要がある．

ステンレス鋼を選ぶには，

① まず所要の耐食度レベルを選定し

② 次に所要の強さレベルを選ぶ

この二つで材質が決まる．最後に

③ 加工性に問題があるならば，加工性グループから選び出すのがよい．

図 8.1.1 は，ステンレス鋼を選ぶのに便利なチャートである．図の縦軸は耐食度を示し，上方にいくほど耐食性が良くなる．図の横軸は耐力（降伏点）を示し，右方にいくほど強くなる．図中には 11 種類のステンレス鋼が配列されている．20 Cb-3 は最高の耐食性を示すものであり，No.450 及び 455 はともにマルテンサイト系で，析出硬化タイプである．その成分は，表 8.1.1 に示すごとくである．その他は JIS の SUS ナンバである．

図の最左端の縦列は耐食度の配列で，20 Cb-3 が最高の耐食度，SUS 405 が最下位，SUS 304 が標準の耐食度ということになっている．最下段の横列は，耐食度は同じレベルでありながら，右方へいくほど C ％が増して機械的強度（耐力）が大となることを示している．例えば，SUS 431 は SUS 430 と同じ耐食度レベルであるが，耐力が大きく，SUS 420 よりも耐食度は良いが，弱いことを示している．また，SUS 431 は SUS 410, 420, 440 C と同じメカニズムで強

8. 特殊用途鋼の選び方と使い方

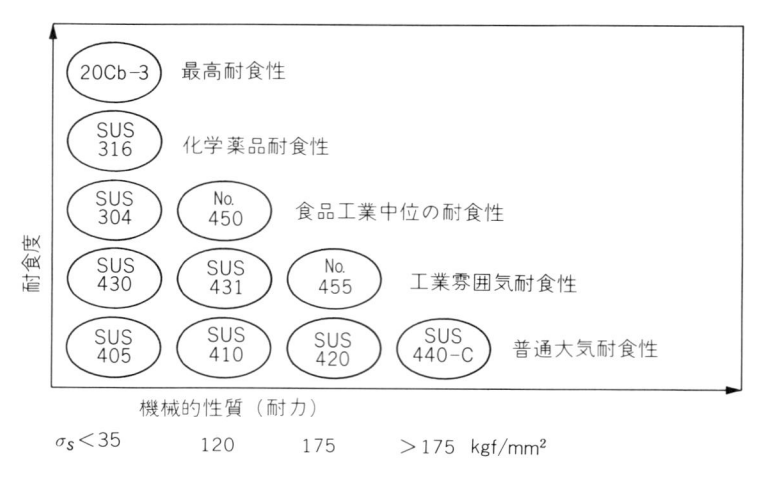

**図 8.1.1 ステンレス鋼の選択チャート**

縦軸：耐食度
横軸：機械的性質（耐力）　$\sigma_s < 35$　　120　　175　　$> 175$ kgf/mm²

- 20Cb-3　最高耐食性
- SUS 316　化学薬品耐食性
- SUS 304，No.450　食品工業中位の耐食性
- SUS 430，SUS 431，No.455　工業雰囲気耐食性
- SUS 405，SUS 410，SUS 420，SUS 440-C　普通大気耐食性

**表 8.1.1　JIS 以外のステンレス鋼化学成分（％）**

| 記号 | C | Mn | Si | Cr | Ni | Ti | Cb+Ta | Cu | Mo | Cb |
|---|---|---|---|---|---|---|---|---|---|---|
| No.455 | <0.05 | <0.50 | <0.50 | 11.00～12.50 | 7.50～9.50 | 0.80～1.40 | 0.10～0.50 | 1.50～2.50 | <0.50 | — |
| No.450 | <0.05 | <0.50 | <0.50 | 14.50～16.50 | 5.50～7.00 | — | — | 1.25～1.75 | 0.50～1.00 | 8×C |
| 20Cb-3 | <0.07 | <2.00 | <1.00 | 19.00～21.00 | 32.00～38.00 | — | 8×C～1.00 | 3.00～4.00 | 2.00～3.00 | — |

化される（C％を増すだけで）ことがわかる．No.455 と 450 はそれより下段のものよりは耐食度が良く，また左側のものよりも強いことを示している．

SUS 304 から SUS 316 に移ると，同じ強さレベルでも耐食度が増す．No.450 になると，耐食度は SUS 304 と同じでも耐力が増す．耐食度がもっと悪くてもよいならば（ただし，耐力は同程度を確保），SUS 430 又は SUS 405 に移行してもよい．耐力を必要とするならば右側へ移行すればよい．つまり，

・耐食度のレベルアップを望むならば上方へ
・強度の向上を望むならば右方へ

移行していけばよいのである．

## 8.1 ステンレス鋼

図 8.1.1 を使ってステンレス鋼を選ぶには，次の三つのステップをふむのがよい．

（**1**） まず，SUS 304 の耐食度がベースになっているから，SUS 304 の耐食度で OK か否かを検討（自問自答）してみる．耐食度レベルが決まったら，

（**2**） 次に所要の強度（耐力）レベルを選定する．これで鋼種が容易に決まってくる．

（**3**） その次は加工性に対する検討である．SUS 304 は被切削性があまり良くないので，被切削性向上については図 8.1.2，冷鍛性に関しては図 8.1.3 を使用して適性鋼種を選択する．SUS 410 の被切削性については，図 8.1.4 を利用する．

（**4**） いちばん最後はコストの点であるが，これは合金元素量の多いものほど高価と考えてよい．

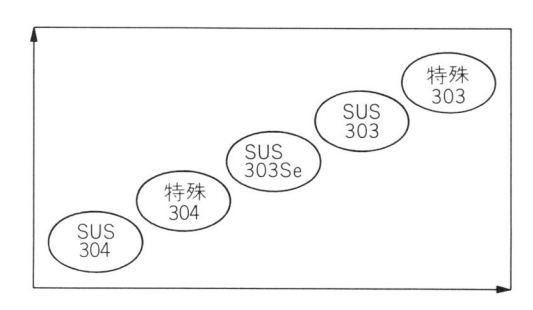

図 8.1.2　SUS 304 の被切削性

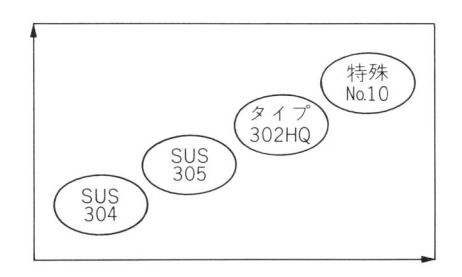

図 8.1.3　SUS 304 の冷鍛性

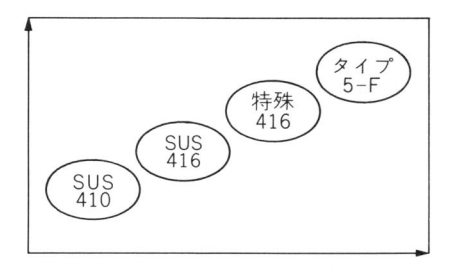

図 8.1.4　SUS 410 の被切削性

### 8.1.2 ステンレス鋼の使用上の注意

ステンレス鋼はいかに材質が優秀でも，使い方が誤っていると，寿命がはなはだ短かく，極めて不経済な結果となる．次に，ステンレス鋼の使用上の注意について大略を述べよう．

**(1) ステンレス鋼と異物との接触使用によるピッティング**

ステンレス鋼は，ガルバニック・コロージョンに弱い性質がある．したがって，ステンレス鋼は原則として異物と接触して使用することは禁物である．異物と接触して使用すれば往々さびを発生し，またピッティングをおこす恐れがある．

（a） ステンレス鋼とさびとの接触……ステンレス鋼と軟鋼とを接触させて使用するときは，軟鋼がまずさびを発生し，このさびとステンレス鋼とが相接触しながら外界にさらされると，往々ステンレス鋼にさびが伝染して激しく腐食する．これは注意を要する点である．

（b） ステンレス鋼と Cu 及び Cu 合金との接触……ステンレス鋼と Cu 及び Cu 合金あるいは Cu 化合物とを接触させて使用すれば，その接触部においてステンレス鋼に局部腐食がおこる．例えば，耐酸ポンプなどにおいて，インペラあるいはケーシングに Cu 合金を使用し，シャフトにステンレス鋼を使うなどというのは，その一例である．また，ステンレス鋼と Cu 又は Cu 合金と直接に接触しなくとも，同一循環系に Cu 又は Cu 合金が使用されているような場合には，Cu 合金の腐食生成物はステンレス鋼に接する機会があるから，これまた注意しなければならない．

（c） S との接触……ステンレス鋼，特に Ni を含むステンレス鋼は S と接触して使用することは禁物であり，また S を含む物との接触使用も好ましくない．例えば，天然ゴム，エボナイトなどとステンレス鋼とを接触させながら，侵食性環境に置くときは比較的早く腐食される．

（d） その他……グラファイト，アスベスト，パッキングなどもステンレス鋼と接触して使用することは好ましくない．

**(2) ステンレス鋼の腐食面における温度こう配とピッティング**

8.1 ステンレス鋼

ステンレス鋼の使用に当たって大いに注意を要する問題は，温度に急こう配があるような状態で侵食性環境にさらさないようにすることである．例えば，硫安母液のエゼクタや紡糸溶液の送液ポンプ，さく酸の熱交換器など，温度こう配を伴いやすい場所にステンレス鋼を使用すると，等温線に沿って波状のピッティングや，その中間に点状のピッティングを生ずることがある．

(3) 液相における腐食と気相における腐食

一般に同一濃度，同一温度の場合の腐食は，気相の場合が液相の場合の腐食に比べてきわめて軽微である．したがって，一つの循環系統において気相の場合の腐食がわずかであっても，液相の場合では猛烈な腐食がおこるので注意を要する．

(4) 異種ステンレス鋼の接合の場合

フェライト系とオーステナイト系のステンレス鋼を，リベットで組み立てて高温で使用する場合とか，溶接して使用する場合などにおいては，熱膨張係数の違いなどによって，接合部にきれつを生じたり，切断がおきたりなどする．同様の問題は，耐熱鋼の場合にもあてはまるから注意しなければならない．

(5) そ の 他

ステンレス鋼を使ううえで，特に注意しなければならない点は物理的性質が普通鋼と顕著に違うことである．SUS 304 (18-8 オーステナイト系) は熱膨張係数が普通鋼よりも約 50 % 大きく，熱伝導率は普通鋼の約 1/3 である．しかし，同じステンレス鋼でも SUS 410 (13 Cr 系，マルテンサイト系) や SUS 405 (18 Cr 系，フェライト系) になると，熱膨張係数は SUS 304 の約 1/2，普通鋼の約 80

表 8.1.2 ステンレス鋼の物理的性質

| 鋼　　　種 | 熱膨張係数<br>($\times 10^{-6}$/℃) | 熱 伝 導 率<br>(cal/s·cm·℃) |
|---|---|---|
| 0.3% C 鋼 | 11.4 | 0.115 |
| 13% Cr ステンレス鋼 | 9.9 | 0.064 |
| 18% Cr ステンレス鋼 | 9.0 | |
| 18-8 ステンレス鋼 | 17.3 | 0.038 |

％，熱伝導率は SUS 304 の約 2 倍，普通鋼の約½となる．この熱関係，温度関係の物理的性質の顕著な違いを忘れてはいけない．表 8.1.2 は，これらの数値を示すものである．

## 8.2 ば ね 鋼

一般に，ばねとして必要な性質は，①へたらず，②永持ちすることである．したがって，ばねに用いられる材料には静的強さとして弾性限の高いもの，動的強さとしては疲労強度と衝撃値の高いものを選ぶべきである．弾性限はばねのへたりに関係し，疲労強度及び衝撃値は寿命を左右するからである．なお，このほかに特殊ばねとして，耐熱性，耐食性，非磁性などの特性が要求されることがある．

ばねを大別すれば，表 8.2.1 のように冷間成形ばねと熱間成形ばねの 2 種類になる．針金ばね，薄板ばねは前者に属し，重ね板ばね，コイルばねは後者に属する．冷間成形ばねは主として冷間加工，熱間成形ばねは高温加工によって成形し，前者は低温焼なまし，後者は焼入・焼戻しを施して，ばね性を付与する．したがって，冷間成形ばねは加工性，熱間成形ばねは熱処理性の良いこと

表 8.2.1　ばね用鋼の用途別分類

| 用途・大別 | | 種 別 | 材 質 記 号 |
|---|---|---|---|
| 冷間成形ばね | 薄板ばね | C 鋼 帯 | S 50～85 CM, SK 2～7 M |
| | | 特 殊 鋼 帯 | SUP 6, 9, 10 M |
| | | ステンレス鋼帯 | SUS 301, 304, 420 J 2, 631-CSP |
| | 線ばね | 硬 鋼 線 | SW A, B, C |
| | | ピ ア ノ 線 | SWP A, B |
| | | オイルテンパー線 | SWO -A, B |
| | | 弁 ば ね 線 | SWPV, SWO, SWOCV, SWOSC -V |
| | | ステンレス鋼線 | |
| 熱間成形ばね | 重ね板ばね | C 鋼 | SUP 3 |
| | | 特 殊 鋼 | SUP 6, 7, 9, 11 |
| | コイルばね | C 鋼 | SUP 4 |
| | | 特 殊 鋼 | SUP 6, 7, 9, 10, 11 |

## 8.2 ばね鋼

が必須条件となる．

### 8.2.1 熱間成形用ばね鋼の選び方

熱間成形用ばね材料は，大部分が鋼材である．一般に熱処理した鋼材の弾性限は引張強さの大きいものが高く（引張強さの約 90 %），疲労強度及び衝撃値は焼入・焼戻しによってソルバイト組織，硬さでいうならば，HBS 約 400 にしたものが大である．寿命が短かくても，へたりを極度にきらう場合（大砲ばねなど）には，弾性限のみを高くすればよい．しかし，寿命の長いことを望むならば，弾性限よりはむしろ疲労強度に重きを置くべきである．

一般に疲労強度は，HBS 450 くらい（HRC 48 くらい）までは硬さに比例するもので，これは炭素鋼であろうと特殊鋼であろうと変わりはない．HBS 450 の硬さは，熱処理（焼入・焼戻し）によらなければ得られない．ここに熱処理性の重要さが生まれてくる．なお，ばねは実際使用中に表面はだが腐食したり，熱処理時の黒皮やはだ荒れがノッチ作用をなす場合もあるので，ばね鋼としては，この腐食やノッチに対しても疲労強度の高いことが必要である．ノッチや腐食のことを考慮に入れるならば，ばね鋼は引張強さ 1180 N/mm² （120 kgf/mm²）（HBS 351, HS 50）がいちばん永持ちすることになる．

つまり，表面はだがきれいで腐食を伴わないような場合（みがきばねで，さび止め処理を施してあるもの）には，HBS 400 くらい（HRC 43 くらい），はだ荒れや腐食の恐れのあるような場合には，HBS 350 くらい（HRC 38 くらい）がいちばん適当な硬さということになる．これがばね用硬さである．これはちょうど JIS 規定の硬さ HBS 341～401 に適合する．組織的にいうならば，腐食を伴わないときにはトルースタイト組織，腐食を伴うときにはソルバイト組織がよいことになる．これは顕微鏡組織の中で，いちばん腐食しやすい組織はトルースタイトであるからである．

したがって，ばねとしてはこのばね用硬さが大切であって，熱処理（焼入・焼戻し，又はオーステンパ）によってこの硬さが得られさえすれば，どんな鋼でもよいことになる．いいかえれば，熱処理によってばね用硬さ HRC 38～43, 平均 HRC 40 の得られやすい鋼種ならばなんでもよいことになる．

一般に鋼材の熱処理硬さは，そのC％によってのみ決まるのであり，焼きの入る深さは特殊元素の添加によって左右される．したがって，ばね用硬さが決まっているのであるから，ばね用鋼材としては，この硬さが得られるC％をまず決定すべきである．それには0.4％C以上ならば，焼入・焼戻しによって確実にばね用硬さ（HRC 40）が得られることになる（焼入硬さは0.6％C以上で一定となる）．次に，ばねには質量（mass）があるから，焼入性が問題になる．所定の板厚又は直径のばねが，熱処理によってばね用硬さの得られるような焼入性をもつ鋼であることが必要である．それには板厚又は直径とのにらみ合わせで，C単味の鋼（炭素鋼）でよい場合もあれば，特殊元素の添加，特にMn，CrあるいはBの添加が必要になってくる場合もある．

以上で，ばね用鋼材としては0.4％C以上で，焼入・焼戻しによって，ばね用硬さHRC 40（HBS 375）が得られるような焼入性をもつ鋼であればよい，という一応の目安がたつわけである．

しかし，このばね鋼は熱処理してばねに製造するのであるから，熱処理によって酸化，脱炭，はだ荒れ，粗粒化などのおこりにくい鋼種が望ましい．すなわち，熱処理しやすい鋼，いいかえれば，熱処理性の良い鋼であることが必要である．また，ばねは熱処理はだのままで使う場合が多いので，表面の切欠き感受性（notch sensitivity）の小さいものが望ましい．

なお，実用方面からいえば熱処理ばねは焼入れし直して，いわゆる修理ばねとして再用する場合が多いので，数回の加熱に対しても酸化，脱炭，はだ荒れなどの少ない鋼種がよい．

もちろん，製鋼しやすく，圧延加工によってきずの発生しにくい鋼種であることが必要なのはいうまでもない．

以上を要約すれば，熱処理ばね用の鋼材としては，

① 焼入・焼戻しして，ばね用硬さHRC 40（HBS 375）が得られるような焼入性をもつ鋼種で，

② 熱処理性が良好で，切欠き感受性の小さいもの，

がよいことになる．このような観点に立って現有ばね鋼を検討してみよう．

## 8.2 ばね鋼

脱炭は一般に高 Si のものに多く，Cr, Mo の高いものに少ない．Si-Mn 鋼は脱炭が最もはなはだしく，圧延加工によってきずが発生しやすい．粗粒化は C 鋼が最も傾向が強く，Si-Mn-Cr 鋼，Ni-Cr-Mo 鋼，Cr-Mo 鋼，Cr-V 鋼の順に小となる．

焼入性は Si-Mn 鋼，Cr-Mn 鋼，Cr-Mo 鋼，Ni-Cr-Mo 鋼が最もよく，Si-Cr 鋼，Cr-V 鋼はこれにつぎ，C 鋼は最も悪い．

切欠き感受性は C 鋼が最も鋭敏で，衝撃値は Cr-V 鋼，Si-Mn 鋼，C 鋼の順に小となる．図 8.2.1 は，これらの結果を示す一例である．

したがって，現有ばね鋼のうちでは Si-Mn 鋼（SUP 6）は最も好ましくなく，Cr-V 鋼（SUP 10），Cr-Mn（SUP 9）鋼などは良好なものというべきであろう．最近においては焼入性を均一，確実なものにするため，H 鋼（焼入性を指定した鋼）が制定されており，また，焼入性を増すためにボロン処理を行った，いわゆる B 鋼種（SUP 11）も現れているので，これらも大いに利用すべきである．

以上を要するに，熱間成形ばね用鋼材としては，熱処理してばね用硬さの得

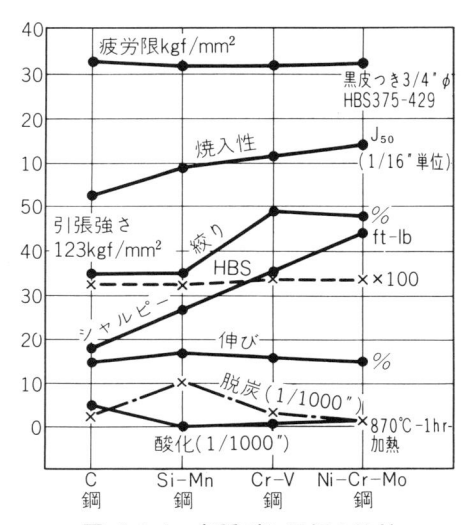

**図 8.2.1 各種ばね用鋼の比較**

られるもので，熱処理しやすく（酸化，脱炭，粗粒化少なく，焼入性大），表面切欠き感受性の少ない鋼で，値段の適当なものを選ぶべきである．それにはC鋼よりも特殊鋼の方がよいということになる．

疲労強度を更に向上させるには，みがきばねにするか，ショットピーニングなどの冷間加工を施すべきである．

ばねの強度不足は，ばね構造の設計に帰すべきもので，材質的にこれを責めるべき問題ではない．それは繰り返しいうが，ばね用硬さというものが決まっている以上，これに該当する強さもまた決まってくるもので，したがって強度不足は，ばねの材質変更によって改善することはできないのである．ばねの設計を再検討すべきである．

### 8.2.2 冷間成形用ばね鋼の選び方

冷間成形用ばねは，大部分が針金ばね及び薄板ばねである．これらのばねはパテンチング（Patenting）後，冷間引抜き又は圧延などの冷間加工を施して硬質素材となし，これを冷間でばねに成形したものである．この種のばね用材料としては，まず第一に弾性限の高いことが必要で，次には表面きずや脱炭層などの表面欠陥のないことが大切である．

弾性限を高める一便法として，冷間引抜き又は圧延を応用しているのであって，焼入れ及び焼戻しの熱処理によっても得られないことはない．ただ冷間加工によれば，所定の直径又は板厚に正確に整形できると同時に弾性限を高め得るので，一挙両得の操作となり，便利だからである．この引抜き又は圧延の冷間加工度は，およそ95％くらいが限度である．したがって，この高加工度によって得られる弾性限なり，引張強さなりが冷間成形用ばね材料の最高機械的性質となる．冷間成形用ばね材料としては，およそ95％くらいまで冷間加工し得るか否かが問題で，ここに冷間加工性が必要となってくる．それには，組織的にいえば，微細パーライト組織がよいのであって，この組織はパテンチング処理によらなければならないから，パテンチングしやすいかどうかが問題となる．したがって，パテンチングによって容易に微細パーライト組織となるような材料であることが必要である．

## 8.2 ばね鋼

このためには，Cはおよそ0.7〜1.1％なければならない（0.7％C以下であると初析フェライト，1.1％C以上であると初析セメンタイトを含むので面白くない）．

線径あるいは板厚の大きいものは，冷間加工前の素材径又は厚さが大きくなるので，パテンチングしにくくなる．パテンチングは，S曲線の鼻をねらって微細パーライト組織にするのであるから，太物になれば特殊元素を添加して鼻を右方にずらすようにしなければならない．ただしこの場合，フェライトの析出は好ましくなく，また，脱炭層の現れることは面白くないので，この意味からいって特殊鋼ならばCr-V鋼がよい．

現在では設備や経費の関係で，冷間加工前の素材太さは9〜6mmに制限されており，これを冷間引抜きで6〜0.8mmの線に仕上げている状況である．したがって，径6〜13mmの線で冷間成形のばねを作るには，オイルテンパー線を使わなければならない．オイルテンパー線は6〜13mmまで軽く線引きし，油焼入・焼戻し処理によって所定の硬さ及び強さにした線である．ぜんまいも一種のオイルテンパー板である．

冷間引抜線でもオイルテンパー線でも，あるいはまた普通の鋼線を焼入・焼戻ししたものでも，硬さが同じならば，ばねになったときの性能にはたいした差異はない．冷間成形ばねは，通常HRC 45〜48［引張強さ1470〜1960 N/mm$^2$（150〜200 kgf/mm$^2$）］で使用する．これは熱間成形ばねよりも高硬度である．すでに述べたように，これくらいの高硬度になると表面の切欠き感受性が大となるから，表面きずは絶対に禁物で，腐食作用のあるところには使えない．表面きずが防ぎ得ないならば，冷間加工度を下げるなり，またブルーイングの温度を上げてHRC 40くらいにしなければならない．あるいはまた，切欠き感受性の小さいCr-V鋼を使用するのがよい．

冷間加工による繊維状組織が，ばねとして良い性質を示す一要素に考えられているようであるが，繊維状組織よりも，むしろ硬さの方がものをいうのではなかろうか．

要するに，冷間引抜き又は圧延でも，あるいは普通の焼入・焼戻しでも硬さ

が HRC 47～48 になれば, 線ばね又は薄板ばねとして使えるのであって, 硬さが高いから表面切欠きや脱炭は禁物である. この点, 冷間加工材は熱処理材と違ってはだを良くすることができ, しかも所定寸法のものに仕上げることができるので便利である. 熱処理材には, とかくはだ荒れや脱炭がつきものである. したがって, 薄板ばねや線ばねはこの冷間加工材を使用するのである. 冷間加工は熱処理せずに弾性限を上げることができ, しかも, 同時に所定寸法に仕上げることができるので, 便利に採用しているにすぎないものと思われる. 熱処理によってこれを遂行することもできるわけである.

要言すれば, 冷間成形用ばね材料としては冷間加工性が良好で, よく 95 % くらいの加工度に耐え, 表面きずと脱炭層のないことが必要である. それには 0.6～1.1 % C の炭素鋼で十分であり, 高級なものとして切欠き感受性の少ない Cr-V 鋼が好ましい.

重ねていうが, 冷間加工によってばね用高さ HRC 47-48 にしても, あるいはまた焼入・焼戻しによって HRC 47～48 にしても, 冷間成形ばねとしては同様な性能のものができるのであって, 硬さが高いから, 特に切欠きとなるような表面きずや脱炭層のないことが緊要である.

### 8.2.3 特殊ばね用鋼の選び方

#### (1) 耐食ばね用鋼材

耐食性を必要とするばね用鋼材には, ステンレス鋼 (SUS 304, 440, 630) が好適である. いずれも冷間加工後, ばねに成形して使用するか, 焼入・焼戻しの熱処理を施してから使用する.

#### (2) 耐熱ばね用鋼材

高温度で使用するばね用鋼材としては, 高速度鋼 (SKH 2) が適当している.

#### (3) 非磁性ばね用鋼材

非磁性のばねには, 18-8 ステンレス鋼 (SUS 304) が好適である.

## 8.3 軸受鋼

軸受鋼 (SUJ) は高炭素クロム鋼で, 耐摩耗性に優れているのが特長である.

## 8.3 軸受鋼

このために、ボールベヤリングやローラベヤリングに賞用されている。これは1.0％C, 1.3％Crの成分で、クロムの炭化物が耐摩耗性を発揮するのである。したがって、クロム炭化物の形状、分布が大切であって、炭化物の形状が球状(直径 $0.7～1.0\mu m$)で一様に分布していることが望ましい。網状になっていてはいけない。このためにSUJ材は、球状化焼なまし(JIS記号HAS)が重要視されるのであり、球状化の程度(大きさと分布状態)によって優、良、可、不可の4段階にランクづけされているほどである。

SUJ材のうち、広く使われているのはSUJ 2であるが、これはSK 5にCrが1.3％添加されているにもかかわらず、SK 5よりも値段が安いという珍現象である。これはSUJ 2が多量生産方式をとっており、品質管理がうまくいっているおかげである。したがって、SK 5を使うならば、むしろSUJ 2を使うほうが性能的にいっても、経済性の点から考えてもはるかに有利である。しかも耐摩耗性が格段に優れているので、耐摩耗部品にはSUJ 2を使わなければうそである。SUJをベヤリング用鋼とのみ考えていてはいけない。耐摩耗性を必要とする部品にどんどん使うべきである。焼入性もSK 5よりはよいので、焼入れしやすく、油焼入れで十分硬化できる。これを180～200℃に低温焼戻しすれば、硬くて耐摩耗性が抜群となる。なお、焼入後、サブゼロ処理($-80～-196℃$)を施せば更に性能は向上する。

ロール、カム、シャフト、スライド板、刃物類に大いに利用すべきである。ただし、SUJ材はその用途上、丸棒が大部分で、板材がほとんどないのが残念である。丸棒を鍛造して板材にした場合は、球状化焼なましを行わなければならないので、これではコスト的に不利となる。素人がSUJ材を球状化焼なましをしても、なかなかうまくいくものではない。SUJ材のメーカがやってこそ球状化が経済的にうまくいくのである。したがって、今後SUJの板材をSUJのメーカが作ってくれれば、その用途はますます拡大するものと思われる。

いずれにせよ、耐摩耗部品にSUJ材を利用することは材料の上手な使い方といえよう。よく球状化されたSUJ材を活用することは、経済的のみならず性能上でもメリットが大きい。

# 9. 機械技術者と設計者のための熱処理技術

## 9.1 熱処理とは

熱処理とは，一口にいえば「赤めて」，「冷やす」ことである．昔流にいえば，「赤める」のが火加減，「冷やす」のが湯加減である．赤めて，冷やすことによって，鋼の体質改善をはかる操作が熱処理ということになる．鋼には生まれも大切であるが，熱処理という教育も大切なのである．

## 9.2 赤め方と冷やし方のルール

なにごとにもルールがあるように，熱処理にもルールがある．赤め方（加熱温度）に一つ，冷やし方（冷却方法）に一つ，合計二つである．赤める温度は，約730℃（これを $A_1$ 変態点[1]という）の上と下では全く熱処理の内容が違ってくる．$A_1$ 変態点の上に加熱する熱処理が，焼なまし（HA），焼ならし（HNR），焼入れ（HQ）であり，変態点の下に加熱するのが焼戻し（HT）である（表9.2.1参照）．

表 9.2.1 加熱温度と熱処理

| 加熱温度 | 熱処理の種類 |
|---|---|
| $A_1$ 変態点の上 | 焼なまし，焼ならし，焼入れ |
| $A_1$ 変態点の下 | 焼戻し |

$A_1$ 変態点 …… 約730℃

---

[1] 変態点とは変態をおこす温度のことをいう．変態とは性質がガラリと変わる現象をいう．鋼には $A_0$, $A_1$, ($A_2$), $A_3$, $A_4$ の五つの変態がある．

## 9. 機械技術者と設計者のための熱処理技術

加熱速度の早い，遅いによっては，熱処理の内容は変わらない．

冷やし方のルールは，「必要な温度範囲だけを」「必要な速さで冷やす」ということである．必要な温度範囲には二つの種類がある．加熱温度から火色が消える温度（約550℃）までの範囲（Ar′範囲という）と，約250℃以下の温度範囲（Ar″範囲という）の二つである．前者の Ar′範囲は焼きが入るか，入らないかの運命が決まる大事な温度範囲なので，一名，臨界区域（critical zone）といわれている．この臨界区域を遅く冷やせば焼きが入らなくて軟らかくなり，早く冷やせば焼きが入って硬くなる運命をもらうのである．軟らかくなるか，硬くなるのかの運命の別れ道なので，この区域の冷却速度は大切である．Ar″範囲は焼入れのときだけ必要であって，ここで焼割れがおこるかどうかが決まるのである．いわば，焼割れの危険地帯でもあるので，危険区域（dangerous zone）といわれている．この区域内の冷やし方によって焼割れが出たり，出なかったりするのであって，この区域内の冷却は慎重にしなければならない．

「必要な冷却速度で冷やす」というルールは，焼なましにはゆっくり（炉冷），焼ならしにはやや早く（空冷），焼入れには早く（水冷，油冷）冷やすということである．つまり，焼なましは臨界区域だけをゆっくり，焼ならしは臨界区域だけを少し早く冷やし，焼入れは臨界区域を早く，危険区域をゆっくり冷やす

表 9.2.2　冷やし方のキーポイント

| 熱処理 | 必要な温度範囲 | 必要な冷却速度 |
|---|---|---|
| 焼なまし | 550℃まで（Ar′）<br>それ以下の温度 | ごくゆっくり<br>空冷でもよい |
| 焼ならし | 550℃まで（Ar′）<br>それ以下の温度 | 放冷（空中）<br>ゆっくり |
| 焼入れ | 550℃まで（Ar′）<br>250℃以下（Ar″, Ms） | 早く<br>ゆっくり |
| 焼戻し | 焼戻し温度から（焼戻し軟化）<br>焼戻し温度から（焼戻し硬化） | 急冷<br>ゆっくり |

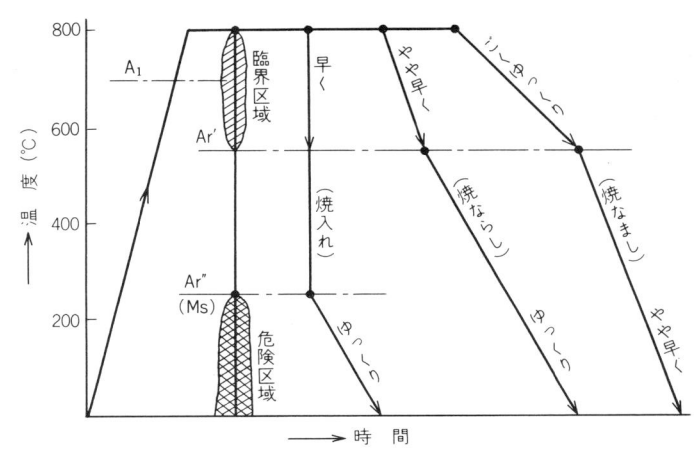

**図 9.2.1 冷やし方のキーポイント**

ことが必要となる．

　焼戻しのときは変態点以下からの冷却になるので，冷やし方にはあまり気をつかわなくてもよいが，焼戻しで軟らかくなるような場合（S-C 材，S-A 材の調質）には急冷し，焼戻しでかえって硬くなるような場合（SKH，SKD）とか，低温焼戻し（一般 SK 材）の場合には徐冷する．この冷やし方のキーポイントを表にしたのが表 9.2.2 であり，図に示したのが図 9.2.1 である．

## 9.3 冷やし方の3タイプ

　熱処理の冷やし方には三つのタイプがある．①冷たくなるまで連続的に冷やしきる方法（連続冷却），②冷却の途中で冷却速度を変えるやり方（二段冷却），③冷却に熱浴を使って等温保持後，冷却する方法（等温冷却）の三つである（表 9.3.1）．連続冷却は最も一般的な方法で，二段冷却は現場での応用範囲の広い方法，等温冷却は新しい方法でこれからの熱処理を支配するものである．

　図 9.3.1 は連続冷却による熱処理を示すものであって，普通焼なまし，普通焼ならし，普通焼入れがこれに属する．図 9.3.2 は二段冷却による熱処理方法の図解で，冷却の途中で冷却速度を変えることが特長である．二段焼なまし，

表 9.3.1　冷やし方の3タイプ

| 冷却方法 | 熱処理の種類 |
|---|---|
| 1. 連続冷却 | 普通焼なまし，普通焼ならし，普通焼入れ |
| 2. 二段冷却 | 二段焼なまし，二段焼ならし，引上焼入れ |
| 3. 等温冷却 | 等温焼なまし，等温焼ならし，オーステンパ，マルテンパ，マルクエンチ |

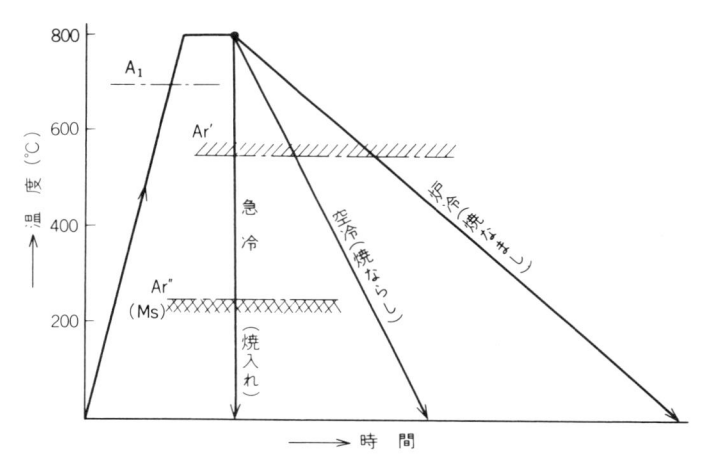

図 9.3.1　連続冷却による熱処理

二段焼ならし，引上焼入れがこれに属する．冷却速度を変える温度は，Ar′点又はAr″点（Ms点）が目安である．

　図9.3.3は等温冷却による熱処理方法の図解で，等温焼なまし，等温焼ならし，等温焼入れ（オーステンパ），マルクエンチ（マルテンパ）などは，みな等温熱処理に属するものである．

## 9.4　鋼の組織の変化

　鋼は熱処理によって体質が改善される．この性質の変化は金属の組織，つまり金相をみればわかる．これは人間の健康状態が，人相でわかるのと同じであ

9.4 鋼の組織の変化

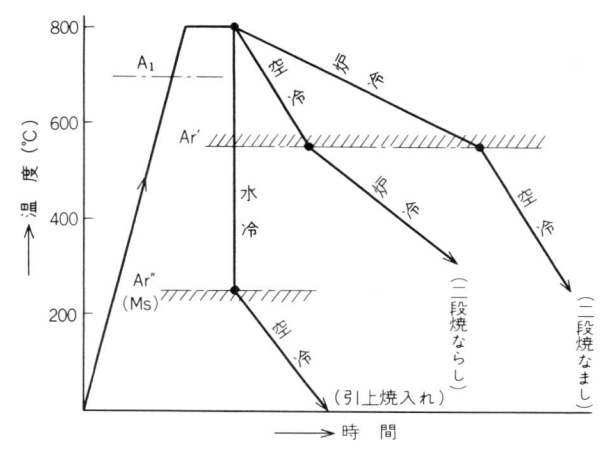

**図 9.3.2 二段冷却による熱処理**

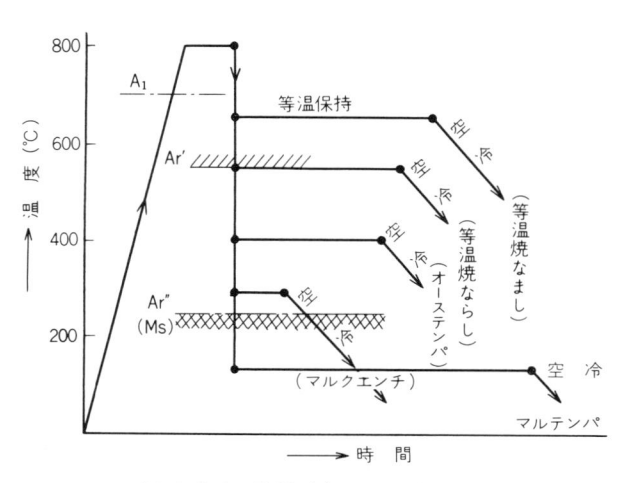

**図 9.3.3 等温冷却による熱処理**

る．鋼の生（ナマ）の組織はパーライト（P）というもので，軟らかい．これを $A_1$ 変態点（約 730℃）以上に加熱すると，オーステナイト（A）というものに変身する．そこで最近では，この操作をオーステナイト化といっている．いったんオーステナイトになったものは，冷やし方によって組織が千変万化する．ここに熱処

理の妙味が生まれてくるのである．

　冷やし方による組織の変化をわかりやすく示したのが，図 9.4.1 である．オーステナイト（A）を炉冷すると組織はパーライト（P）に逆戻りする．A をもう少し早く冷やす（放冷）と P が少し緻密となり，更に衝風などで冷やすと緻密で微細な P になる．つまり，同じ P といっても冷却速度が早いほど，P が微細となってそれだけ硬くなる．

　次に，油冷すると A は一部 P に変身するが，残りの A はそのまま低温まで変身せず，$Ar''$ 点（Ms 点）でマルテンサイト（M）に変態する．ところが水冷のように早く冷やすと，A は全部 $Ar''$ 点（Ms 点）で M に変態する．M は鋼の組織の中で一番硬いので，オール M になれば最硬となる．これが水焼入れで硬くなる理由である．油焼入れでは軟らかい P が混ざるので，それだけ硬さが小さくなる．

　これらの組織変化を，熱膨張曲線でみたのが図 9.4.2 である．加熱のときは P が熱膨張して長さが長くなっていくが，$A_1$ 変態点で収縮して A に変身する．この A を炉冷すると $Ar_1$ で膨張して P になる．つまり P ⇄ A は可逆的である．冷却速度が放冷，衝風冷のように少し早くなると，$Ar_1$ 変態が低温側にずれてくる．油冷になると変態が分裂して $Ar'$ と $Ar''$ となり，組織は P+M となる．水冷すると $Ar_1$ 変態が過冷されて $Ar''$ 変態のみとなり，A → M となる．

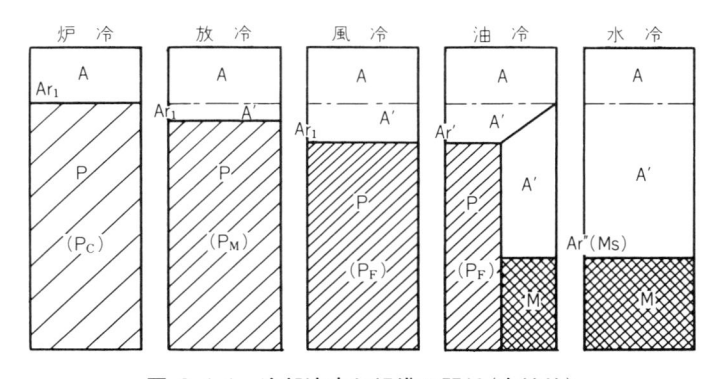

**図 9.4.1　冷却速度と組織の関係（定性的）**

9.4 鋼の組織の変化

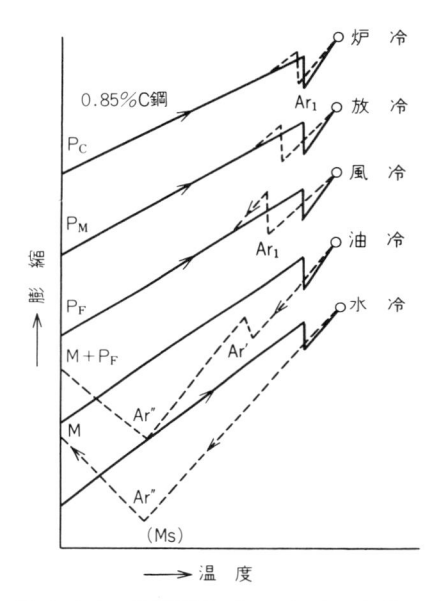

図 9.4.2 共析鋼のディラトメータカーブ

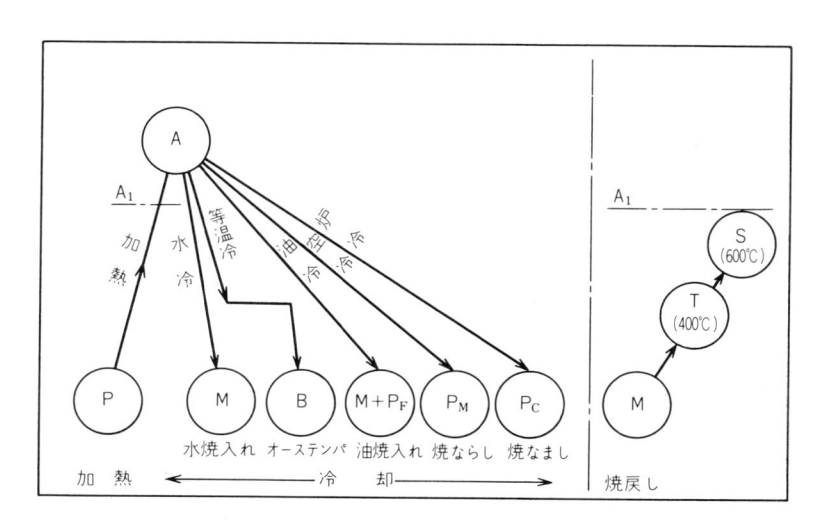

図 9.4.3 加熱，冷却による組織の変化（定性的）

以上は連続冷却による場合であるが，二段冷却や等温冷却したときは，このほかにベイナイト（B）という組織が現れるだけで，その他は同じである．

焼入組織のマルテンサイト（M）を焼戻し，つまり再加熱すると，およそ200℃の焼戻しで焼戻マルテンサイト，400℃の焼戻しでトルースタイト（T），600℃の焼戻しでソルバイト（S）組織に変化する．図9.4.3は，加熱，冷却及び焼戻しによる組織の変化を定性的に示したものである．鋼の熱処理は結局，変態を利用して組織を変化し，これによって性質を変える熱扱いということになる．

## 9.5 熱処理方法の種類

熱処理方法を大別すると，一般熱処理（ズブ焼き熱処理），表面熱処理（はだ焼き熱処理）の二つになる．ズブ焼き熱処理とは，品物全体を加熱，冷却して物全体を体質改善する熱処理である．これには連続冷却熱処理と等温冷却熱処理の2法がある．表面熱処理とは，品物の表面だけを体質改善する熱処理で，これには物全体を加熱して表面だけを体質改善する方法と，表面だけを加熱して表層だけを体質改善する方法の二つがある．表9.5.1は，これらの熱処理方法の種類を示すものである．

表 9.5.1 熱処理方法の種類

| 一般熱処理 (ズブ焼き熱処理) | 連続冷却熱処理 | 焼なまし，焼ならし，焼入れ，焼戻し |
|---|---|---|
| | 等温冷却熱処理 | オーステンパ，マルクエンチ (マルテンパ) |
| 表面熱処理 (はだ焼き熱処理) | 硬化熱処理 | 浸炭，窒化，高周波焼入れ，炎焼入れ |
| | 強化熱処理 | 軟窒化（ソルト，ガス） |
| | 滑化熱処理 | 浸硫（高温，低温） |
| 冷 処 理 | サブゼロ処理 | 普通サブゼロ，超サブゼロ |

## 9.6 一般熱処理（ズブ焼き熱処理）

### 9.6.1 焼なまし（JIS記号 HA）

**（1） 目 的**

焼なましは，鋼の分子を調整し，鋼を軟らかくするために行う熱処理である．

**（2） キーポイント**

焼なましのキーポイントは，鋼をオーステナイト組織にした後，つまり，オーステナイト化した後，ゆっくり炉の中で冷却（炉冷）すればよい．オーステナイト化するには，$A_3$変態点又は$A_1$変態点以上に加熱すればよいわけで，800～850℃に加熱すればよい．

冷やし方は炉中徐冷であるが，なにも室温までゆっくり冷やしきる必要はない．臨界区域，つまり550℃くらい（黒づく温度）まで炉冷したら，後は炉から取りだして空冷するのがよい．この二段冷却による焼なましを二段焼なましという．図9.6.1は焼なましの作業図解である．この方法によって，鋼は完全な焼なまし状態になって軟化するので，完全焼なまし（JIS記号 HAF）という．一般に焼なましというと，この完全焼なましを意味する．

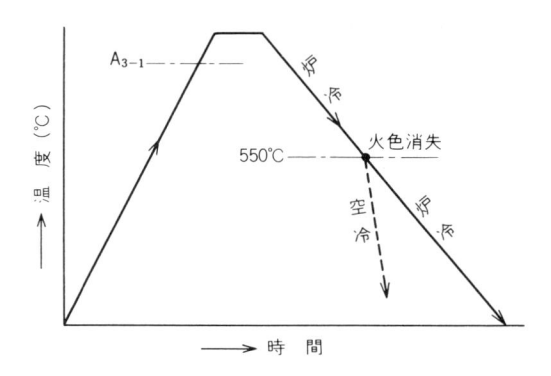

図 9.6.1 焼なましの作業図解

## （3） 球状化焼なまし（JIS記号 HAS）

これは工具鋼には大切な焼なましで，鋼中の炭化物（セメンタイト）を均一な球状（球径約 1μm）にするためである．炭化物を球状化すると，焼きが均一に入り，工具の性能が向上するのである．球状化焼なましのキーポイントは加熱温度である．$A_1$ 変態点よりもわずかに高い温度（750～760℃）に加熱して，その温度に比較的長時間保った後，徐冷すればよい．

## （4） 応力除去焼なまし（JIS記号 HAR）

常温加工や溶接などによる内部応力（残留応力）を除去して軟化したり，焼狂いを少なくするために行う軟化焼なましを応力除去焼なましという．加熱温度は 500～700℃ で，完全焼なましよりも温度が低いので低温焼なましともいう．応力除去焼なましは，溶接部品に必ず施工することになっている．

残留応力は，再結晶という現象で除去されるのであるから，再結晶温度以上に加熱することが大切である．鋼の再結晶温度は約 450℃ であるから，応力除去焼なましの温度としては，これ以上の温度が採用されている．もちろん，加熱温度が高いほど，応力除去の割合が大きい．図 9.6.2 は応力除去焼なましの作業図解である．

### 9.6.2 焼ならし（JIS記号 HNR）

#### （1） 目　　的

焼ならしは，鋼を標準状態（ノルマルな状態）にするために行う熱処理であ

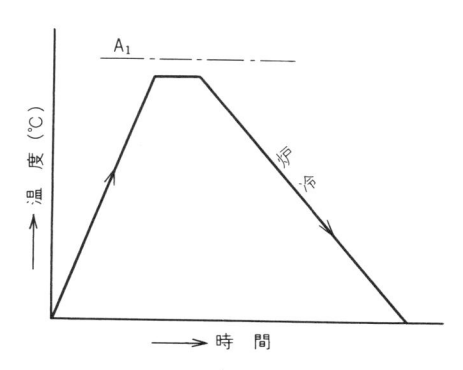

図 9.6.2　応力除去焼なましの作業図解

る．焼なましは鋼を軟らかくし，焼入れは鋼を硬くする操作である．これに対して，焼ならしは軟らかからず，硬からず，適当な強度をもたせるための熱処理である．いうなれば，鋼の自力発揮の処理といえよう．

**（2） キーポイント**

焼ならしのキーポイントは，オーステナイト化した後，静かな大気中で放冷することである．加熱温度（オーステナイト化温度）は焼なましのときと同じでよい．ただし，工具鋼のようにＣ％の多い鋼は，900〜950℃のように高温（Ａcm変態点以上）となる．冷やし方は空中放冷であるが，品物の大きさによっては衝風冷することもある．

焼ならしの後で，硬さをコントロールするために焼戻しすることがある．これを焼ならし・戻し（ノル・テン）という．図9.6.3は焼ならしの作業図解である．

### 9.6.3 焼入れ（JIS記号 HQ）

焼入れは熱処理の代表的選手で，熱処理といえば焼入れを意味するとまで考えられている．つまり，焼入れは鋼に魂を入れる技術といえる．鋼を生かすも殺すも，焼入れ次第ということになる．

**（1） 目　　的**

焼入れは鋼を硬くするための熱処理である．焼きを入れるためには，オース

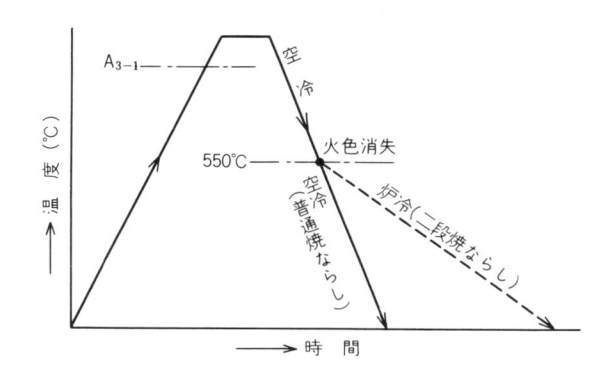

**図 9.6.3 焼ならしの作業図解**

テナイト化温度から急冷しなければならないので，焼入れのことを Quenching という．Quench-hardening（急冷硬化）というのが正式の呼称である．Quench（急冷）しても硬くならない鋼がある．ステンレス鋼（SUS 304）や高 Mn 鋼（SCMnH）がこれに該当する．この場合には，操作は焼入れと同じであるが，固溶化熱処理（SUS 304），水じん処理（SCMnH）という．

（2） キーポイント

焼入れのキーポイントは急冷である．もちろん，加熱にあたっては，変態点＋50℃の温度に加熱してオーステナイト組織にすること（オーステナイト化）が必要である．次は急冷であるが，焼入れの場合には臨界区域のみを早く，危険区域はゆっくり冷やすようにしなければならない．急冷は，臨界区域だけのことであって後は徐冷である．つまり，「早く，ゆっくり」冷やすことが，焼入冷却のキーポイントである．臨界区域内の急冷は，どんなに早く冷やしても差し支えない．均一に急冷しさえすれば焼曲がりもでない．しかも危険区域内をゆっくり冷やすことによって，焼割れも出ずに硬く焼きが入ることになるのである．図 9.6.4 は焼入れのキーポイントを示したものである．

（3） 引上焼入れ

「早く，ゆっくり」の焼入冷却を実行するよい方法は，引上焼入れである．これは別名，時間焼入れともいわれている．つまり，オーステナイト化温度から

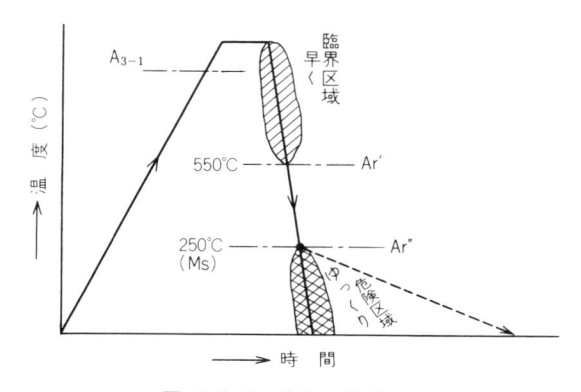

図 9.6.4 焼入れ冷却のコツ

水又は油の中に入れて，ある時間たったところで引上げてゆっくり冷やすのである．焼入液の中につけておく時間は，品物の直径や板厚によって異なるが，だいたいの目安は次のとおりである．

① 水焼入れ……品物の直径3mmにつき1秒間水浸（板厚のときは2mmにつき1秒）

② 油焼入れ……品物の直径3mmにつき3秒間油浸（板厚のときは2mmにつき3秒）

その後で引上げて空冷すればよい．いずれも，「早く，ゆっくり」の焼入原則にマッチしているので，「割れず，硬く」焼きを入れることができる．図9.6.5は引上焼入れの作業図解を示すものである．

(4) 等温焼入れ

焼入液に等温の熱浴を使う焼入方法で，その代表的なものはオーステンパとマルクエンチ（マルテンパ）の二つである．

(a) オーステンパ（JIS記号 HTA）

300～500℃の溶融ソルトを冷却剤に使い，この中にオーステナイト化された鋼部品を焼入れし，等温変態が完了してから引上げて空冷する．この方法によればベイナイト組織が得られ，焼戻しをしなくても相当硬くて粘い性質が得られるので便利である．一名，ベイナイト焼入れともいわれている．図9.6.6は

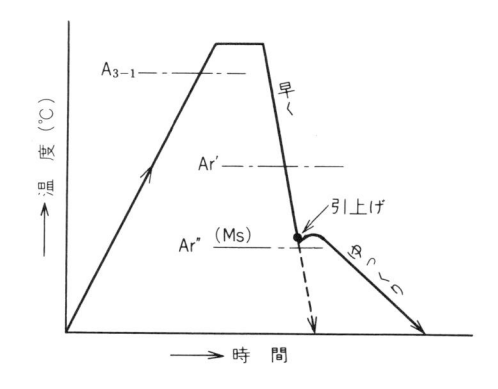

図 9.6.5 引上焼入れの作業図解

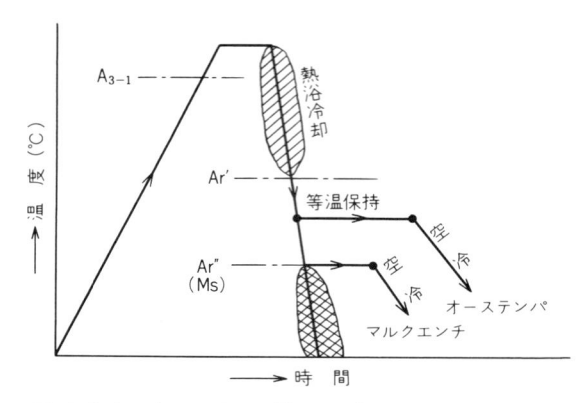

9. 機械技術者と設計者のための熱処理技術

**図 9.6.6　オーステンパとマルクエンチの作業図解**

オーステンパの作業図解である．

オーステンパの欠点は，冷却剤に熱ソルトを使うので，あまり大きな部品では臨界区域の冷却速度が遅くなるので，オーステンパは適用できない．S-C 材では，直径 5mm 以下のものにしかオーステンパがきかない．

（b）マルクエンチ（JIS 記号 HQM）

この方法は，「割れず，硬く，曲がらず」に焼きを入れるのに最適の方法である．その要領は，油又はソルトの温度を鋼の Ms 点に等しくし，この熱浴に焼入れし，品物の直径 25mm につき約 4 分間の割合で保持した後，引上げて空冷すればよい．オーステンパと違う点は，熱浴の温度が Ms 点に等しいことと，熱浴中に保持する時間がオーステンパよりも短いということである．熱浴中にあまり長い時間つけておいては，オーステンパになってベイナイト変化がおこるからである．マルクエンチは，過冷オーステナイトをマルテンサイトにするための焼入れである．だからマルクエンチというのである．オーステンパは，テンパというのであるからテンパ（焼戻し）は不必要であるが，マルクエンチはクエンチ（焼入れ）であるから，テンパ（焼戻し）が必要なのである．これをマルクエンチ-テンパという．図 9.6.6 はマルクエンチの作業図解である．

## 9.6 一般熱処理

### (5) 焼入時の注意事項

(a) 焼入液

焼入液には，表9.6.1に示すとおり，水，油，熱浴などいろいろなものがある．液温，つまり湯加減は「水は冷たく，人肌に」，「油は熱く，70℃」というのが常識である．その冷却能力は表9.6.1のように，かくはんがいかに大切であるかがわかる．

なお，最近は火災や公害の関係で，油よりはむしろ水溶性焼入液（ポリマー焼入液）が推奨されている．これは水割りの程度で，水から油までの任意の冷却速度が得られるから便利である．

(b) 焼入れのトラブルとその対策

焼入れによるトラブルは大きく分けて，①焼割れ，②焼狂い，③焼むらの三つである．その原因と対策を表示すれば表9.6.2のようになる．

### (6) 焼入れによく似た操作

焼入れは，鋼をオーステナイト化温度から急冷して硬くする操作である．得られる組織はマルテンサイトである．急冷することをクエンチング（quenching），硬くすることをハードニング（hardening）という．したがって，一般にいわれている焼入れは，正確な意味ではクエンチ-ハードニング（quench-hardening）というべきである．鋼の種類によっては，急冷しても硬くならないものがある．18-8ステンレス鋼（SUS 304）は，1 100℃の高温から水中急冷して

表 9.6.1 焼 入 液

| 種　類 | 液温（℃） | 性　能 | 比 |
|---|---|---|---|
| 噴　　　　水 | 5～30 | 最強烈 | 9 |
| 塩水（10%食塩水） | 10～30 | 強　烈 | 2 |
| か性ソーダ水（5%） | 10～30 | 強　烈 | 2 |
| 水 | 10～30 | 急　速 | 1 |
| 油 | 60～80 | 速 | 0.3 |
| ポリマー焼入液 | 10～30 | 速 | 0.3 |
| 熱浴（ソルト） | 200～400 | 速 | — |

かくはんすると静止の倍速となる．

表 9.6.2 焼入れのトラブルとその対策

| トラブル | 原　　因 | 対　　策 |
|---|---|---|
| 焼割れ | 形が悪い | 形を直す |
| | 冷たくなるまで急冷 | 二段冷却，マルクエンチ |
| 焼曲がり | だれ曲がり | 炉内の置き方に注意 |
| | 冷却の不均一 | 均一冷却，プレスクエンチ |
| 焼むら | 水蒸気の付着 | 塩水焼入れ |
| | 冷え方のむら | 噴水，噴油焼入れ |

も硬くならない．これはオーステナイト状態から急冷してもオーステナイト組織になるだけだからである．オーステナイトは固溶体であるからステンレス鋼に対しては，この処理を固溶化熱処理（JIS 記号 S）又は溶体化処理といっている．外見上は水焼入れと同じであるが，硬くならないので焼入れとはいわない．

また，高マンガン鋳鋼（SCMnH）（1％C，13％Mn）は，1100℃のオーステナイト化温度から水中急冷するのであるが，これまたオーステナイト組織のままであるから硬くはならず，かえって粘くなる．したがって，これを水じん処理といっている．高 Mn 鋼鋳鋼品の熱処理に対する独得な名称である．

固溶化熱処理も水じん処理も内容的には同じであって，完全なオーステナイト固溶体にするためであるから固溶化熱処理であり，オーステナイトはじん性があるから水じん処理といって区別しているのにすぎない．

### 9.6.4　焼戻し（JIS 記号 HT）

#### （1）目　　的

焼入れ又は焼ならしした鋼の硬さを減じ，粘さを増すために，変態点以下の適当な温度に加熱した後，適当な速さで冷却する操作である．

#### （2）キーポイント

焼戻しのキーポイントは，$A_1$変態点（約730℃）以下の温度に加熱し，高温焼

戻し（調質）の場合は急冷，低温焼戻しの場合は徐冷することである．ただし，高温焼戻しの場合でも，SKHやSKDに対しては徐冷する．

### （3） 低温焼戻し（180〜200℃の焼戻し）

刃物やゲージなどのように相当高い硬さと耐摩耗性を必要とする場合，あるいは高周波焼入れや浸炭部品に対しては，いずれも低温焼戻しを行う．この低温焼戻しによって耐摩耗性が増し，研摩割れや置狂いを防ぐことができる．焼戻温度からの冷却は徐冷（空冷）とする．一般に刃物などに対する低温焼戻しは，2〜3回繰返すのが有効である．

### （4） 高温焼戻し（調質，400〜650℃の焼戻し）

高温焼戻しは構造用合金鋼のように，ある程度の強さ（硬さ）と粘り強さ，つまりスタミナを必要とするものに適用され，焼戻温度としては400〜650℃を採用し，焼戻温度からは急冷（水冷）する．徐冷すると焼戻しぜい性が現れるから注意を要する．焼戻温度が，およそ400℃以上の焼戻しを調質というが（JIS），SKHやSKDは，たとえ焼戻温度が600℃であっても調質とはいわない．この場合は焼戻しによってかえって硬くなるので，むしろ焼戻硬化というべきである．

### （5） 焼戻硬化（500〜600℃の焼戻し）

SKHやSKD 11は焼入後500〜600℃に再加熱すると，再び硬化する．これを焼戻硬化という．焼戻加熱と冷却によって残留オーステナイトがマルテンサイト化して硬くなるのである．いわば内容的には焼入れと同じである．したがって，焼戻温度からの冷却は徐冷が必要で，急冷すると焼割れと同じような割れ，つまり焼戻割れを生ずる．焼戻硬化の場合は，引き続きもう1回焼戻しを行う必要がある．この2回目の焼戻しが，内容的にはほんとの焼戻しということになる．

### （6） 焼戻時の注意事項

（a） 焼戻しを行う時期

焼戻しを行う時期は，焼入直後が原則であるが，焼入後少なくとも30分以内に行うことが望ましい．焼入冷却で，手で触れるくらいの温度（約60℃）ま

で冷えてきた時点で焼戻加熱するのが，焼割れ防止のうえからいって好ましいことである．

（b） 300℃の焼戻しを避けること

焼入後，300℃の焼戻しを行うと粘くなるどころかかえってもろくなる．これを300℃ぜい性という．したがって，300℃の焼戻しは避けなくてはいけない．所要硬さの関係で，どうしても300℃の焼戻しが必要なときでも，この温度は避け，少し硬くなっても250℃焼戻しを採用するのがよい．

（c） 焼戻温度の認定

焼戻温度は，熱電対温度計（サーモカップル）で測定するのが確実であるが，現場的には焼戻色（テンパ・カラー）による場合が多いが，焼戻色は焼戻温度だけでなく，焼戻時間によっても変化するので，注意しなければならない．一般に採用されている焼戻色は，その温度におよそ5分間加熱したときに現れる酸化膜の色であるから，加熱時間が短かければ焼戻色は高温側，時間が長ければ低温側の色が現れる．したがって，焼戻色では正確な焼戻温度はわからないと思ったほうがよい．

## 9.7 表面熱処理 （はだ焼き熱処理）

表面熱処理には，①表面硬化熱処理，②表面強化熱処理，③表面滑化熱処理の3法がある．

### 9.7.1 表面硬化熱処理

鋼部品の表面だけを硬くする熱処理を表面硬化法という．これには，化学的表面硬化法と物理的表面硬化法の二つがある．

**（1） 化学的表面硬化法**

これは鋼の表面の化学成分を変えて硬化する方法で，浸炭や窒化がその代表的なものである．

（a） 浸炭 （JIS記号 HC）

　（i） 目　　的

浸炭というのは，低C鋼（通常，はだ焼鋼といわれている）の表面にCを浸

み込ませて高C鋼とし，その後でこれを焼入れして表面を硬くする方法である．Cを浸み込ませただけでも硬くはなるが，それだけでは不十分なので焼入れするのである．したがって，正確にいうならば浸炭と焼入れの二つの操作が必要である．これを浸炭焼入れという．

浸炭焼入れした部品は外硬・内柔となって，耐摩耗性，耐疲労性，耐衝撃性が向上するので，機械部品の表面熱処理に広く応用されている．

(ii) キーポイント

Cが浸み込むためには，鉄は$\alpha$鉄よりも$\gamma$鉄になっていたほうが好都合なので，浸炭温度としては$A_3$変態点以上の完全オーステナイト化を採用する．通常930℃付近を目標とする．しかし，最近は高温浸炭といって1100℃付近を採用することもある．こうすると浸炭時間が短縮されるので，省エネルギーとなる．

また，浸炭はCOガスの形で行われるので，Cだけではダメである．どうしても少量の酸素が必要なのである．したがって，真空中では浸炭は行われない．最近，開発された真空浸炭は真空炉中で加熱し，これに浸炭性ガスを導入して浸炭する方法である．真空炉中の加熱によって鋼の表面が活性化されるので，浸炭が迅速に行われる利点がある．

(iii) 浸炭方法

(イ) 固体浸炭（炭素蒸し）(JIS記号 HCS)

固体浸炭剤（木炭＋炭酸バリウム15～20%）の中に鋼部品を埋め込んで，約930℃に加熱する．加熱時間は浸炭深さによって調整するが，だいたい4時間の浸炭で約1.5mmの浸炭層が得られる．浸炭層のC量は0.8～0.9%が適当で，1.0%Cをこすこと（過浸炭という）は好ましくない．浸炭防止には銅めっきが最適であるが，浸炭防止剤を塗布するのも有効である．

浸炭後は，空冷してから再加熱して一次焼入れ（900℃焼入れ），二次焼入れ（800℃焼入れ）を行うのがオーソドックスなやり方である．一次焼入れは芯部（コアー）の結晶粒の微細化，二次焼入れは浸炭層（ケース）の硬化のためである．しかし，最近では省エネルギーと作業の簡略化のため，浸炭温度(930℃)

から800℃まで冷却して焼入れする方法を採用している．これをじか焼入れ（直接焼入れ）という．JISでは基本的には一次焼入れ，二次焼入れであるが，SCr系とSCM系のはだ焼鋼には，じか焼入れを認めている．しかし，現場的にはすべてのはだ焼鋼に浸炭じか焼入れが行われている．

浸炭焼入後は必ず低温焼戻し（180～200℃×1h）を行う．これは耐摩耗性の向上と研磨割れを防ぐために絶対必要な操作である．じか焼入れを行ったものには表層に残留オーステナイト（$\gamma_R$）が多いので，サブゼロ処理を施すことがある．もちろん，サブゼロ処理後は低温焼戻しを行うことが必要である．

固体浸炭は作業環境がよくないので，現在では敬遠されがちである．しかし，深浸炭とか単品の浸炭には便利な方法なので，まだ利用されることが多い．

　　（ロ）　ガス浸炭（JIS記号　HCG）

浸炭性ガス（天然ガス，都市ガス，プロパンガスなどを変成したもの）の中で加熱し，930℃で3～4h保持すると，約1mmの浸炭深さが得られる．浸炭後はそのまま800℃まで温度を下げ，じか焼入れ（油冷）する．焼入後は，もちろん180～200℃×1hの低温焼戻しを行う．油温を150～180℃にして焼入れすると，焼きひずみが少なくなる．これをホットクエンチ（hot quench）という．

ガス浸炭の際，窒素を少量混入すると浸炭窒化となって，硬い浸炭層が得られる．

　　（ハ）　液体浸炭（JIS記号　HCL）

液体浸炭浴（青化物が主体）の中で，約900℃に30min加熱すると約0.3mmの浸炭層が得られる．浸炭後は，そのまま水又は油の中にじか焼入れする．しかし，この液浸はシアン公害を伴うので，最近はシアンを含まない液体浸炭が行われている．数多くの小物を浅浸炭するには便利な方法である．

　　（iv）　浸炭硬化層深さ　（JIS G 0557）

浸炭硬化層の深さは，硬さ又はマクロ腐食の色調によって測定する．浸炭硬化層深さには，有効硬化層深さ（エフェクティブ，JIS記号 CD-E）と全硬化層深さ（トータル，JIS記号 CD-T）の二つがある．有効硬化層深さはHV 550

(HRC 50)までの深さ,全硬化層深さは生地までの深さである.通常は有効硬化層深さを採用する.これは浸炭量がだいたい 0.4％C のところに該当する.

(b) 窒化(JIS 記号 HNT)

(ⅰ) 目　的

窒化は,鋼の表面に窒素(N)を浸み込ませて硬くする方法である.鋼に N が入ると窒化鉄を作って硬くなるので,焼入れという操作を必要としない.この点は浸炭と違っている.窒化した部品は,耐摩耗性や耐食性に富んでいる.焼入れをしなくてもよいから,焼割れや焼きひずみの心配もいらない.

(ⅱ) キーポイント

鋼の中に N が入るには,アンモニアガスなどが熱分解(500～550℃)してできた発生期の N が必要であって,窒化層が硬くなるためには鋼中に Al,Cr,Mo があることが大切である.特に Cr と Mo は不可欠の成分で,Al は窒化層を硬くするのに有効である.JIS の SACM 645 は,Al-Cr-Mo 鋼で窒化専用鋼であるが,SCM や SKD 11 なども窒化用鋼として使われる.

(ⅲ) 窒化方法

(イ) ガス窒化(JIS 記号 HNTG)

アンモニアガス中で,500～550℃ に 50～72 h 加熱する方法で,このときのアンモニアガスの分解率は約 30％ にする.これによって 0.2～0.3 mm の窒化層が得られ,硬さは HV 1 000～1 300 となる.窒化後はそのまま徐冷する.焼入れ,焼戻しは不要である.窒化防止には,Sn めっき又は Ni めっきがよい.このガス窒化によると,非常に硬くなるので硬窒化ともいわれている.窒化層は,耐摩耗性と耐食性に優れているのが特長である.しかし,窒化時間の長いことが欠点である.

(ロ) イオン窒化

ガス窒化の処理時間が長い欠点を補う目的で開発されたのがこのイオン窒化で,プラズマ窒化ともいわれている.イオン窒化は,低圧下(弱真空)の放電によるガス窒化でイオン衝撃熱処理の一つである.処理物を⊖極,容器を⊕極とし,これを真空度 0.5～10 Torr 内で約 500V の電圧をかけると,処理物の周

囲は蛍光色に加熱される．外部からの加熱は一切不要で，いわば自己発熱のタイプである．このときをねらってアンモニアガスを導入すると，ガス窒化が行われるのである．窒化時間は数時間で OK であるから，短時間ガス窒化が可能となる．したがって，処理時間が非常に短縮されるばかりでなく，ガスも節約されるし，公害もないので省資源型窒化としてすこぶる有望である．なお，窒化温度は 455～570℃であるが，315℃でも OK というのであるから，これからのガス窒化はイオン窒化になるといっても過言ではない．

　（ハ）　液体窒化（JIS 記号 HNTL）

　この方法は液体窒化用ソルト（NaCN-KCN）を使用し，500～600℃で 2～15 h 加熱するプロセスで，0.3～0.5 mm の硬化深度が得られる．ガス窒化よりも浅い窒化に利用される．しかし，ソルトにシアンが含まれているので，シアン公害に注意しなければならない．

　（ニ）　窒化硬化層深さ及び窒化層表面硬さ

　窒化硬化層深さには，全硬化層深さ（トータル，ND-T）と実用硬化層深さ（プラクティカル，ND-P）の二つがある（JSHS[2]1001）．全硬化層深さは母材硬さまでの深さをいうのであるが，これは測定がなかなか困難なので，実用硬化層深さのほうがよく採用されている．実用硬化層深さというのは，母材の硬さよりも HV 50 高い硬さの点までの深さをいう．

　また，窒化層の表面硬さは窒化層が浅いので，測定には技術を要する．このため全硬化層深さの大小に応じて，硬さ試験を使い分けして測硬する（JSHS 1002）（表 9.7.1 参照）．

　（c）　CVD と PVD

　CVD とは Chemical Vapour Deposition，つまり化学的蒸着法，PVD とは Physical Vapour Deposition，つまり物理的蒸着法のことをいい，ともに鋼部品，特に工具の表面に TiN や TiC を蒸着する方法である．CVD は処理温度が 900～1 200℃，PVD は 550℃で比較的低温である．TiC や TiN は非常に硬

---

2)　(社)日本熱処理技術協会規格

9.7 表面熱処理

**表 9.7.1 窒化層の表面硬さを測定するときの硬さ試験機**

| 全硬化層深さ(mm) | 使用する硬さ試験機 |
|---|---|
| 約 0.05 以上 | ビッカース |
| 約 0.05 以上 | ヌープ |
| 約 0.1 以上 | ロックウェル 15 N |
| 約 0.3 以上 | ロックウェル C |
| 約 0.3 以上 | ショア |

い(HV 3 000 及び HV 2 000)ので,コーティングした工具は優れた耐摩耗性を示すようになる.SKD 11 や SKH の表面硬化法として,最近特に活用されている方法である.

**(2) 物理的表面硬化法**

これは鋼の表面の化学成分を変えることなく,焼入れだけで硬くする方法である.これには高周波焼入れと炎焼入れの二つがある.

(a) 高周波焼入れ(JIS 記号 HQI)

(i) 目　的

加熱に高周波電流を利用する方法で,急速に鋼部品(ワーク)の表皮のみを加熱して焼入れする表面硬化法である.高周波とは,商用周波数(60Hz)よりも高い周波数のものを総称することになっている(JIS).しかし,工業的には高周波,中周波,低周波と便宜上区別することが多い.

(ii) キーポイント

高周波加熱焼入れはいわゆる急速加熱であるから,通常焼入れよりもオーステナイト化温度を 30~50℃高くしなければならない.冷却には噴水,ポリマー焼入液,ときには油を使用する.ワークを調質(焼入・焼戻し)してから高周波焼入れすると均一深焼きができる.

高周波焼入れに適する鋼材は S 35 C~S 45 C で,構造用合金鋼(S-A 材)の必要はない.

(iii) 高周波焼入方法

焼入れしようとする品物(ワーク)を,インダクター(誘導子,コイルとも

いう）で加熱するのであるが，電流の周波数が高くなるほど加熱深さ，つまり焼入硬化深さが浅くなる．

$$周波数（ヘルツ）= \frac{600}{(焼入深さ \text{ cm})^2}$$

例えば，焼入深さが1mm，つまり0.1cmのときは60 000ヘルツ（60kHz）ということになる．表層がオーステナイト化温度に加熱されたら，電気を切ってしばらく間を置いてから噴水冷却か，落し込み冷却を行う．表9.7.2は，最も一般的な高周波焼入方法を示すものである．

高周波発振装置には，表9.7.3のように三つのタイプがある．昔は火花間隙式というものがあったが，電波障害のため，今はほとんど使われていない．

高周波焼入後は，150～200℃の低温焼戻しを行う．これは研摩割れを防ぐと同時に，耐摩耗性の向上に役立つからである．

(iv) 高周波焼入硬化層深さ（JIS G 0559）

鋼の高周波焼入硬化層深さには，有効硬化層深さ（エフェクティブ，HD-E）と全硬化層深さ（トータル，HD-T）の二つがある．有効硬化層深さは，50％

表 9.7.2 高周波焼入れの方法

| |
| --- |
| (1) 定置焼入法 …… 静止，回転 |
| (2) 移動焼入法 …… 回転，非回転 |
| ① 一発焼入れ |
| ② 連続焼入れ |

表 9.7.3 高周波発振装置

| 型　　式 | サイクル (kHz) | 容量(kW) | 特　　長 | 硬化深度 (mm) |
| --- | --- | --- | --- | --- |
| 電動発電式（MG） | 1～10 | 30～500 | 大形，深焼き用 | 4～10 |
| 真空管式（バルブ） | 10～450 | 30～300 | 中形，小形，浅焼き用 | 0.5～3 |
| サイリスタ，インバータ | 1～3 | 50～600 | 大形，深焼き用 | 4～10 |

マルテンサイト（ハーフマルテンサイト）までの深さに該当し，鋼のC％によってその限界硬さが決められている．この限界硬さまでの深さを，有効硬化層深さとするのである（表9.7.4参照）．全硬化層深さは母体の硬さまでの深さをとる．

硬化層深さは，マクロ腐食による色調によっても測定するが，これは簡便なので現場でよく採用されている．この場合は，母体と異なった着色部分が全硬化層深さで，そのおよそ70％が有効硬化層深さと考えてよい．

（b） 炎焼入れ（JIS記号　HQF）

（ⅰ）　目　　的

炎焼入れは，酸素-アセチレン炎やプロパンガス炎などで，鋼部品の表面を外周から加熱して焼入れする方法である．高周波焼入れが誘導電流で自己発熱する内熱式に対して，炎焼入れは外熱式である．炎焼入れも急速加熱焼入れの一種である．

（ⅱ）　キーポイント

炎焼入れに使用する火炎は約3 500℃の高温であるから，加熱に際しては鋼部品の表面を溶かさないように注意することが肝要である．鋼部品の表面から火花がでるようではオーバ・ヒート（過熱）である．また，焼き始めと焼き終わりを重ね焼きすると割れを生ずるので，この間を約20 mm離しておくことが必要である．炎焼入れの適材は，S-C材，FC材，FCD材などである．

（ⅲ）　炎焼入方法

火炎（一般には酸素-アセチレン炎）で鋼部品の表面を加熱し，オーステナイ

表 9.7.4　有効硬化層深さに対応する硬さ（JIS G 0559）

| C ％ | HV | HRC |
| --- | --- | --- |
| 0.23～0.33 | 350 | 36 |
| 0.33～0.43 | 400 | 41 |
| 0.43～0.53 | 450 | 45 |
| 0.53　以上 | 500 | 49 |

ト化温度になったとき，噴水冷却又は落し込み冷却を行う．硬化層深さはバーナの運行速度によって変化するが，1～5mmが普通である．焼入深さを大きくするためには，予熱バーナを使用するのがよい．焼入後は，必ず150～200℃の低温焼戻し（全体加熱）することが必要である．

（iv） 炎焼入硬化層深さ （JIS G 0559）

炎焼入れによる硬化層深さは，高周波焼入硬化層深さと全く同じ考えで測定することができる（表9.7.4参照）．なお，焼入硬さは鋼材のC％によって左右されるが，だいたいの目安は次式によって推定できる．

$$HRC = C + 15$$

例えば，S 35 C ならば，35＋15＝HRC 50 となる．

（c） レーザ焼入れと電子ビーム焼入れ

レーザとは，Light Amplification by Stimulated Emission of Radiation（誘導放出による光波増幅）の頭文字をとったものである．レーザ焼入れは，高エネルギー密度のレーザビーム（L.B）を鋼部品の表面に照射し，自己冷却作用によって焼入硬化するのである．レーザ装置には，炭酸ガスレーザの1～15kWのものが一般的に使用される．レーザビームによる加熱は超急速であるし，焼入れは自己冷却によるので，短時間に小局部表層を焼入硬化できるし，焼きひずみの発生が少ない利点がある．

電子ビーム（Electron Beam, E.B）焼入れは，真空中で電子ビームを被処理品の表面上を走査しながら加熱して，自己冷却焼入れする方法である．E.B法が真空を必要とすることは不利な条件となるが，酸化，脱炭防止と脱ガスの促進によって材質の向上をはかることができる．また，加熱効率の良いことも大きな利点である．

L.B焼入れもE.B焼入れも，ともに小局部の表面焼入硬化に偉力を発揮するニュー・フェースである．

### 9.7.2 表面強化熱処理

鋼部品の表面層を強化して，耐疲労性を向上するための表面熱処理である．この表面強化熱処理の代表的なものが軟窒化である．軟窒化というのは，ガス

窒化(HV 1 000)と違って硬さが約 HV 500 で軟らかいからである．軟窒化には，ソルト軟窒化とガス軟窒化の二つがある．軟窒化は表面硬さが HV 500～600 であるから，耐摩耗性よりも耐疲労性向上用の処理として有用である．軟窒化用鉄鋼材としては，S-C 材，S-A 材，FC 材などが適材である．

**（1）　ソルト軟窒化**

ソルトを使用する軟窒化法で，①タフトライド，②ニュー・タフトライド，③スル・スルフの3法がある．

（a）　タフトライド（JIS 記号 HNTT）

タフトライド用ソルトバス（KCN，KCNO，残り $K_2CO_3$ など）を使用し，これに空気を吹込みつつ（吹込量 30％），約 570℃ で 10～30 min 加熱してから水中急冷する．ソルト溶解用には Ti めっきのポットを使用する．水中急冷するのは，鉄中に固溶された窒素を固定するためである．素材は，あらかじめ調質（焼入・焼戻し）しておくことが必要である．耐疲労性が向上するので，自動車用部品に盛んに応用されている．しかし，タフトライド用ソルトには約 30％ のシアンが含まれているので，シアン公害には格段の注意が必要である．

（b）　ニュー・タフトライド

タフトライドのシアン公害をなくす目的で，西独デグッサ社で新しく開発された方法で，メロナイトともいわれている．ソルトには約3％のシアンが含まれているが，特殊な後処理（TF 1 及び AB 1）を行って，ほとんどシアン公害をゼロにしている．処理方法は，従来のタフトライドと全く同じである．TF 1 及び AB 1 バスによる後処理が，SQ 及び QPQ 法である．これはタフトライド処理後の部品を直接バス中に投入して処理する．SQ はソルトクエンチの略で，TF 1 バス（580℃）に入れてから AB 1 バス（350～400℃）にクエンチすることである．QPQ はクエンチ・ポリッシュ・クエンチの略で，SQ した後でポリッシュ（研磨）し，更に AB 1 バス（400℃）で加熱してから水冷することである．この操作によって，耐食性と耐摩耗性が向上するメリットがある．

（c）　スル・スルフ

これは窒化と浸硫を同時に行う表面強化用の熱処理である．ソルトにはシア

ンが約 0.2％しか入っていないので，ほとんど公害はないといわれている．フランス HEF 研究所が開発した方法である．スル・スルフの処理温度は 570℃で，処理時間は 30～90 min である．処理後は水冷する．

### (2) ガス軟窒化

軟窒化をガスによって行う方法で，公害はほとんどない．ガスには，RX ガス(吸熱ガス)とアンモニアガスを混合したものを使う場合と，尿素を主成分とするものを使用する場合とがある．いずれも処理温度は 570℃前後である．

#### (a) 混合ガス軟窒化

RX ガスとアンモニアガスを混合(1:1)したガスによる軟窒化法で，ガス軟窒化の主流である．ナイテンパ（米），ユニナイト（日），タフナイト（日），ドリナイト（日）などは，その代表的な商標名である．このほかに，窒素ガスを主体とした中性ガスにアンモニアガスを約 20％添加したものを使う方法（トライナイディング，米）がある．いずれも処理温度は 570℃で，無公害というのが特長である．

#### (b) 尿素分解ガス軟窒化

これは尿素の熱分解で生じた CO と N で軟窒化を行う方法で，ユニゾフ（日）と呼ばれている．これも処理温度は 570℃で，無公害といわれている．

### (3) 酸-窒化処理

酸化と窒化を同時に行う表面強化処理が，酸-窒化処理である．処理品の表面に酸化膜と窒化膜を生じさせる強化，耐摩耗処理で，いわばブレンド熱処理（複合熱処理）の一種である．今後の進展が期待される表面熱処理の一つである．

### 9.7.3 表面滑化熱処理

鋼の表面層の摩擦係数($\mu$)を小さくして，焼付や摩耗を防ぐ処理を表面滑化熱処理という．それには硫黄（S）を浸透させるのが効果的で，これを浸硫という．浸硫法には，高温浸硫と低温浸硫の二つがある．

### (1) 高温浸硫

含 S ソルトを使用し，約 570℃で浸硫する方法である．その代表的なものが

サルフイヌズ（仏）である．この方法によって，鋼部品の表面にFeSが生成されるのである．処理温度が高いので，調質品（焼戻温度約600℃）にしか適用できない欠点がある．

### （2）低温浸硫

180〜190℃の低温で，陽極処理（電解法）により浸硫する方法である．被処理品を⊕極，浴を⊖極にして通電するのである．その代表的なものが，コーベット又はB.T法（仏）である．電解用ソルトバスは，シアン酸塩のOをSで置換したいわゆるロダン基を有する塩で，KCNSなどがその一例である．低温浸硫のため低温焼戻しの工具（SK，SKS，SKD，SUJ，焼戻温度約200℃）に適用できるので，利用範囲が広い．

## 9.8 サブゼロ処理（JIS記号 HSZ）

サブゼロ処理というのは，サブは下，ゼロは0℃ということで，0℃以下の温度で処理することをいう．別名，零下処理，深冷処理ともいわれている．

### （1）目　　　的

サブゼロ処理は，硬さを増し，置狂いを防ぐために行う処理である．したがって，工具鋼（SK，SKS，SKDなど）や浸炭した部品には必要な処理である．いうなれば熱処理の真打ちでもある．サブゼロ処理をすると，焼入れによって生じた残留オーステナイト（$\gamma_R$）（通常15〜30％）がマルテンサイトに変わるので，いろいろなメリットが得られる．

### （2）キーポイント

サブゼロ処理は，焼入直後行うのがよいといわれているが，焼入れしてすぐサブゼロ処理をするとサブゼロ・クラックという割れを生ずる．そこでサブゼロ処理する前に，100℃の湯で1hくらい湯戻しするのがよい．サブゼロ処理はマイナス温度まで降温することが大切なのであって，マイナス温度に保持する時間は重要ではない．サブゼロ温度から室温に戻すには，水又は湯の中に投入するのがよい．これをアップ・ヒル・クエンチング（up-hill quenching）という．

### (3) 方　　法

サブゼロ処理には，サブゼロ温度の高低によって，普通サブゼロ処理（−60〜−100℃）と超サブゼロ処理（−160〜−200℃）の二つがある．

(a) 普通サブゼロ処理

これはドライアイスやフレオンガスを使用し，この中にサブゼロ処理を行う部品を入れればよい．特に，ドライアイスのときにはドライアイス＋アルコールの液中に入れるか，ドライアイスの上に処理物をオンザロック式に載せるのがよい．サブゼロ時間は，処理物の内外がサブゼロ温度になればそれでよいのであるが，これがわからないのでだいたい1hも保持すればよい．その後，取出して水中又は湯中に投入する．この後で正規の焼戻しを行う．図9.8.1はサブゼロ処理の作業図解である．

(b) 超サブゼロ処理

寒剤に液体窒素（−196℃）を使って，−180〜−190℃で処理する方法が超サブゼロ処理である．液体窒素をそのまま使う液体法と，これを噴射して雰囲気をマイナスにするガス法の二つがあるが，やり方は普通サブゼロと同じである．超サブゼロ処理をするとSUJやSKD 11, SKH 51などの工具は，普通サブゼロ処理品よりも耐摩耗性が1.2〜2倍，非サブゼロ処理品の3〜6倍向上するので，工業的に大いに利用されつつある．

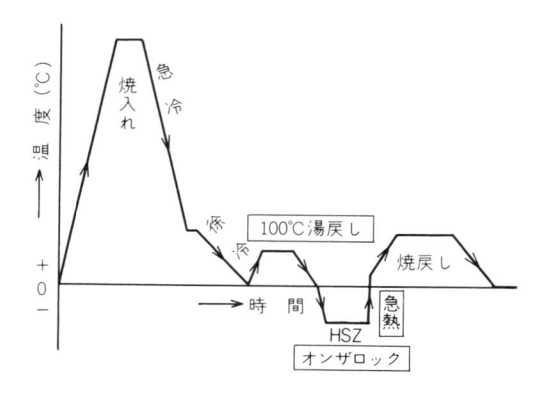

**図 9.8.1　サブゼロ処理の作業図解**

## 9.9 熱処理を発注するときの心構え

JIS鋼材製部品の熱処理を外注するときには，次の心構えが大切である．まず，①鋼材の明示，②使用目的(所要性質)，③熱処理の所要部位，④使用環境(使用条件) などを提示することが望ましい．

### （1） 鋼材の明示

使用鋼材がJIS材であるならば，JIS記号ならびにミルシート（化学成分表）を明記すること．使用鋼材が間違いのない材質であるかどうかを確認することが大切である．異材混入によるトラブルが案外多いからである．

### （2） 使用目的（所要性質）

差し支えなければ，何に使うかということを明示するのがよい．引張部材に使うのか，衝撃を受けるところに使うのか，摩耗をきらうところに使うのか，だいたいのところを明示すれば，熱処理屋は適切な熱処理方法を判定することができるのである．

### （3） 熱処理の所要部位

従来，使っていて成績の良かった硬さを指示することは，適正な熱処理を決定するのに役立つ資料となる．また，その硬さを必要とする部位を指示することも大切である．表面であるか，表面下何mmのところであるか，あるいはどの場所であるかなど，硬さとその位置（個所と深度）は熱処理上，大切な目安となるからである．

### （4） 使用環境（使用条件）

熱処理部品がどんな環境下で使われるか，特に使用温度の高低が熱処理，特に焼戻温度を決定するのに大切な指標となる．使用温度が高ければ，それなりに焼戻温度を高くしなければならないからである．たとえ所要硬さから焼戻温度が決まっても，この温度が使用温度よりも低かったら何にもならない．焼戻温度は(使用温度＋50℃)が必要である．逆に使用温度がマイナスであれば，サブゼロ処理をすることが必須となる．要は，使用環境に合わせて熱処理しなければならない．環境順応の熱処理が必要なのである．

## （5） JIS どおりの熱処理を指示することは無意味

　熱処理をオーダーするとき，これは JIS 鋼材であるから，JIS どおり（JIS 鉄鋼ハンドブック記載の熱処理）に熱処理して欲しいなどと注文をつける事例が多いが，これは全くナンセンスである．JIS 記載の熱処理は，JIS 規定の標準供試材（径 25 mm の丸棒）に対するものであるから，JIS どおりに熱処理するには製品をこのサイズにしなければならない．これは質量効果（マス・エフェクト）のためである．したがって，製品実体はいろいろサイズが違うのであるから，JIS どおりの熱処理などと注文をつけてはいけない．

　また，JIS ハンドブックをみて，これに記載されている熱処理温度や焼入方法，はては硬さまでをそのまま指示する者もいるが，これはまさに越権行為というものでナンセンスでもある．必要な性質だけを指示すれば十分であって，熱処理技術者はその要求を満足するため，製品実体の大きさに応じて熱処理温度やら冷却方法を適当に選定して熱処理するのである．これが熱処理技術者の腕のみせどころであり，またノウハウでもあるわけである．必要なのは熱処理方法ではなくて，熱処理された製品実体の機械的性質であるから，所要の性質を明示するだけでよく，熱処理技術者はその性質にマッチするように熱処理しさえすればそれでよいのである．そこに熱処理技術者の技術レベルが問われるゆえんでもあるわけである．ゆめゆめ設計者や機械技術者は，熱処理のプロセスまでも指定するようなことをしてはいけない．餅は餅屋である．プロに任せるのがよい．

　以上は熱処理を外注するときの心構えであるが，これは熱処理を受注する熱処理技術者にも必要な心構えである．つまり，熱処理を受注するときには，①鋼質，②使用目的（所要性質），③熱処理の所要部位，④使用環境（使用条件）の四つを，客先に確認してから熱処理することが大切である．

# 10. どんな材料が使われているか

現在，機械構造物や機械要素類にはどんな材料が使われているか，その現状を知ることは鉄鋼材料を正しく認識し，これを使用するうえにおいて大切な事柄である．もちろん，現在使われている材料が最善のものとはいえず，なかには不適格な使われ方をしている場合もないではない．

しかし，現状を把握し，JIS 鉄鋼材料の特性と比較検討すれば，その適，不適がよく認識できると思われる．その意味において，本章では広くデータを集め，これを材料的に解析することにしたのである．もちろん，すべてが満足なデータとはいえないが，可能な限り，現状把握に努力したつもりである．

機械工業の進歩は著しく，したがって時代後れの個所もあるかも知れないが，大勢には大きな誤りはないと信じている．本章を参考にして，「適材，適所」になっているかどうかを検討し，JIS 鉄鋼材料を正しく，上手に使ってほしいものと願っている．

## 10.1 構造物用主要材料

### 10.1.1 土木構造物用 (表 10.1.1)

(1) 橋　　梁 (表 10.1.2)

橋梁用鋼材は，現状 41 キロ鋼(引張強さの最低値 41kgf/mm$^2$)が主体であるが，50 キロ鋼の使用が急速に増えている．また，主桁や床桁に溶接構造用圧延鋼材 SM 490 が使われはじめている．普通構造の橋梁には，一般構造用圧延鋼材 SS 400 及び SS 490，長大橋，高速道路橋，鉄道橋などには SM 520，SM 570，溶接橋には溶接構造用圧延鋼材 SM 400 又は SM 490 が使われる．

(2) 鉄　　塔

従来，送電用鉄塔，鉄柱，鉄構に使用されていた鋼材は，ほとんど一般構造

表 10.1.1　土木構造物用鋼材

| SS 400, SS490, SS 540 |
| --- |
| SM 400, SM 490, SM 520, SM 570, SM 490 Y |
| STK 400, STK 490 |
| S 55 C, SCr 440 |

表 10.1.2　橋梁用鋼材

| 普通構造 | SS 400 | SS 490, SM 490 |
| --- | --- | --- |
| 溶接構造 | SM 400 | SM 490 |

用圧延鋼材 SS 400 であった．しかし，最近は鉄塔の大形化とともに SS 490 が使われはじめている．鉄塔，鉄柱用鋼材としては，降伏比$\left(\dfrac{降伏点}{引張強さ}\right)$の比較的高い鋼材が有利である．このために高降伏点鋼，すなわち，Mn，Si 系又は Nb 添加系で，かつ溶接性の良い SM 490 Y，又は溶接性はいくぶん劣るが，SS 540 が利用されつつある．

　一方，コンクリート充てん鋼管鉄塔 (MC 鉄塔) が，関西方面の主要超高圧送電線用に相当量採用されている．これに使用される鋼管は，一般構造用炭素鋼鋼管 STK 400 及び STK 490 である．

　なお，鉄塔，鉄柱部材の結合には，運搬組立てならびに Zn めっきの関係上，リベットは使われず，Zn めっきボルトが使用されている．ボルト材は従来 SS 41 であったが，最近はハイテンボルトとして，機械構造用炭素鋼 S 55 C あるいは機械構造用合金鋼 SCr 440 が使われている．

(3)　ペンストック

　ペンストックの材質は大部分 SS 400 である．しかし，最近建設される発電所は容量も大きくなり，これに伴ってペンストックも大口径，高落差のものが要求されるようになってきた．このため SM 400, SM 490, SM 570 が使われつつある．

### 10.1.2　建築構造物用　(表 10.1.3)

(1)　鋼　構　造

(a)　一般鋼構造

　鋼管，軽量形鋼を使用する場合以外の建築構造物に使われる鋼材は，SS

10.1 構造物用主要材料

**表 10.1.3　建築構造物用鋼材**

| |
|---|
| SS 400, SS 490 |
| SM 400, SM 490 |
| STK 400, STK 490, STK 500 |
| SR 235, SR 295<br>SD 295, SD 345, SD 390, SD490<br>SRR 235, SRR 295, SDR 235, SDR 295, SDR 345 |
| SWRS 67, SWRS 75, SWRS 80 |

400, SS 490及びSM 400, SM 490である．ただし，溶接構造には，SS 490は使わないことになっている．

（b）鋼管構造

鋼管構造に使われる鋼材は，一般構造用炭素鋼鋼管STK 400及びSTK 490である．STK 500は，溶接性について不十分な点があるので注意を要する．

（c）軽量形鋼構造

建築構造用冷間成形軽量形鋼を使用するもので，軽量形鋼は薄鋼板を冷間圧延することによって成形される．その材質はSS 400である．

**（2）鉄筋コンクリート構造**

鉄筋コンクリート構造は非常に広く用いられている．普通の骨組式構造とプレストレスコンクリート構造（P.S.コンクリート構造）の2種類がある．鉄筋コンクリート用棒鋼には，熱間圧延棒鋼（SR），熱間圧延異形棒鋼（SD）の2種類が使用される．このほかに再生棒鋼（SRR，SDR）を使うこともあるが，主要な建築構造用としては，安全性について十分検討する必要がある．P.S.コンクリート用線又は棒鋼には，ピアノ線材（SWRS）や調質棒鋼が用いられる．

**10.1.3　船　舶　用**（表 10.1.4）

大型船舶を構成する鋼材の大部分は，造船用圧延鋼材である．

表 10.1.4 船舶用鋼材

| 鋼種 | 化学成分（％） | | | | |
|---|---|---|---|---|---|
| | C | Si | Mn | P | S |
| KA | | | >2.5×C | <0.050 | <0.050 |
| KB | <0.21 | >0.15 | >0.60 | <0.050 | <0.050 |
| KC | <0.23 | 0.15～0.30 | 0.60～1.40 | <0.050 | <0.050 |
| KD | <0.21 | <0.35 | 0.60～1.40 | <0.050 | <0.050 |
| KE | <0.18 | 0.10～0.35 | 0.70～1.50 | <0.050 | <0.050 |
| 50 HT | <0.18 | 0.55 | <0.15 | <0.040 | <0.040 |
| 60 HT | <0.18 | 0.55 | <0.15 | <0.040 | <0.040 |
| KT-35 | <0.16 | <0.35 | <0.15 | <0.040 | 0.040 |
| KT-50 | <0.14 | <0.35 | <0.15 | <0.035 | <0.035 |

### （1） 船体

船体用圧延軟鋼板は，A，B，C，D，E の5種類に級別されている．これは船のぜい性破壊を考えて，鋼材の切欠きじん性の見地から区分されたものである．最近では船体の軽量化のために，高張力鋼（ハイテン）（50 HT，60 HT）が使われている．高張力鋼は，非調質の引張強さ490～590 N/mm²（50～60 kgf/mm²）が大部分である．また，冷凍貨物用船舶や液化ガス運搬用船舶には，低温用鋼（KT-35，KT-50）が使われる．これらの鋼材は特に低温じん性の優れたもので，Niを添加したものもある．

### 10.1.4 圧力容器用

### （1） 圧力容器本体

高圧容器は，両端閉じ中空円筒形胴部とこれに続くノズルなどの開口部からなるものが大部分で，胴部には一体鍛造，単肉溶接，多層溶接の3形式がある．現在，圧力は2 000気圧，温度は数百℃，質量は600 t までのものが作られている．胴部に使用される鋼板としては，溶接構造用圧延鋼材（SM），ボイラ用圧延鋼材（SB），圧力容器用鋼板（SPV）が規定されている．そのほか，各種高張力鋼や低温用鋼（2.5，3.5，9％Ni鋼，SL 2 N，SL 3 N，SL 9 N）も使用されている．

また，一体鍛造圧力容器の材料としては，低 C 鋼，低 C-Cr-Mo 鋼などが使われている．

原子炉，その他の圧力容器には，特に低温じん性及び溶接性の優れた調質型（焼入・焼戻し）Mn-Mo 鋼及び Mn-Mo-Ni 鋼（SQV）を使用する．

### 10.1.5 ボイラ用（表 10.1.5）

ボイラ用鋼材としては，何よりも高温強度が大切である．耐圧部分の高温強度は，①引張強さの 0.25 倍，②耐力の 0.625 倍，③1 000 時間に 0.01 ％のクリープを生ずる応力の平均値，④100 000 時間で破断する応力の最小値の 0.8 倍又は平均値の 0.6 倍をとることになっている（ただし，鋳鋼品ではその値の 2/3）．

### （1）汽　　胴（表 10.1.6）

一般にはボイラ用圧延鋼材（SB）を使用するが，中圧ボイラ用には SB 480 M,

表 10.1.5　ボイラ用鋼材

| |
|---|
| SB 410, SB 450, SB 480, SB 450 M, SB 480 M |
| SBV 1 A, SBV 1 B, SBV 2, SBV 3<br>SCMV 1〜6 |
| STB 340, STB 410, STB 510 |
| STPT 370, STPT 410, STPT 480 |
| STBA 12, STBA 13, STBA 20, STBA 22, STBA 23, STBA 24, STBA 25, STBA 26 |
| SUS 304 TB, SUS 316 TB, SUS 347 TB |

表 10.1.6　汽胴用鋼材

| 圧　力（kgf/cm²） | 材　　料 |
|---|---|
| 10〜 60（低圧，中圧） | SB 410, 450 |
| 60〜150（中圧，高圧） | SB 480 M |
| ＜150（高　　　圧） | SCMV 1〜6 |

高圧ボイラには Cr-Mo 鋼（SCMV 1～6）が使われる．高温強度及びじん性をもたせるために，オーステナイト結晶粒度が 6～8 が適当とされている．

**（2） 水壁，付属連絡管，管寄せ**（表 10.1.7）

水壁には熱伝導度のよい C 鋼が使われる．水壁用材料には，加工性，溶接性のほかにクリープ特性をよくするために，Si で脱酸したキルド鋼がよい．非金属介在物もできるだけ少なく，かつオーステナイト結晶粒度も 3～5 程度が望ましい．

**（3） 過熱器，再熱器，主蒸気管**（表 10.1.8）

これらには表 10.1.8 のような鋼材が使われる．過熱器及び再熱器は，ボイ

表 10.1.7 水壁，付属連絡管，管寄用鋼材

| 圧　力 | 品　名 | 材　料 |
|---|---|---|
| 低圧，中圧 | 水壁，節炭器 | STB 340, 410, 510 |
| 高　圧 | | STB 410, 510 |
| 低圧，中圧 | 連絡管，管寄 | STPT 370, 410 |
| 高　圧 | | STPT 480 |

表 10.1.8 過熱器，再熱器，主蒸気管用鋼材

| 圧力区分 | 最高使用(℃) | 材　料 |
|---|---|---|
| 低圧，中圧，高圧ボイラ用 | 500<br>550<br>575<br>600 | STBA 12, 13<br>STBA 20, 22<br>STBA 23<br>STBA 24 |
| 中圧，高圧ボイラ用 | 600<br>650 | STBA 25<br>STBA 26 |
| 高　圧ボイラ用 | 800<br>800<br>800 | SUS 304 TB<br>SUS 316 TB<br>SUS 347 TB |

ラのなかで最も苛酷な温度条件下にあるので，Cr-Mo 鋼（STBA）やオーステナイト系ステンレス鋼（SUS 304，316，347 TB）などが使用される．超臨界圧ボイラでは超合金も使われている．

## 10.2 機械主要部品用材料

### 10.2.1 ポンプ，送風機，圧縮機用

（1）ポ ン プ（表 10.2.1）

（a） ポンプ胴体

形の簡単なポンプ胴体に対しては，鍛造品あるいは鋼板溶接構造が使われることもあるが，ポンプ胴体は多くの場合，形状が複雑なので，主として鋳造品が使用される．耐食性を考えないでよいときには，ねずみ鋳鉄品（FC）がもっぱら使われている．小形ポンプの胴体など，薄肉のものは FC 200 級のものが多く，大形ポンプの胴体のように厚肉のものは FC 300 級が多い．吐出し圧力や温度などの条件が苛酷になると，球状黒鉛鋳鉄（FCD），鋳鋼（SC），鍛鋼（SF）などを使用する．耐食性を必要とする場合には，損傷の恐れのある部分のみにステンレス鋼を使用する．海水ポンプの胴体に 18-8 ステンレス鋼（SUS 304）を使う例も多くなってきたが，コストの点で，まだ鋳鉄製胴体を使っており，ゴムや合成樹脂をライニングすることが推奨されている．化学薬

表 10.2.1 ポンプ用鉄鋼材

| |
|---|
| FC 200，FC 250，FC 300 |
| ハステロイ B, C (Fe 5, Cr 28, 残 Ni, Fe 5, Cr 16.5, Mo 7, 残 Ni) |
| SC 410，SC 450 |
| SCS 1, SCS 2, SCS 13, SCS 14 |
| S 30 C, S 45 C |
| SNC 836, SNCM 439 |
| SUS 420 J 2, SUS 304, SUS 316 |

品など，きわめて強い腐食液を扱うものでは18-8鋼，25-20鋼，ハステロイなどが盛んに使われている．硫酸用ポンプには高Si鋳鉄も使われるが，加工性が悪いので超ステンレス鋼に置き換えられる場合が多い．

（b）羽根車

羽根車は主として鋳造によって作られる．羽根車は，胴体に比較して液の流動条件が激しいため，腐食，浸食，摩耗が一層問題となるので，これらに耐えるような材料であることが必要である．淡水用，海水用ポンプには，古くから青銅（Cu-Sn合金）鋳物製羽根車が使われているが，淡水用にはコストの点から鋳鉄又は鋳鋼に置き換えられるものが多くなってきた．海水用ポンプでは，ステンレス鋼鋳鋼品（SCS 13，14）がかなり多く使われている．また，高圧ボイラ給水用ポンプには，13 Crステンレス鋼鋳鋼品（SCS 1，2）が使われている．

（c）主軸

ポンプの主軸には，炭素鋼（S 30 C～S 45 C），Ni-Cr鋼（SNC 836），Ni-Cr-Mo鋼（SNCM 439），13 Crステンレス鋼（SUS 420 J 2），18-8ステンレス鋼（SUS 304，316）が使われている．

**（2）送風機及び圧縮機**

（a）胴体

ファンの胴体は一般に鋼板を溶接して作り，形鋼や平鋼で補強する．耐食用や耐熱用のものでは，18-8系ステンレス鋼を使用する．送風機（ブロワ）及び圧縮機の胴体は鋳鉄製のものが多い．

（b）羽根車

遠心式ファンの羽根車は一般に鋼板製である．ターボブロワ，ターボ圧縮機の羽根車は，周速によって材質を変える．低周速のものはSS 400で，周速が高くなるにつれて，高張力鋼，機械構造用炭素鋼（S-C材），機械構造用合金鋼（SCr，SCM，SNC，SNCM材）などが用いられる．耐食性や耐熱性が要求されるものには，各種のステンレス鋼が使用される．軸流圧縮機のロータは，一般に構造用合金鋼の鍛造材で作られたドラム又はディスクの外周に，13 Cr

ステンレス鋼の動翼をはめ合わせする．

（c）主　　　軸

所要の強さに応じて，機械構造用炭素鋼（S 30 C〜S 45 C），Ni-Cr 鋼（SNC 836），Ni-Cr-Mo 鋼（SNCM 439）などが用いられる．耐食，耐熱用としては，13 Cr ステンレス鋼（SUS 420 J 2），18-8 ステンレス鋼（SUS 304，316）が使われる．

**10.2.2 冷凍機用**（表 10.2.2）

冷凍機用材料としては，使用される冷媒，冷却される物質に対する耐久性及び適合性，圧力及び温度などを考えて適材が使われている．

**（1）冷凍機用圧縮機**

冷凍機用圧縮機には，駆動モータを内臓した密閉型圧縮機が非常に多く使われている．これには密閉型回転式，密閉型往復式，密閉型遠心式の3種類がある．往復式のクランク軸及び回転式のロータ軸は，曲げやねじりの激しい繰返し荷重を受けるので，はだ焼き用 Cr-Mo 鋼（SCM 420）及び Ni-Cr-Mo 鋼（SNCM 220，420）を，浸炭焼入れ（HRC 58〜62，内部 HBS 220 以下）して使用する．また，機械構造用炭素鋼（S 45 C）を高周波焼入れ（HRC 50〜55）して使うこともある．

遠心式の羽根車軸には，Cr 鋼（SCr 440）及び Cr-Mo 鋼（SCM 435）を調質して使用する．

最近，往復式のクランク軸には合金鋳鉄，高力鋳鉄あるいは球状黒鉛鋳鉄が非常に多く使われはじめている．回転式のブレードは，耐摩耗性とともに剛性

表 10.2.2　冷凍機用鋼材

| |
|---|
| S 45 C, S 15 CK |
| SCr 440, SCM 435<br>SCM 420, SNC 415, SNCM 220, SNCM 420 |
| STPG 370, STPG 410<br>SGP<br>STPL 380, STPL 450 |

が要求されるので，従来は Cr 鋼を浸炭焼入れして HRC 56 以上にして使っていたが，耐摩耗性の見地から HBS 245～320 の合金鋳鉄及びアシキュラー鋳鉄が使用されつつある．

ピストンには，耐摩耗性の見地から高級鋳鉄が用いられており，ピストンリングも一般内燃機関に使用されている高級鋳鉄が使われている．ピストンピンには，はだ焼き用 Ni-Cr 鋼（SNC 415）及び Cr-Mo 鋼（SCM 415），又は S-C 鋼（S 15 CK）を浸炭焼入れして使用する．

### （2） 凝縮器及び蒸発器

冷却管は耐食性や熱伝導度の問題から，フロン系冷凍機ではフィン付銅管，海水及びブライン（蒸発器のみ）が使用される場合には，アルブラック管（Cu-Zn-Al 合金）あるいはキュプロニッケル（Cu-Ni 10%）管などの Cu 系材料が用いられる．アンモニア冷凍機では，Cu 及び Cu 合金は腐食されるので，圧力配管用炭素鋼鋼管（STPG）を使用する．

胴体には溶接性が良く，信頼できる材料として溶接構造用圧延鋼板（SM）又はボイラ用圧延鋼板（SB）が使用される．

### （3） 配管材料

冷凍装置の配管には，次のような規定がある．

① 鋳鉄管は，圧力が 98 N/mm$^2$（10 kgf/cm$^2$）以上の配管に使ってはいけない．

② 温度が $-50$℃以下になる配管には，JIS G 3460（低温配管用鋼管），H 3300（銅及び銅合金継目無管）又はこれと同等以上のものを使用すること．

③ Cu 管，Cu 合金管，Al 管及び Al 合金管には継目無管を使用すること．

④ JIS G 3452（配管用炭素鋼鋼管）に対する制限は，②に記したとおりである．

フロン系冷媒配管には，低温における強さ，曲げ加工及びフレヤー接続などの加工性の優れている継目無銅管及び脱酸銅管が最も多く用いられている．しかし，耐食性や耐疲労性は銅管よりも鋼管のほうが優れているので，鋼管を使うこともある．現在，使用されている鋼管は，高圧側が圧力配管用炭素鋼鋼管（STPG 370 級），低圧側が配管用炭素鋼鋼管（SGP 級）である．これらの管の使

用温度範囲は-15～350℃とされているが,実際には-50℃くらいまで使用して差し支えない.しかし,鋼は-45℃を境として衝撃値が低下するので,注意を要する.低温に強い鋼としては,Alキルド鋼,Ni鋼,18-8ステンレス鋼(SUS 304)が考えられる.衝撃値を基準にして考えれば,-45℃まではAlキルド鋼,-60℃までは3～4% Ni鋼,それ以下の温度に対しては18-8ステンレス鋼が選ばれる.しかし,実際の配管に際しては,-15～-50℃までの低温装置には低温配管用鋼管(STPL 380級)が使用され,-50～-100℃までの超低温装置にはSTPL 450級が使われる.

アンモニア配管には,Cu,Al管はアンモニア中に水分がないときは耐食性があるが,水分が含まれていると腐食されるので使えない.このときには主として鋼管を使用する.

水配管には,配管用炭素鋼鋼管(SGP)が用いられる.

**10.2.3 内燃機関用**(表10.2.3)

内燃機関に用いられる鉄鋼材料は鋳鉄と鋼鋼に大別され,それぞれに対する要求性質も違っている.一般にいって,ケースとかシリンダブロックなどは軽量化と剛性,シリンダヘッド,バルブなどは耐熱性,コンロッド,クランクシャフト,ギヤなどは耐疲労性と耐摩耗性が要求される.しかし,なんといってもコストダウンをはからなければならないから,現在ではS-C材(S 45 C),SCr 440を多く使い,高周波焼入れや火炎焼入れなどによって性能向上をはかっている状況である.

表10.2.3 内燃機関用鉄鋼材

| |
|---|
| FC 250, FCD 450 |
| S 15 C, S 25 C, S 35 C, S 45 C, S 50 C |
| SCr 430, SCr 440, SCM 435, SCM 440<br>SCM 415, SCM 420, SCr 420, SNCM 220, SNCM 420 |
| SUH 3, SUH 31, 21-4N (0.5% C, 21% Cr, 4% Ni) |

## (1) シリンダヘッド (表10.2.4)

シリンダヘッドは鋳物部品中,最も複雑な構造体で熱的にもピストンについで苛酷な条件で使用されている．最近の高速化,高性能化によって要求度がさらにシビヤになってきつつある．このために,Al合金製シリンダヘッドも一部実用化されている．しかし,鋳鉄は耐久性や経済性に優れており,また鋳造技術や型製作法の発達によって,薄肉鋳物がどんどん使われている．現在使用されている材料は,FC 250系の普通鋳鉄及びCr 0.1～0.3％, Cu, Ni, Moなどの少量添加された高級鋳鉄などである．また,熱間強さや耐酸化性に優れたダクタイル鋳鉄(FCD)も一部使われており,ディーゼルエンジンではタフトライド処理(軟窒化処理)も行われている．

## (2) シリンダブロック及びシリンダライナ (表10.2.5)

シリンダブロックは,最も大きな重量を占める部品のため軽量化,小形化,一体ブロック化,軽合金化などが企てられている．一般にシリンダは耐摩耗性の点から,フェライトのない全パーライト基地,適当な大きさのグラファイトの分布,硬さの高いことなどが望まれている．このためFC 250系のパーライト鋳鉄,Cr 0.15～0.3％,Cu少量の高級鋳鉄が使用されている．ディーゼルエンジンでは,このほかにNi, Mo, Pなどを添加したものを使っている．

## (3) クランク軸

クランク軸は,一般に鍛造材及び鋳造材によって作られている．鍛造材のと

表 10.2.4 シリンダヘッド用材料の一例

| 種類 | 化学成分 (%) | | | | | | | | | 硬さ |
|---|---|---|---|---|---|---|---|---|---|---|
| | C | Si | Mn | P | S | Ni | Cr | Mo | Cu | HV |
| ガソリンエンジン用 | 3.27 | 2.06 | 0.93 | 0.18 | 0.093 | 0.29 | 0.25 | 0.032 | 0.21 | 218 |
| | 3.36 | 2.18 | 0.53 | 0.08 | 0.133 | — | 0.13 | — | — | 174 |
| | 3.15 | 2.20 | 0.61 | 0.12 | 0.081 | — | 0.08 | — | 0.11 | 196 |
| ディーゼルエンジン用 | 3.08 | 1.94 | 0.70 | | | 0.04 | 0.02 | 0.10 | 0.12 | 198 |
| | 3.20 | 2.20 | 0.79 | 0.084 | 0.103 | 0.33 | 0.015 | 0.14 | — | 196 |
| | 3.20 | 1.98 | 0.63 | 0.055 | 0.084 | — | 0.29 | 0.02 | 0.15 | 220 |

## 10.2 機械主要部品用材料

**表 10.2.5 シリンダロック，シリンダライナ用材料の一例**

| 種　類 | 化　学　成　分　(%) | | | | | | | | | 硬　さ |
|---|---|---|---|---|---|---|---|---|---|---|
| | C | Si | Mn | P | S | Ni | Cr | Mo | Cu | HV |
| ガソリン<br>エンジン用 | 3.00<br>3.34<br>3.20<br>2.9<br>~3.4<br>3.0<br>~3.3 | 2.11<br>2.19<br>1.81<br>2.2<br>~2.6<br>2.2<br>~2.4 | 0.77<br>0.78<br>0.58<br>0.5<br>~0.9<br>0.6<br>~0.9 | 0.125<br>0.057<br>—<br>—<br>— | 0.056<br>0.077<br>—<br>—<br>— | <br><br><br><br>0.1<br>~0.3 | <br>0.15<br>0.31<br>0.2<br>~0.6<br>0.3<br>~0.5 | <br><br><br><br>0.3<br>~0.5 | 0.07<br><br><br><br> | 209<br>187<br>222<br>200~250<br>218~250 |
| ディーゼル<br>エンジン用 | 3.38<br>3.15 | 1.98<br>1.97 | 0.69<br>0.73 | —<br>— | —<br>— | 0.06<br>— | 0.20<br>0.34 | —<br>— | 0.41<br>0.03 | 216<br>222 |
| ライナ用 | 3.03<br>3.01<br>3.60 | 2.38<br>2.03<br>1.82 | 0.71<br>0.82<br>0.44 | —<br>—<br>— | —<br>—<br>— | 1.30<br>0.75<br>0.19 | 0.35<br>0.91<br>0.07 | —<br>0.32<br>— | 0.44<br>0.35<br>0.17 | 276~298<br>286~296<br>196~220 |

きは，ガソリンエンジン用として機械構造用炭素鋼（S 45 C，S 50 C），ディーゼルエンジン用として機械構造用合金鋼（SCr 440，SCM 440）が用いられる．いずれも調質して HBS 229~321 程度の硬さにする．また，ジャーナル部やピン部には，耐摩耗性を与えるために高周波焼入れを施すのが普通である．近頃は，局部焼入れの代わりに，炭素鋼軸にタフトライド処理（軟窒化）を行うことが流行している．また，フォード社では鋳造クランク軸（中空）を多量に使っている．使用材質は，シェル鋳型による球状黒鉛鋳鉄や精密鋳造による特殊鋳鋼などで，熱処理を施して耐摩耗性や強度向上をはかっている．

**（4）カム軸及びタペットフォロア**（表 10.2.6 及び表 10.2.7）

最近，カム軸やタペットフォロアは鋳造による量産が行われている．使用材質は，FC 250 系や Cr 0.1~0.3% 添加のチル鋳物が一般的である．

小形カム軸用としては，SAE 123 A，B，C の精密鋳造品の火炎焼入れ又は高周波焼入れが採用されている．いずれも HRC 55~64 に硬化して使用する．

また，鍛造によって作られる場合は，はだ焼き用合金鋼（SCM 415，420）を

表 10.2.6 焼入硬化カム軸用鋳鉄材の一例

| 鋼　種 | 化　学　成　分　(%) | | | | | | | | | 硬さ |
|---|---|---|---|---|---|---|---|---|---|---|
| | C | Si | Mn | P | S | Ni | Cr | Mo | Cu | HBS |
| SAE 123 A | 3.10~3.40 | 2.10~2.40 | 0.50~0.80 | <0.20 | <0.15 | — | 0.80~1.10 | 0.40~0.60 | — | 248~311 |
| SAE 123 B | 3.10~3.45 | — | 0.60~0.90 | 〃 | 〃 | 0.20~0.45 | 0.85~1.20 | 〃 | — | |
| SAE 123 C | 3.40~3.75 | — | — | <0.15 | 〃 | — | 1.00~1.25 | 0.50~0.70 | 1.40~1.70 | |

表 10.2.7 焼入用タペットフォロア用鋳鉄材の一例

| 化　学　成　分　(%) | | | | | | | | 硬さ |
|---|---|---|---|---|---|---|---|---|
| C | Si | Mn | P | S | Ni | Cr | Mo | HBS |
| 3.00~3.25 | 2.10~2.40 | 0.70~0.90 | <0.20 | <0.10 | 0.40~0.70 | 0.90~1.10 | 0.40~0.70 | 270~326 |

使って浸炭焼入れ（HRC>60）する．面圧の低い場合には，中 C 鋼（S 45 C）に高周波焼入れを施すこともある．

(5) ピストンピン

ピストンピンは高い耐摩耗性が要求されるため，一般には浸炭焼入れを行う．そのため材質としては，はだ焼き鋼が使われる．鋼種としては，機械構造用合金鋼の SCr 420 や SCM 420 が普通である．しかし，コストダウンの目的で，機械構造用炭素鋼 S 15 C や S 20 C が使われることもある．また，冷間押出しによるパイプを利用することもある．

(6) コネクチングロッド

コネクチングロッドには，一般に S 40 C や S 45 C の炭素鋼が使用される．調質硬さは HBS 201~321 が普通である．鍛造後，焼ならしのままで使うこともある．

(7) ロッカーアーム

ロッカーアームは，一般に S 45 C や S 50 C の調質又は可鍛鋳鉄（FCMB），

チル鋳物，球状黒鉛鋳鉄（FCD）などによって作られる．耐摩耗性を必要とする部分には，火炎焼入れ又は高周波焼入れを施す．また，最近採用されたオーバヘッドカム機構（OHC）に対しては，ロッカーアームが直接カムに圧着するようになっているため，浸炭焼入材の上に硬質クロムめっき（厚100μm）を施したものを使用する．

(8) バ ル ブ

バルブはエンジン中で最も苛酷な使用条件下にあるもので，また内燃機関車中，最も高価な材料が使われている．インレットバルブ（吸気バルブ）は熱的負荷が比較的少ないため，低合金中炭素鋼から耐熱鋼 SUH 3 までの鋼種が使われている．エキゾーストバルブ（排気バルブ）は高温の排気ガスに直接接融するため，軸部の付根付近では温度の上昇が著しく，600〜850℃に達する．しかもこの温度で繰返し応力を受けるために，高温疲労強度の高いことが必要である．このために高級耐熱鋼として，SUH 31，21-4 N，CRK 22 などのオーステナイト系耐熱鋼が使用される．またコストダウンの目的で，軸部に低級な耐熱鋼を溶接したものもある．そのほか，バルブシート面にステライト盛金（ステライチング）を行うこともある．

(9) トランスミッションギヤ

トランスミッションギヤはエンジンの動力を直接伝達するため，非常に大きな強さと高い面圧に耐え，そのうえ衝撃荷重に耐えることが要求される．しかも寸法的に高い精度が要求されるため，はだ焼き鋼が採用されている．トラック関係では合金はだ焼き鋼 SNCM 420，220，SCM 420，乗用車関係では SNCM 220，SCM 415，SCr 420 などが使われている．また，SCr 440 や SCM 440 などに浅く浸炭窒化して使用する場合もある．いずれも表面硬さは HRC 60 以上で，硬化深度（有効硬化深度，HV 550 以上の深さ）は 0.6〜1.0 mm である．

(10) 小 物 部 品

自動車のエンジンには，約 1 000 点の小物部品が使われている．これらはマスプロを目的とした加工法に適した材質のものが使用され，加工硬化又は熱処

理によって必要な性質を与えている．その一つが冷間鍛造で，加工性の良いはだ焼き鋼を冷鍛成形し，浸炭焼入硬化して使用する．従来は，S 45 C や S 50 C を切削加工し，焼入れ，焼戻し（調質）していたのである．

鋳造品にはギヤシフトフォークやバルブガイドなどがあるが，ギヤシフトフォークには形状，機械的性質，耐摩耗性の点で可鍛鋳鉄（FCMB），バルブガイドには耐摩耗性や耐熱性の点で高力鋳鉄が使われることが多い．

小物部品の約70%は，ボルト，ナット，ワッシャなどの締付用部品である．

コネクチングキャップボルトやシリンダヘッドボルトのように，高い締付力と繰返し荷重がかかるボルトには，構造用合金鋼の SCr 430 や SCM 435 を使用し，残りの大半のボルトには S 25 C，S 35 C などの炭素鋼が使われる．

**10.2.4 工作機械用**（表10.2.8）

工作機械には，旋盤，ボール盤，フライス盤，中ぐり盤，平削盤，形削盤，研削盤などいろいろな種類があるが，その主なものについて使用材料を示すと，表10.2.8のようになる．つまり，工作機械の質量の約80%は鋳鉄であり，駆動部分は鋼材である．

表 10.2.8　工作機械用材料

| 部 品 名 | 旋　　盤 | ボール盤 | フライス盤 | 平 削 盤 |
|---|---|---|---|---|
| ベ ッ ド | FC 300 以上 | FC 250 以上 | FC 300 以上 | FC 300 以上 |
| 主 軸 台 | FC 250 以上 | FC 250 以上 | FC 300 以上 | |
| 歯 車 箱 | FC 250 以上 | FC 200 以上 | FC 250 以上 | |
| サ ド ル | FC 250 以上 | | | |
| 刃 物 台 | FC 250 以上 | | | FC 250 以上 |
| 主　　軸 | S 45 C, 合金鋼 | S 45 C, 合金鋼 | S 45 C, 合金鋼 | |
| 親 ね じ | S 45 C 以上 | | S 45 C 以上 | S 45 C, 合金鋼 |
| 送りねじ | S 45 C 以上 | S 45 C 以上 | S 45 C 以上 | S 45 C 以上 |
| 駆動歯車 | S 45 C, 合金鋼 | S 45 C, 合金鋼 | S 45 C, 合金鋼 | S 45 C, 合金鋼 |
| ウォーム | S 45 C, 合金鋼 | | | |
| ラ ッ ク | S 45 C 以上 | | | |

## 10.2 機械主要部品用材料

**(1) ベッド, テーブル類**

工作機械のベッドやテーブル類は,みな鋳鉄(FC 250, 300)で作られる.その理由は,鋳鉄は一般に安価で鋳造性に優れ,耐摩耗性が大で,耐食性も比較的よく,強さは鋼材よりも劣るが,加圧に耐え,振動を吸収する能力が大きいからである.

工作機械用鋳鉄としては,①黒鉛の分布が均一で,方向性がなく,過冷組織を有しないこと,②素地のパーライトが微細で,遊離セメンタイトや初析フェライトがないこと,③硬さが均一で,HBS 200~250であることなどが必要とされている.現在は,FC 300級以上の鋳鉄やミーハナイト鋳鉄が多く使われている.これらの鋳鉄はストレスを除去するために,応力除去焼なまし(520~550℃)を行うことが必要である.また,すべり面は摩耗防止のために火炎焼入れ,あるいは高周波焼入れを行う.

**(2) 主 軸**

主軸は切削荷重に十分耐えるように,じん性,剛性に富み,経年変化のないことが必要である.主軸用材料には,炭素鋼(SF 590, S 45 C ~ S 50 C)あるいは炭素工具鋼(SK 2)(調質硬さ HRC 25~28),又は構造用合金鋼(SCM 435, SMnC 443)(調質硬さ HRC 40~45)を使用する.最近では,浸炭はだ焼き鋼(SNC 415, SCM 420)(表面硬さ HV 900~950)も使われている.

**(3) 親ねじ及び送りねじ**

工具や加工物に送りを与え,位置決めを行う親ねじや送りねじも工作機械にとっては重要な部品である.これらに使われる材料は,一般にはSCr 440やSCM 435(調質)あるいはSKS 3である.

### 10.2.5 土木機械用 (表10.2.9及び表10.2.10)

土木機械にはクローラトラクタ,パワーショベルなど,各用途に応じて種類が多い.いずれも種々雑多な条件のもとに稼動するので,機械の各部,特に大地に接する部分の摩耗が問題になる.また,繰返し衝撃荷重を受けることが,他の機種よりも激しいことが特徴でもある.トラクタの主要部品の材質を示せば,表10.2.9のようになる.つまり,ほとんど大部分が機械構造用炭素鋼

表 10.2.9　トラクタ主要部品用材料

| 部　品　名 | 材　　質 |
|---|---|
| シ　ュ　ー | S 40 C, S 45 C, SMn 443 |
| リ　ン　ク | S 45 C, SCM 435, SMn 443 |
| ピ　　　ン | S 45 C, S 55 C |
| ブ ッ シ ン グ | S 15 C, S 20 C, SCM 415 |
| スプロケット | SC 450 |
| アイドラー | SC 450 |
| トラックローラ | S 45 C, SC 450 |
| サポートローラ | 合金鋳鉄, S 45 C |

表 10.2.10　土木機械用鋼材

| |
|---|
| S 15 C, S 20 C, S 40 C, S 45 C, S 55 C |
| SCM 435, SCM 440, SNCM 240, SMn 443, SCM 415 |
| SK 5 |
| SC 450, SCMnCr 2, SCMnCr 3 |

(S-C 材) である．

**（1）　トラックシュー**

トラックシューは，直接岩石や土砂による激しいひっかき摩耗を受けながら，繰返し曲げ応力と衝撃を受けるので，表面は硬く，中心部はじん性が要求される．鋼材としては，S 40 C, S 45 C を調質又はグローサ部のみを高周波あるいは火炎焼入れする（HRC 37～46）．

**（2）　トラックローラ**

トラックローラは高いじん性と耐摩耗性が要求されるので，S 45 C を使って表面を高周波焼入れする．

**（3）　エンドビット**

カッティングエッジ，エンドビット，バケットケースなどは，直接大地に衝撃的に大荷重をもってぶつかり突込まれるので摩耗がひどい．したがって，これらの部品は十分な耐摩耗性と耐衝撃性が必要である．そこで炭素工具鋼（SK

5)や構造用合金鋼（SNCM 240, SCM 435, 440）を焼入硬化して使用する．

## 10.3 一般機械要素用材料

### 10.3.1 軸　用

軸には種類が多いが，一般には所要の強度をもち，曲げ，ねじりなどに対する疲労強度や耐衝撃性の優れていることが要求される．なお，用途によっては耐摩耗性，耐食性，耐熱性などが必要である．軸用材料としては，小寸法の軸にはS-C材（S 45 C），大径軸にはSF材（SF 540, 590）や構造用合金鋼（SCr 445, SCM 435, 445, SMn 443）が使われている．

### 10.3.2 軸受用

ボールベアリングやローラベアリングには，通常，高 C-Cr 鋼（SUJ 2, 3）が使われている．車両や圧延機など，衝撃荷重のかかるところにははだ焼き用軸受鋼（SNCM 220, SNCM 420），耐食用としてはステンレス軸受鋼（SUS 420 J 2, SUS 440 C），ジェットエンジンなどの高温用には Mo 高速度鋼〔SKH 51, M 50（6％W-4％Mo-4％Cr-1％V）〕が用いられている．

### 10.3.3 歯車用

歯車（ギヤ）は，その用途によって鉄鋼材料から非鉄金属，プラスチックに至るまでいろいろなものが使われている．このうち鋼製ギヤには，調質（焼入・焼戻し）ギヤ，表面硬化ギヤ，鋳造ギヤの3種類がある．強力ギヤには，構造用合金鋼（SCr 440, SCM 440, SNCM 630）及び合金はだ焼き鋼（SCr 420, SCM 420, SNCM 616），中力ギヤには構造用炭素鋼（S 45 C）の調質又は高周波焼入れが採用されている．そのほか，大型ギヤには鋳鋼（SCMn 2, SCMnCr 2）や鋳鉄（FC 250, 300, FCD 450）が使用されている．

### 10.3.4 カム用（表10.3.1）

カムに使用されている材料は，鋼及び鋳鉄である．カム用材料の鋳鉄としては，鋼よりも値段が安く，工作が容易で，かつ耐震性能が大き

表 10.3.1　カム用鉄鋼材料

| |
|---|
| FC 200, FC 250, FCD 400 |
| S 45 C |
| SCr 440, SCM 440 |
| SUJ 2 |
| S 15 CK, S 20 C |

いため，比較的強さを問題としない場合に多く使われている．しかし，強度や耐摩耗性を必要とする場合には鋼を使用し，特に摺動面には浸炭焼入れや高周波焼入れを施し，ラッピングを行うのが普通である．

### 10.3.5 ロール用

ロールには熱間用と冷間用の2種類があるが，ここでは冷間用小，中型ロールの鋼材について説明する．冷間用ロールとしては圧延品のはだが美しく，ロールにはく離や摩耗の生じにくいことが必要である．それには，一般用として高C-Cr鋼(SUJ 2)，耐摩耗用としてダイス鋼(SKD 11)，高速度工具鋼(SKH 51, 10)が使われている．

### 10.3.6 ばね用（表10.3.2及び表10.3.3）

ばねには，熱間成形と冷間成形の2種類がある（表10.3.2）．熱間成形ばねには平鋼や丸鋼（SUP材），冷間成形ばねには線（SW）や帯鋼（SK）が用い

表 10.3.2 ばねの種類

| 大別 | 種類 | 鋼種 |
|---|---|---|
| 熱間成形ばね | 板ばね | SUP 3(車両用)，SUP 6(自動車用) |
| | コイルばね | SUP 4, SUP 11 A |
| | トーションバー | SUP 9, SUP 10, SUP 11 A |
| 冷間成形ばね | コイルばね | SWP |
| | 弁ばね | SWPV |
| | シートばね | SW |
| | ゼンマイ | SK 4 |
| | 耐食ばね | SUS 304 WP |
| | 耐熱ばね | SUS 304 WP, SUS 302 WP |

表 10.3.3 ばね用鋼材

| |
|---|
| SUP 3, SUP 4, SUP 6, SUP 9, SUP 10, SUP 11 A |
| SW, SWP, SWP–V |
| SK 4 CSP |
| SUS 304 WP, SUS 302 WP |

## 10.3 一般機械要素用材料

られている．

### 10.3.7 ボルト，ナット用（表10.3.4～表10.3.6）

ボルトには，普通ボルトと高力ボルト（ハイテンボルト）とがある．区分は引張強さ（kgf/mm²）によっており，例えば，引張強さが40kgf/mm²以上のものは4T，80kgf/mm²以上のものは8Tのようにしている．6T以下は熱処理を行わずに製作し，8T以上は熱処理を施す（表10.3.4）．ナットもそれぞれのボルトにマッチするような鋼材と熱処理が選ばれている．ボルトとナットの組合せは表10.3.5のようである．なお，5T，7Tのナットは，必要に応じて適当に使用することになっている．

表 10.3.4 ボルト及びナット用鋼

| 強さ区分 | ボルト用鋼材 | ナット用鋼材 |
| --- | --- | --- |
| 0 T | SS材，SWRM材 | SS材 |
| 4 T | SS 400, S 20 C, SWRM 3 | SS 400, S 20 C, SWRM 3 |
| 5 T | SS 490, S 35 C, SWRH 1 | SS 490, S 35 C, SWRH 1 |
| 6 T | S 40 C, S 35 C – D, SWRH 2 | S 40 C, S 35 C – D, SWRH 2 |
| 7 T | S 45 C, S 50 C | S 45 C, S 50 C |
| 8 T | SCr 430, SCr 435, SCM 435 | SCr 430, SCr 435, SCM 435 |
| 10 T | SCr 440, SCM 435, SNCM 630 | |

表 10.3.5 ボルトとナットの組合せ

| ボルト | 0 T | 4 T | 5 T | 6 T | 7 T | 8 T | 10 T |
| --- | --- | --- | --- | --- | --- | --- | --- |
| ナット | 0 T | 4 T | | 6 T | | 8 T | |

表 10.3.6 ボルト及びナット用鋼材

| |
| --- |
| SS 400, SS 490 |
| SWRM 3, SWRH 1, SWRH 2 |
| S 20 C, S 35 C, S 40 C, S 45 C, S 50 C |
| SCr 430, SCr 435, SCr 440, SCM 435, SNCM 630 |

### 10.3.8 キー，コッタ，ピン類用 （表 10.3.7 及び表 10.3.8）

キーとコッタには同一材質のものが使われており，S 45 C は焼ならし又は焼入・焼戻し（HBS 201〜269）の状態で使用する．S 20 C-D 及び S 45 C-D は冷間引抜のまま，SF 540 は大径軸のものに使われている．

ピンには割ピン，テーパピン，平行ピンなどがあるが，表 10.3.7 のような材料が規定されている．

表 10.3.7 ピンの種類と材質

| ピンの種類 | 材 質 |
| --- | --- |
| 割 ピ ン | SWRM 3〜4 銅線，黄銅線 |
| テ ー パ ピ ン | S 50 C, S 20 C |
| 先割テーパピン | S 20 C, S 35 C, SUS 420 J 2, SS 41 |
| 平 行 ピ ン | S 45 C, SS 400 |

表 10.3.8 ピン用鋼材

| |
| --- |
| SS 400 |
| SWRM 3, SWRM 4 |
| S 20 C, S 35 C, S 45 C, S 50 C |
| SUS 420 J 2 |

### 10.3.9 リベット用

リベット用材料には，かしめ作業の容易な低炭素鋼が使われているが，さびが問題になるところにはステンレス鋼が使用されることもある．一般に使用される直径 13 mm 以下のリベットは冷間かしめであり，一般構造用，ボイラ用，船舶用など，直径 10 mm 以上のリベットは熱間かしめが行われる．冷間成形リベット用材料には，軟鋼線材（SWRM 10, 12）が規定されている．一般に冷間成形には，リムド鋼よりもキルド鋼のほうが適しているといわれている．熱間成形リベットには，リベット用圧延鋼材（SV 330, 400）が使用されている．

### 10.3.10 レール及び車輪用 (表10.3.9)

鉄道用レール及び車輪は，一般には高C鋼（0.60～0.75％C）が使われている．レールの種類は，長さ1m当たりの質量（kg）で表しており，重いレールになるほどCやMn％が高くなる．耐摩耗用レールとしては，高Mn鋳鋼（SCMnH）や焼入レールが使われている．

車輪にはタイヤと一体車輪の2種類がある．タイヤは輪心に焼きばめするタイプで，STY（0.60～0.75％C）-R（圧延），N（焼ならし），Q（焼入・焼戻し）の3種類がある．一体車輪は，SSW（0.60～0.75％）の記号でR（圧延）とQ（熱処理）の2種類がある．

表 10.3.9 レール及び車輪用鋼材

| 種類 | | C％ |
|---|---|---|
| 普通レール | 30 kg | 0.50～0.70 |
| | 37 kg | 0.55～0.70 |
| | 50 kg, 40 kg, 50 kgN, 60 kg | 0.60～0.75 |
| 軽レール | 6 kg, 9 kg, 10 kg, 12 kg, 15 kg | 0.40～0.60 |
| | 22 kg | 0.45～0.65 |
| タ イ ヤ | STY－R, STY－N, STY－Q | 0.60～0.75 |
| 一体車輪 | SSW－R, SSW－Q | 0.60～0.75 |

## 10.4. 機械工具用材料

### 10.4.1 切削工具用 (表10.4.1及び表10.4.2)

切削工具としては，耐摩耗性とじん性が必要である．このために切削工具用鋼材としては，高速度工具鋼が大部分である．表10.4.1及び表10.4.2は，各種切削工具の種類とこれに使われている工具鋼を示すものである．

### 10.4.2 冷間成形金型用

押出し，すえ込み，コイニング，転造などの冷間成形は，高い圧縮力のもとに行われるから，これ用の工具鋼も耐圧性と耐摩耗性が大きくなければならない．それには炭素工具鋼（SK 5），合金工具鋼（SKS 3, SKD 11），高速度鋼

表 10.4.1　各種切削工具と材料

| 工具の種類 | 一般用 | 高速度重切削用（難削材用） |
|---|---|---|
| バイト類 | SKH 2, SKH 3 | SKH 4, SKH 10, SKH 57 |
| フライス類 | SKH 2 | SKH 3 |
| ドリル類 | SKH 51 | SKH 3 |
| タップ類 | SKH 51, SKS 2, SKS 3 | SKH 3 |
| リーマ類 | SKH 51 | SKH 3 |
| ブローチ類 | SKH 51 | SKH 3 |
| 歯切工具類 | SKH 2 | SKH 3, SKH 4 |

表 10.4.2　切削工具用鋼材

| SKH 2, SKH 3, SKH 4, SKH 10, SKH 51, SKH 57 |
|---|
| SKS 2, SKS 3 |

(SKH 51) が使われている．

#### 10.4.3　熱間成形金型用

熱間成形金型，つまり鍛造用型，ダイカスト用型，熱間押出用型などには，熱間加工用合金工具鋼（SKD 4, 6, 61, SKT 3, 4）が使われている．また，最近では SKD 11 を高温焼戻し（510℃）して使うこともある．

#### 10.4.4　せん断刃用

せん断刃（シヤーブレード，平刃，丸刃）には冷間用，熱間用の種類があり，更に厚板用，薄板用に細別されている．冷間用せん断刃には，ベアリング鋼（SUJ 2），合金工具鋼（SKS 3, SKD 11, SKT 4）及び高速度工具鋼（SKH 10, 51），熱間用には合金工具鋼（SKD 6）が使われている．

#### 10.4.5　のこぎり，ハクソー用

のこぎりには，金工用と木工用の2種類がある．金工用のこ，ハクソーには炭素工具鋼（SK 5），合金工具鋼（SKS 2, 5, 7），高速度工具鋼（SKH 2, 3），また，木工用のこには炭素工具鋼（SK 5）が使われている．

#### 10.4.6　作業工具用（表 10.4.3）

作業工具は手工具などとも呼ばれているもので，スパナ，モンキ，プライ

## 10.4 機械工具用材料

**表 10.4.3 作業工具と材料**

| 工具名 | 材料 | 工具名 | 材料 |
|---|---|---|---|
| ペンチ | SS 400, S 15 C, SK 7 | 眼鏡レンチ | SCM 435 |
| ニッパ | SK 7 | ドライバー | SWRH 42, SKS 3 |
| モンキ | SCM 435, S 45 C | パイプレンチ | S 45 C |
| スパナ | SCM 435, S 55 C | ハンマ | S 55 C |
| プライヤ | SK 7 | パイプカッタ | SK 3 |

ヤ，ペンチ，ニッパ，ドライバーなどの工具類を意味する．これらの作業工具に使われている鋼材は SS 材，構造用炭素鋼 (S-C 材)，構造用合金鋼 (SCM)，炭素工具鋼 (SK) などである．表 10.4.3 はその主なるものを示す．

### 10.4.7 冶工具，ゲージ用

これらの測定工具は，寸法の正確さと耐摩耗性を必要とするので，一般には耐摩不変形用工具鋼 (SKS 3, 31, SKD 11) 及び高 C-Cr 鋼 (SUJ 2) が使われる．

### 10.4.8 やすり用

やすりには高硬度と耐摩耗性が要求されるので，炭素工具鋼 (SK 1) 及び合金工具鋼 (SKS 8) (組合せやすり，刃やすり) が使用されている．

# 11. 機械，材料，熱処理技術者へのコメント集

## 11.1 機械部品を設計するときの鋼材料の選び方

　機械部品を設計するに当たって，最初に直面するのが材料の選び方である．どんな鋼材料を選んだらよいかが大きな問題となる．このときの心構えをコメントしよう．

　まず第一に強さだけが必要な場合は，S 45 C の生材で構わない．これは引張強さ（$\sigma_B$）が約 65 kgf/mm² あるからである．これで力不足ならば，より C％の高い S 50 C や S 55 C を選ぶが，その目安は次式から求められる．

$$\text{引張強さ } \sigma_B (\text{kgf/mm}^2) = 20 + 100 \times \text{C\%}$$

ただし，C％が高いほど硬くて強いが粘りが足りないから，注意しなくてはならない．

　そこで，強さと粘さが必要ならば，合金鋼（SCM 435，SMnC 443 など）を選び，これを焼入・焼戻し（調質）して使うのがよい．S 45 C では径約 20 mm（板厚ならば約 14 mm）までしか熱処理が効かないが，SCM 435 ならば径 80 mm（水焼入れ），径 60 mm（油焼入れ）まで熱処理が効く．これを焼入・焼戻し（調質）すれば，$\sigma_B = 100$ kgf/mm²，伸び 10％はクリアできる．またこのときの $\sigma_B$ は硬さから求めることができる．

$$\sigma_B (\text{kgf/mm}^2) = 3.2 \times \text{HRC} = 1/3 \times \text{HB} = 2.1 \times \text{HS}$$

　また，耐摩耗性が必要ならば，SUJ 2 又は SK 材のような高 C 鋼（0.8～1.0％C）を選んで，焼入・低温テンパ（約 200°C）を行い，55～60 HRC にするのがよい．また高周波焼入・低温テンパも OK である．特に SUJ 2 は Cr が含有されているので，耐摩耗性に優れている．肌焼鋼の浸炭硬化も OK である．

耐疲労性が要求される場合は，SCM 435 や SCM 440 を高温焼戻しして 45 HRC にすればよい．疲労強さは引張強さの約 1/2 と踏んでよい．

更にショックに強いことが要求されるときは，SCM 435 や SCM 440 を調質（焼入・高温焼戻し）して，30 HRC 前後にするのがよい．C% は 0.3～0.4% が適当で，高 C はいけない．

このほか，さびが問題ならばステンレス鋼，軟らかくてもよいならば F 系（SUS 430），A 系（SUS 304），硬くて強くてさびに強いことが要求されるならば M 系（SUS 420 J 2 など）にするのがよい．

## 11.2 鋼を選ぶコツ

機械部品を製作する際，設計を終わってさてどんな材料を使おうかというとき材料の選択に迷うことが多い．そんなときの一定のルールあるいはメニューを述べてみよう．

機械設計技術者ならば材料の選択に迷うことは，あって当然である．そんなときは次のルールに従うのがよい．まず最初に最も強さを必要とするところはどこかということを決める．その強さが引張強さで約 40 kgf/mm² 以下であるならば，SS 400 か S 45 C の生材をそのまま使ってよい．それ以上の強さが必要な場合には，熱処理材（調質材）を使う必要がある．そしてそのときには強さを必要とする部分の肉厚（又は太さ）をチェックする．その肉厚が約 14 mm（太さなら径約 20 mm）以下ならば S 45 C の調質材と決めて硬さを指定する．ここで引張強さ（$\sigma_B$）と硬さ（HRC）の関係は

$$\sigma_B(\text{kgf/mm}^2) = 3.2 \times \text{HRC}$$

となる．こうして所要の硬さが決まったら，この硬さをクリアするような焼入・焼戻し（800℃油焼入れ，500～650℃焼戻し）を指定する．

更に強さを必要とする部分がこれよりも厚かったり太かったりする場合には，S 45 C では焼入性が悪いので，SCM 435 を選択する．これならば肉厚 42 mm，径 60 mm まで油焼入・焼戻しで対応できる．

耐力（降伏点）が必要なときには，生材（非調質材）では $\sigma_B$ の 50%，調質

材では $\sigma_B$ の 80% と考えればよい．

要するに，強さが約 40 kgf/mm² 以下の場合は SS 400 か S 45 C の生材，それ以上の強さが必要な場合には，部品の太さ，厚さを考えて，径 20 mm（厚 14 mm）以下ならば S 45 C の調質材，それよりも太いときは SCM 435 の調質材を選ぶということになる．

もっとも最近では非調質鋼と呼ばれる製鋼会社でプレハードンした鋼材もあるので，$\sigma_B$ 60 kgf/mm² くらいまでならばこれを使えばそのまま機械加工して使うことができる．

なお，大物や厚物のときには，S 45 C を選んで表面だけを高周波焼入れするのも一法である．

また摩耗部品に対しては S 20 C の浸炭材を使うか，SUJ 2 を焼入・焼戻し（850℃油焼入・200℃焼戻し）して使うのがよい．SUJ 2 の耐摩耗性は SK 5 などよりも優れている上に価格も安いので，大いに活用すべきである．ただし，SUJ 2 は丸棒のみで板材がないのが玉にキズである．

耐食性を求めるときには SUS 304 や SUS 420 J 2 を使うのがベストである．クロムめっき品や亜鉛めっき品を使う手もあるが，SUS 材のほうがよい．

## 11.3 SUJ 2 をもっと活用しよう

機械工具類は主として SK 材（炭素工具鋼）で作られているが，コストダウンと性能クリアを狙うならば，SK 材の代わりに SUJ 2 を使うのがよい．SUJ 2（1%C-1.3%Cr）はボールベアリングやローラベアリングの専用材として賞用されているが，この材料は焼きが入りやすく，耐摩耗性は抜群という性質を持っていて，しかも値段は SK 材よりも安い．SK 5（0.9%C）や SK 3（1.0%C）は 230 円/kg するのに対して SUJ 2 は 160 円/kg（2000 年 8 月）である．特殊元素の Cr が 1.3% も入っていて，入っていない SK 材よりも安いというから何とも不思議な話である．しかも焼入性と耐摩耗性は SK 材よりも優れているとなると，鋼の七不思議といわれても致し方がない．その理由の一つとしては SUJ 2 は多量生産されているからだといわれている．また材質的な面で

も高水準の鋼で，日本が世界に誇り得る鋼材の一つといってもよい．

そこでこのSUJ2を使ってシャフトや機械工具を作るのはなかなかよいアイデアというべきである．Crが入っているので焼きが入りやすく硬くなり，しかも200℃テンパで60HRCがクリアできて，ベアリング並みの耐摩耗性が発揮されるのである．また400〜600℃の高温テンパでは40〜50HRCとなって強度部品に好適である．なお，シャフトなどは油ズブ焼きせずに高周波焼入れ，低温テンパ（200℃）すれば，耐摩耗性が必要な強力シャフトにうってつけである．

しかし，SUJ2にも泣き所がある．それは基本的に丸棒素材しかないということである．板材や角材は特注品になるので，コストがアップするし，丸棒を鍛造して平角材にすると後の球状化焼なましが大変で，これまたコスト高になるので好ましくない．そのため，あくまでも丸棒のSUJ2の活用を考えることが基本である．

具体的な熱処理方法としては，約850℃油焼入れ（ズブ焼き，径50mmまで），又は高周波焼入れした後，耐摩耗部品には低温テンパ（約200℃），強度部品には高温テンパ（400〜600℃）するのがよい．

要すれば，SUJ2はSK材よりも価格が安く，焼入性がよいので，耐摩耗部品や強度工具などに使ってメリットが出てくる．SUJ2をもっと活用すべきである．

## 11.4 機械設計には物理的性質も忘れずに

機械部品の設計は主として機械的性質をベースにするのが常道である．そして強さは硬さから推定できるので，まず硬さを決めることが第一歩となる．

$$引張強さ (kgf/mm^2) = 3.2 \times HRC = 1/3 \times HB = 2.1 \times HS$$

しかし，機械部品には機械的性質だけではなく，ぜひとも考えなければならない物理的性質もある．それは熱伝導率と熱膨張係数である．この二つの物理的性質は一般の鋼材ならばそれほど問題にはならないが，ステンレス鋼（SUS304）を使うときには注意が必要である．SUS304の熱伝導率は普通鋼

の約 1/3，熱膨張係数は 5 割増というこの特性を忘れてはいけない．機械部品は熱の影響を受けることが多いので，この特性を忘れると失敗のもとになることがある．

また弾性係数（$E$）も設計には必要な数値であるが，鋼ならば 21 000 kgf/mm² と考えてよく，これは鋼の種類，熱処理の有無，硬さによってもほとんど変化せず，一定と考えてよい．しかし，SUS 304 では $E ≒ 20 400$ kgf/mm² と少し低いことに注意しよう．

## 11.5 非調質鋼という名の鋼

最近，非調質鋼というのがかなり出回っている．非調質鋼というのは調質（焼入・焼戻し）をしなくてもよい鋼，あるいは調質にあらざる鋼ということであって，熱処理不要の鋼ということではない．熱処理のいらない鋼というものはない．

非調質鋼は製鋼メーカーが圧延時の残熱を利用して熱処理（主として焼ならし）を行ったもので，この点では従来のように熱処理専業者が改めて熱処理しなくても使える鋼である．したがって，熱処理専業者泣かせになるが，全く調質が不要というわけではない．非調質鋼は圧延時の残熱を利用して衝風冷却や加圧噴霧冷却してパーライトを微細化する方法なので，いわば焼ならしと同じようなものである．これに対して調質は焼入・焼戻し（400°C 以上）のことで，組織的にはマルテンサイト（M）の焼戻しによってトルースタイト（T）やソルバイト（S）といった粒状組織にすることである．焼ならしのパーライト組織（層状）に比べると，引張強さは同じでも衝撃値（粘さ）が 3 倍も大きくなる．つまり，非調質鋼は微細パーライト組織のために粘さ（じん性）が不足するという点が"泣き所"なのである．

したがって，強さだけでよいならば非調質鋼でも構わないが，粘さが必要な場合には非調質鋼では役不足で，ここは調質鋼でなければいけない．ここに熱処理専業者の生きる道があるわけで，調質の重要性が再認識されてくるわけである．しかし，工程の短縮やコストダウンを狙うならば，非調質鋼の活用を考

える必要もある．このため，製鋼メーカーでは非調質鋼の欠点である粘さ不足を改善するために特殊元素のV，Ti，Nbなどを微量添加して高じん性非調質鋼を開発しつつある．ちなみに非調質鋼のことを英語で"マイクロ・アロイ・スチール"というのはこのためで，JISでは非調質高張力鋼といっている．また，非調質高張力鋼をつくるための制御冷却方法をTMCP（熱加工制御冷却法）といっている．非調質鋼は自動車の足回り部品などへ盛んに適用されている．

## 11.6 ADI（FCAD）とは

ADIというのはダクタイル鋳鉄（球状黒鉛鋳鉄，FCD）をオーステンパ処理した材料の略号で，オーステンパしたダクタイル鋳鉄ということでADI（Austempered Ductile Iron），これは世界中に通じる名称である（JIS記号FCAD）．

ダクタイル鋳鉄は，黒鉛が球状（普通の鋳鉄では片状）になっているので，延性（伸び）があるところから延性鋳鉄（ダクタイルアイアン）といっている．一般の鋳鉄は伸びがほとんどないから，鋳鉄といえば脆い素材の代名詞になっているくらいであるが，延性鋳鉄（FCD）はこの点が大いに違う．また，ダクタイル鋳鉄のことをじん性鋳鉄ということがあるが，延性とじん性は違う．延性（伸びのあること）はダクタイル，じん性はタフ，つまり粘り強さのあることで，延性とじん性は区別することが大切である．

ADIは延性のあるダクタイル鋳鉄の伸びを更にアップするためにオーステンパ処理を行ったもので，引張強さ$1\,000\,\text{N/mm}^2$（約$100\,\text{kgf/mm}^2$），伸び10％となり，鋼にも負けない機械的性質を示すようになる．

オーステンパ処理はFCDを約900℃に加熱してから約350℃の熱浴に1.5〜2h保持してから空冷する．これによって組織は大部分ベイナイトになるので，強くて伸びのある性質が発揮されるのである．

ADIは鋳物であるから，製品の最終形状に鋳造することができ，ほとんど機械加工をしないですむので，いわばNNS（ニヤー・ネット・シェープ）にな

る．このため，加工工程の削減，コストダウンがはかれるので喜ばれている．そのうえ，鋳鉄は減衰能が高いので，騒音や振動の低減にもメリットがある．

　以上のように，FCDのオーステンパ品をADIといっているが，JISでは1996年から記号を"FCAD"とし，これに引張強さと伸びを併記することになったのである．例えば"FCAD 900-4"では900が引張強さ（N/mm$^2$），4は伸び（％）となっている．なお，従来のFCADは3種類であったが，1996年から5種類になり，FCAD 900-4，FCAD 900-8，FCAD 1000-5の3種類は強度部品用，FCAD 1200-2とFCAD 1400-1は耐摩耗部品用になっている．

## 11.7　ベイナイト鋼をもっと利用しよう

　ベイナイト鋼とはオーステンパという等温冷却処理によって得られるベイナイト（B）組織をもった鋼のことである．ベイナイトはS-C材をオーステンパすると得られる組織で，ボロン，Mo，Crなどの特殊元素を適当に添加して調製すると連続冷却処理によってもベイナイト組織を得ることができる．

　このオーステンパという熱処理は冷却剤に300～500℃の溶融ソルトを使ってこの中に焼入れした後，1hほど等温保持してから取り出して空冷するというプロセスである．

　こうすると，通常の焼入れではマルテンサイト組織になるところが，ベイナイト組織になるのである．オーステンパの温度が低め（300～400℃）で処理されたものを下ベイナイト，高め（500～600℃）のものを上ベイナイトといい，硬さは下Bが硬く，上Bは軟らかい．

　またオーステンパという名前からわかるように，既にテンパ（焼戻し）が施された同じ処理であるから，焼戻しは不要である．しかし硬さを調整するために焼戻しを追加することもある．これをBテンパという．オーステンパ品はマルテンサイト（M）のテンパ品（焼入・焼戻し，調質品）よりも強さ，粘さの点で勝っている．つまり強靱である．

　したがって，ベイナイト鋼は機械用部品に適したもので，これも大いに活用すべきである．ただしS-C材でB組織を得るには，マス・エフェクト（質量効

果）によって小物（径3 mm 以下，板厚2 mm 以下）にしか適用できないという制限がある．Cr, Mo, ボロンなどが入った特殊鋼（S-A 材）ならば大物でも OK である．このマス・エフェクトがベイナイト鋼の泣き所である．

また FCD はオーステンパすると機械的性質が格段によくなる．これが ADI で，JIS にも規格化されている（JIS では FCAD）．

## 11.8 機械部品のストレスを取ろう

ストレスは人間の健康にも有害といわれているが，機械部品にとっても有害なものである．長年使い古した機械部品にはストレスがたまっており，これがたまりすぎると疲労破壊を起こしてしまう．ストレスの正体は使っているときのわずかな力が積もり積もったもので，ひずみ（変形）と違って外から見ただけではわからない．例えば針金を切るときにペンチがないときは何回も折り曲げを繰り返すと最後には切断してしまう．これはわずかな力（ストレス）が繰り返されることによって切断したわけで，これが疲労破壊である．

ストレスの一番の悪さはこの疲労破壊につながるということである．一般に物が壊れるときは変形を伴うものであるが，疲労破壊は変形することなく，ある日突然壊れてしまうので，機械部品にとってはこわいのである．また機械部品の破壊の 80％は疲労破壊といわれているので，これを防ぐことは非常に大切なことだといえよう．そこで疲労の原因はストレスにあるのであるから，ストレスがたまったら適当にこれを取り除いてやることが必要である．人間のストレスは風呂に入るとかサウナに行って暖まり，ゆったりとした気分に浸ることで解消することができる．機械部品も人間と同じで，加熱することによってストレスを取ることができる．具体的には約 450℃ 以上に加熱すると完全に除去でき，これが応力除去焼なまし（HSR）である．450℃ でなくても 200℃ 加熱ならば約 1/2，100℃ の加熱で約 1/4 のストレスが除去できる．普通に行われる応力除去焼なましは 500～600℃×1 h 空冷であるが，100℃ のお湯戻しでも，結構やらないよりはましである．

ストレスが取れれば疲労に強くなり，寿命が延びる．カミソリなどの刃物は

使っていると刃先にストレスがたまって切れ味が落ちてくるが，これを 100°C のお湯につけてやると刃先にたまったストレスが取れて切れ味が回復する．これは既に刃物業界の常識になっている．洋服でも靴でも着たきり雀では形くずれする．そこで 2，3 日ごとに着替えると形くずれせずに着ることができる．機械部品も使いづめにするとストレスが蓄積するので，ときどき休ませて応力除去することが必要である．プレスに使われる金型やポンチは 1 週間目の終わりに休ませて約 200°C の油煮をすると長持ちする．

　ストレスを取るには，この熱的な方法のほかに $-80 \sim -150$°C に冷やしてから室温に戻すというサブゼロ処理をすると約 60% のストレスが取れるといわれている．また機械部品に機械的な振動（磁力振動）を与えてもストレスが取れるので，これは大型部品の応力除去に応用されている．

　ストレスを取るには次の三通りの方法がある．
① 熱的に加熱する方法（応力除去焼なまし，HSR）
② 深冷する方法（サブゼロ処理，CSR）
③ 振動法（VSR）

温度をあげるということは，熱的に分子運動を与えるということで，HSR はこれに該当し，CSR がこれに準じる．VSR は機械的に外部から分子に振動を与えているわけで，いずれもその挙動は同じである．大型機械部品，例えば旋盤や形削盤などのベッドのような大物のストレス除去には VSR を利用するのが便利である．

## 11.9　ストレスには善玉と悪玉がある

　ストレスには善玉と悪玉がある．ちょうどコレステロールに善玉と悪玉があるようなものである．

　一般に材料は引張りに弱く，圧縮には強い．引張りで破断しても圧縮ではなかなか壊れないものである．したがって材料の内部に引張りのストレスが存在すると，それだけ材料を弱くし，逆に圧縮のストレスが内在するとそれだけ材料を強くすることになる．いま $100 \ \mathrm{kgf/mm^2}$ の引張力で壊れる材料があると

すると、これに引張りのストレスが $10\,\mathrm{kgf/mm^2}$ 内在すると、あと $90\,\mathrm{kgf/mm^2}$ の引張力でちょうど $10+90=100\,\mathrm{kgf/mm^2}$ になるので、この材料は $90\,\mathrm{kgf/mm^2}$ の外力で壊れることになる。見かけは $90\,\mathrm{kgf/mm^2}$ しかもたないというわけである。逆に圧縮のストレスが $10\,\mathrm{kgf/mm^2}$ 内在すると、$-10+110=100\,\mathrm{kgf/mm^2}$ となって見かけは $110\,\mathrm{kgf/mm^2}$ までもつことになる。つまり、$10\,\mathrm{kgf/mm^2}$ 分だけ強くなったわけである。

したがって、引張りのストレスは材料をそれだけ弱くし、圧縮のストレスはそれだけ強くすることになる。そこで引張りのストレスは借金(悪玉)、圧縮のストレスは貯金(善玉)といえる。この善玉のストレスを機械部品に利用すると材料をそれだけ強くすることができる。

具体的には、浸炭や高周波焼入れなどを施した部品の表面には圧縮のストレスが入っているので、曲げやねじれに強く、疲労強度も向上する。ショットピーニングをかけるのも圧縮のストレスを活用するための処置である。

そして、一般に引張変形を与えると材料の内部には圧縮のストレスが残留し、逆に圧縮変形を与えると引張りのストレスが残留する。つまり、材料の内部には、外力と反対のストレスが残留することになる。機械部品の強さ、特に疲労強度に対しては圧縮(−)の残留ストレスが有効であるから、これを大いに活用すべきである。しかし、摩耗に対しては圧縮のストレス(善玉)も引張りのストレス(悪玉)もいずれも有害で、摩耗を促進する働きをする。このため、摩耗部品では約 200℃ に焼戻して残留ストレスを減少させるという処置が行われている。ストレスは約 450℃ 以上に加熱しなければ完全に除去できないが、この高温テンパを行うと、ストレスは解消できても硬さが低下してしまって耐摩耗性にはよくない。そこで硬さがあまり低下せず、ストレスもそこそこ(約 1/2)に除去できる範囲を狙って 200℃ テンパにするわけである。例えば、ボールベアリングや浸炭焼入部品、高周波焼入部品は善玉ストレスを犠牲にしても耐摩耗性を確保するために 200℃ の低温テンパを行っているのである。

しかし、強度部品では善玉の圧縮のストレスを活用するために、ノーテンパで行く手もある。高周波焼入れのときは、母材が 0.3%C 以下(S25C 以下)

ならばテンパなしで，高周波焼入れのまま使うこともOKである．

　長年使っている機械部品にはストレスがたまっていて疲労破壊の原因になるので，これは除去することが必要である．しかし，最初から善玉のストレスを与えておけばそれだけ強化したことになるので，これを大いに活用するのがよい．

　熱処理的な圧縮ストレッシング（浸炭焼入れや高周波焼入れ）や機械的な圧縮ストレッシング（ショットピーニング）などは善玉ストレスの活用として有力な武器となる．

## 11.10　熱処理技術者から機械技術者に物申す

### 11.10.1　研削加工品について

　機械部品の最終仕上げ工程はグラインダ研削加工である．研削加工すると，表面肌はピカピカ，スベスベできれいに滑らかになっていて，見てくれ（外見）はいいが，内面的には研削加工によってストレスが入っているので必ずしも良いとはいえない．このストレス（残留応力）は摩耗を促進したり，表面強度を下げたりするので悪玉である．悪玉のストレスは除去することが必要である．

　それには研削加工後に応力除去焼なまし（SR）することが大切である．調質品（焼入・焼戻し品）（S 45 C，SCM 435 など）ならば再焼戻し（500〜600℃）する．200℃の低温テンパ品（SK，SUJ，浸炭焼入れ品，高周波焼入れ品）ならば再加熱（150〜200℃）することで，このストレスをある程度解消することができる．

　鋼部品の残留応力は450℃以上の加熱で完全除去できるが，200℃の加熱でも約1/2解消できる．つまり油煮でよい．こうすると，表面が油焼けしてピカピカでなくなるからイヤだというが，油焼けするとさびに強くなり，耐摩耗性もアップする．水蒸気を使って水焼け（$Fe_3O_4$膜，ホモ処理，水蒸気処理）させる酸化膜処理が酸化処理として利用されていることを考えると，油焼けを嫌ってはいけない．大いに活用すべきである．

つまり、研削加工後には残留応力除去のためにSRすること。これが必要である。機械技術者はどうしてこれをやらないのであろうか。加工面をピカピカに光らせるばかりが能ではない。テンパ・カラーをつけることにメリットがあることを忘れてはいけない。

### 11.10.2 曲がり直しについて

機械部品の曲がり直しをコールド（常温）でやっているのはいただけない。冷間矯正でも曲がりは取れるが、そのまま放置しておくと、またわがままが出て曲がりが再出現する。これを時効変形という。またコールド矯正したものは機械加工（切削や研削）すると曲がりが出現してくる。

これらはひとえに冷間矯正による残留応力（ストレス）のせいである。つまり、冷間矯正するからいけないので、温間矯正を行えばこのような問題はほぼ解消される。

温間（約200℃）矯正ならば残留応力が少なく、時効変形も起こりにくくなる。現場では高周波焼入れシャフトなどの曲がり直しを冷間でやっているが、時効変形を考えたら、これはよい方法とはいえない。SKHのドリルやリーマなどの曲がり直しはコールドでなく、ホット（ガスバーナーで暖めて）で行っている。したがって、時効変形が出ないのである。

また暖めるのは200℃付近がよく、300℃は不可である。それは300℃ぜい性（青熱ぜい性）といって、この温度では鋼は硬く、もろくなるので曲がり直しで折損することがあるからである。

温間矯正に適した温度を簡単に識別するには、錫棒（溶融温度232℃）か、はんだ（溶融温度250℃以下）を使って、これらが溶融する温度を利用して判断するのがよい。鉛（溶融温度327℃）が溶けるようではいけない。

時効変形が出るかどうかは、曲がり直しの後であぶって見るとわかる。残留応力があって時効変形するものであれば、あぶると曲がりが出てくるのですぐわかる。

くれぐれも冷間矯正（コールド）でなく、温間矯正（ホット）を心掛けるべきである。機械技術者は作業環境が良くないので、冷間矯正を強調するが、本

質的にはホットがグッドである．

## 11.11 機械部品の熱処理の基本

機械部品を熱処理するときの考え方としては次の基本によるのがよい．

### （1） 強度部品には
- 材質……小物（径20 mm 以下）はS 45 C クラス，大物（径20 mm 以上）はSCM 435, SMnC 443 クラス
- 熱処理……焼入・焼戻し（高温テンパ，550～600℃）
- 硬さ……500 HB, 50 HRC

### （2） ショック部品には
- 材質……S 45 C, SCM 435
- 熱処理……焼入・高温テンパ（約600℃）又はオーステンパ（300～500℃）
- 硬さ……30～40 HRC

### （3） 疲労部品には
- 材質……S 45 C, SCM 435
- 熱処理……高周波焼入れ，低温テンパ（200℃）又は調質（高温テンパ，600℃）
- 硬さ……高周波焼入れ 50 HRC, 調質 45～50 HRC

### （4） 摩耗部品には
- 材質……SUJ 2, SK 7
- 熱処理……焼入れ，低温テンパ（200℃）
- 硬さ……60 HRC
- 材質……S 20 C クラス
- 熱処理……浸炭焼入れ，低温テンパ（200℃）
- 硬さ……60 HRC

### （5） 耐食部品には
- 材質……SUS 304, 420 J 2

- 熱処理……溶体化（SUS 304），焼入れ，低温テンパ（420 J 2）
- 硬さ　　SUS 304……200 HB 以下，SUS 420 J 2……50〜60 HRC

## 11.12　熱処理常識のウソ三題

世の中には常識のウソというのが意外に多いものである．熱処理の常識も例外ではない．

### 11.12.1　水焼入れすると焼割れが起こる？

この常識はウソである．水焼入れしても焼きが入らなければ割れることはない．焼きが入るときに割れるから焼割れというのである．赤熱された鋼が焼きが入る温度は約300℃であるから，焼割れを起こす温度は約300℃（Ms点）ということになる．赤熱された鋼を水に入れた瞬間に割れると思っている人がいるが，これは全くの思い違いである．水に入れた瞬間に割れるのは茶碗やコップだけである．鋼は水に入れた瞬間はオーステナイトという粘い組織であるから，割れることはない．焼きが入って硬くなるとき（Ms点）に割れるのである．このためMs点は焼割れを起こす危険温度というのである．

水で急冷しても焼きが入らなければ割れないという良い例がSUS 304である．この鋼は1100℃から水中急冷しても，焼きが入らないので，割れることはない．

焼割れを生じるのは，水焼入れで冷却にムラが生じたときで，遅く冷えて焼きが入ったところが割れるのである．したがって，遅く冷える部分を早く冷やすようにすれば焼割れを防ぐことができる．つまり，均一に急冷することがポイントである．

水焼入れはとかく急冷ムラができやすくて焼割れが生じやすい．油焼入れでは急冷ムラが出にくいので，焼割れが起こりにくいのである．このために，水焼入れすると焼割れが起こりやすく，しかも水に入れた瞬間に割れるという錯覚がまかり通るのである．水焼入れでも均一急冷すれば焼割れは生じない．そのために均一急冷の方法がいろいろ研究開発されているのである．スプレークエンチがその一つである．

### 11.12.2 焼曲がりは早く冷えた側が凹,遅く冷えた側が凸になる？

　この常識もウソである．焼曲がり（バナナ曲がり）は早く冷えた側が凸,遅く冷えた側が凹になるのである．その一番よい例が日本刀の反りである．日本刀の刃の断面を見ると刃部の肉は薄く,棟部の肉は厚くなっているので,これを焼入れすると,薄い刃部が早く冷えて凸,棟部は遅く冷えるので凹になり,独特の反りが出るというわけである．つまり,この反りは焼ひずみ（焼曲がり）の一種である．この反りは刃部に置き土をして冷却速度を加減することによってコントロールすることができる．

　また,鋼板の片面（上面）を火炎で加熱して水冷すると,薄板の場合は加熱水冷面が下面よりも早く冷えるので凸,つまり山形に変形する．これが厚板になると加熱水冷面が水冷されたといっても下面よりは遅く冷えたことになるので,凹つまり皿形に変形する（下面は最初から冷たいので,無限大の速さで冷やされたことになる）．

　焼曲がりは常に早く冷えた側が伸び,遅く冷えた側が縮むという原則を知っていれば焼曲がりを適当にコントロールすることができ,焼曲がりなしの焼入れも可能になるのである．

### 11.12.3 焼戻温度はテンパ・カラーでわかる？

　残念ながらこれも場合によってはウソである．というのはテンパ・カラーは温度だけでなく,加熱時間によっても変化するからである．一般にいわれているテンパ・カラー（200℃が黄色,300℃が紫色）というのはその温度に約5分間保持（空気中）したとき現れる酸化膜の色である．したがって,加熱時間が5分よりも短ければテンパ・カラーは高温側,長ければ低温側の色が現れる．例えばゼンマイには黄色もあれば紫色もあるが,これは焼入後の焼戻温度が同じ（550～600℃）でも加熱時間が違うからである．テンパ・カラーは温度だけでなく,加熱時間によっても変化することを忘れてはならない．

## 11.13　トラブルシューターの心構え

　機械部品にクレームやトラブルが起きたとき,その原因を解明し,対策をた

て，トラブルを解決する技術者を一般にトラブルシューターという．トラブルシューターの心構えは GOLT の精神だというのが著者の主張で，著者自身これを実行している．GOLT というのは著者がつけた名前で，Go（行って），Observe（見て），Listen（聞いて），Think（考える）の頭文字をとったものである．つまり，行って，見て，聞いて，考える心構えがトラブルシューターには大切なのである．この順序を変えてはいけない．

　トラブルが起きたという電話や報告を受けたら，取るものも取りあえず現場に飛んで行って，現物を見ることである．それから現場の人から周囲の事情や経緯を聞いてから，これらを総合して原因を考えることが大切である．それを事務所で電話や報告を受け，その場でいろいろとあれやこれや原因探究に頭をひねるなどということをするから，適切な判断を間違えてしまうのである．電話や報告ではなかなか真実が報告されるものではない．人間誰しも自分に不利なことは言いたがらないからである．

　まず，現場に飛んで行って現場の状況や現物を見ることが第1歩である．現場に行けば必ず報告漏れの点も見つかるし，見落としたものもピックアップできるし，大切なポイントをキャッチすることができるからである．そのときルーペ（×10）を忘れずに持って行って破面観察することである．次に現場の人からいろいろ詳しい事情を聞き出すことである．報告にないような事実も聞き出せるかも知れないし，何かヒントがつかめるかも知れないからである．

　見て，聞いたことを総合して，それから考えることであり，判断することである．これで適切な判定が下せるということになる．"行って，見て，聞いて，考える"この順序を間違えてはいけない．つまり，GOLT の精神である．

　医者は OLT の精神という．Observe（見診），Listen（問診），Touch（触診）である．医者もたまには Go（往診）するので，やはり GOLT の精神ということになり，トラブルシューターとドクターは同じ精神が大切ということになる．両者とも機械部品のトラブルや身体のトラブルのシューターということでは同じ範ちゅうに入るのであろう．

## 11.14 クレーム調査のやり方

### 11.14.1 クレーム調査の三原則
**（1） まず破損の起点を見つけること**

　急進破面（ザラザラ）か，漸進破面（ツルツル）かを識別し，破損の起点を位置づけること．急進破面の場合には放射線ヒダ（シェブロン）があるので，それが収れんした（集まる）ところが起点である．漸進破面（疲労）の場合には同心円状の波紋（ビーチマーク）の中心点が，亀裂の出発点である．この起点を見逃してはいけない．この起点について詳しいテスト（顕微鏡組織，材質試験，硬さなど）を行うのである．

**（2） 破面はていねいに保存すること**

　破面は生きたストーリーである．素手でやたらに触ってはいけない．さびさせないように注意すること．また破面を傷つけてはいけない．さびている破面はワイヤブラシに軽油（石油）をつけて洗浄するのがよい．破面どうしをやたらに突き合わせたりなどしてはいけない．破面は大事な証拠品であるから，大切にていねいに取扱うことが必要である．

**（3） 十分考察したうえでなければ破壊テストなどをしてはいけない**

　顕微鏡試験，硬さ試験などのために，破面をグラインダ研削したり，切りきざんだりしてはいけない．また引張試験などのために破面を損傷してはいけない．破面は最後まで残しておくようにしなければならない．顕微鏡試験や硬さ試験を行うときでも，破面の正面から攻めないで裏面から薄くスライスして攻めていくようにするのがよい．破面は生きた証人であるから，大切に取扱うことが肝要である．

### 11.14.2 クレーム調査のチェックポイント

　事故品を調査するときのチェックポイントは次のとおりである．

**（1） 破面の状況**

　急進破面，漸進破面，破壊の起点，起点の数，亀裂の進展方向，破面の着色，さび，異物の付着，潜在亀裂の有無，力のかかり方

### （2） 物品の表面状態
接触状況，摩耗，焼付き，変形，打痕，ツールマーク，研削痕，腐食状況

### （3） 設計形状
ノッチ，油穴，キー溝，ねじ，ポンチマーク，RやCのつけ方，剛性，使われ方，寸法の適正度

### （4） 加工方法
鍛鋼（鍛流線，ファイバーフロー），鋳物（巣），溶接品（アンダービードクラック，HAZ部），熱処理品（硬さ，硬化深さ，焼割れ，脱炭，結晶粒度など），めっき品（めっき脆性，ベーキングの有無）

### （5） 材質
化学成分，異材混入，機械的性質（引張特性，衝撃値，硬さなど），物理的性質（熱膨張係数，熱伝導率）

### （6） 応力
残留応力，外部応力

### （7） 隣接部の影響
亀裂の二次発生の有無，締結の過不足

### （8） 組立の良否
調整不良，公差不良，かみ合わせ不良

### （9） 使用状況
オーバーロード，オーバースピード，注油不良

### （10） 使用環境
化学作用の有無（腐食，応力腐食割れ，水素ぜい性），温度（高温，常温，低温），湿度（高湿，低湿）．

付　　　録

## 1. 鉄鋼の物理的性質

### (1) 比 重 (g/cm³)

(i) Fe に C が入るほど，比重は小さくなる．

(ii) Fe に Al, Si, Cr などが入るほど，比重は小さくなる．

(iii) Fe に W のような重い金属が入ると，比重は大きくなる．

(iv) SKH は SK 及び C 鋼よりも，比重が大きい．

$$比重 = 7.876 - 0.030 \times \%C$$

**比　　重**

| 種　類 | 比　重 | 種　類 | 比　重 |
|---|---|---|---|
| 純　鉄 | 7.876 | SKD 6 | 7.79 |
| 0.1 % C | 7.873 | SKH 2 | 8.67 |
| 0.2 % C | 7.870 | SKH 9 | 8.16 |
| 0.4 % C | 7.864 | FC | 7.2〜7.3 |
| 0.8 % C | 7.852 |  |  |

### (2) 熱膨張係数 ($\times 10^{-6}/°C$)

(i) Fe に C が入るほど，熱膨張係数は小さくなる．

(ii) C 鋼の膨張係数は，温度が高くなるほど大となる．

(iii) C 鋼に合金元素を添加すると，膨張係数は小さくなるが，オーステナイト系ステンレス鋼 (SUS 304) は C 鋼よりも大きい．しかし，同じステンレス鋼でも 13 Cr 及び 18 Cr 系は C 鋼よりも小さい．

(iv) 変態点においては，膨張係数は異常を示す．

**熱膨張係数**

| 種　類 | 熱膨張係数 | 種　類 | 熱膨張係数 | 種　類 | 熱膨張係数 |
|---|---|---|---|---|---|
| 純　鉄 | 11.7 | 1.2 % C | 10.6 | 18-8 (SUS 304) | 17.3 |
| 0.1 % C | 11.7 | SCM 3 | 11.2 | 18-8 Mo入り | 16.0 |
| 0.2 % C | 11.7 | SCr 4 | 12.6 | SKH 2 | 11.2 |
| 0.4 % C | 11.2 | SUJ 2 | 12.8 | 13 % Mn 鋼 | 18.0 |
| 0.6 % C | 11.1 | 12 % Cr ステンレス鋼 | 9.9 | FC | 10.5 |
| 0.8 % C | 11.1 | 18 % Cr ステンレス鋼 | 9.0 | 超硬合金 | 5〜6 |

(3) **熱伝導率**（cal/s·cm·℃）

（ⅰ） C鋼はC％が多いほど，熱伝導率は小さくなる．

（ⅱ） 合金元素が添加されると，熱伝導率は小さくなる．

（ⅲ） C鋼の熱伝導率は，温度の上昇とともに減少する．

**熱 伝 導 率**

| 種　類 | 熱伝導率 | 種　類 | 熱伝導率 |
|---|---|---|---|
| 純　鉄 | 0.178 | SCr 4 | 0.111 |
| 0.1％C | 0.125 | SKH 2 | 0.058 |
| 0.3％C | 0.115 | 13％Mn鋼 | 0.031 |
| 0.6％C | 0.105 | 13％Crステンレス鋼 | 0.064 |
| 1.0％C | 0.095 | 18-8ステンレス鋼 | 0.038 |
| 1.5％C | 0.085 | FC | 0.12〜0.13 |
| 3％Ni鋼 | 0.08 | | |

(4) **比　熱**（cal/g·℃）

（ⅰ） 比熱は温度によって変化する．

（ⅱ） 変態点においては異常を示す

$$比熱 = 0.1134 + 0.00455 \times \%C$$

**比　　熱**

| 種　類 | 比　熱 | 種　類 | 比　熱 |
|---|---|---|---|
| 純　鉄 | 0.112 | SCr 4 | 0.114 |
| 0.1％C | 0.115 | 13％Mn鋼 | 0.124 |
| 0.2％C | 0.116 | 13％Crステンレス鋼 | 0.113 |
| 0.4％C | 0.116 | 18-8ステンレス鋼 | 0.122 |
| 0.8％C | 0.117 | SKH 2 | 0.098 |
| 1.2％C | 0.116 | FC | 0.131 |
| 3％Ni鋼 | 0.115 | | |

(5) **電気抵抗**（$\mu\Omega \cdot cm$）

（ⅰ） C鋼の電気抵抗は，C％と熱処理によって変化する．

（ⅱ） C鋼の電気抵抗は，Cや合金元素が入るほど大となる．

（ⅲ） 低合金鋼の電気抵抗は，C鋼よりも大きく，高合金鋼の電気抵抗はC鋼や低合金鋼よりも大きい．しかし，温度による変化率は小さい．

(iv) すべて電気抵抗は,温度の上昇とともに増加する.
(v) 層状組織(パーライト)の電気抵抗は,粒状組織(ソルバイト)よりも大きい.

**電 気 抵 抗**

| 種　類 | 電気抵抗 | 種　類 | 電気抵抗 |
|---|---|---|---|
| 純　鉄 | 9.7 | SCr 4 | 21.0 |
| 0.1 % C | 14.2 | 13 % Cr ステンレス鋼 | 50.6 |
| 0.2 % C | 16.9 | 18-8 ステンレス鋼 | 72 |
| 0.4 % C | 17.1 | 13 % Mn 鋼 | 68.3 |
| 0.8 % C | 18.0 | SKH 2 | 41.9 |
| 1.2 % C | 19.6 | FC | 75～210 |
| 3 % Ni 鋼 | 28.9 | | |

(6) **ヤング率 $E$ (縦弾性係数) ($kgf/mm^2$)**

(i) $E$ は C %, 硬さには無関係である.

(ii) 焼入硬化すると, $E$ は少し低下する.

(iii) オーステナイト組織のものは, $E$ が低い.

**ヤング率 $E$**

| 種　類 | $E$ | 種　類 | $E$ |
|---|---|---|---|
| 鋼(軟,硬) | 21 000～21 100 | 18-8 (SUS 304) | 20 400 |
| SKH 2 | 21 000 | FC | 9 130～10 000 |

(7) **剛性率 $G$ (横弾性係数) ($kgf/mm^2$)**

**剛性率 $G$**

| 種　類 | $G$ | 種　類 | $G$ |
|---|---|---|---|
| 鋼(軟,硬) | 8 440 | 18-8 (SUS 304) | 7 460 |
| SKH 2 | 6 250 | FC | 3 870 |

## 2. 硬さの換算式

(1) ショア(HS) ≒ $\dfrac{\text{ブリネル(HBC)}}{10} + 12$

(2) ショア(HS) ≒ ロックウェル C(HRC) + 15

(3) ブリネル(HB) ≒ ビッカース(HV)

(4) ロックウェル C(HRC) = $\dfrac{\text{ブリネル(HB)}}{10} - 3$

・測硬範囲

    HS   ＜100

    HBS ＜500

    HRC ＜ 70

    HV   ＜1300

## 3. 鉄鋼材料の JIS 記号

**（1）記号の一般的ルール**

（ⅰ）最初の部分……材質…S（鋼），F（鉄）

（ⅱ）次の部分……規格名，製品名，用途，添加元素の符号，C量

（ⅲ）最後の部分……種類（番号，最低の引張強さ）

**（2）実　例**

SS 400　　　（鋼・ストラクチュラル・$\sigma_B$ 400 N/mm²）

S 45 C　　　（鋼・0.45 %・C）

SCr 440　　（鋼・クロム）

SCM 435　　（鋼・クロム・モリブデン）

SNCM 220　（鋼・ニッケル・クロム・モリブデン）

SMnC 443　（鋼・マンガン・クロム）

SK 3　　　　（鋼・工具・3種）

SKS 2　　　（鋼・工具・スペシャル・2種）

SKD 11　　（鋼・工具・ダイス・11種）

SKH 3　　　（鋼・工具・ハイスピード・3種）

SUP 3　　　（鋼・ユース・スプリング・3種）

SUJ 2　　　（鋼・ユース・軸受・2種）

SUS 304　　（鋼・ユース・ステンレス・304種）

SUH 3　　　（鋼・ユース・ヒート・3種）

SC 410　　　（鋼・キャスト・$\sigma_B$ 410 N/mm²）

SF 490　　　（鋼・フォージング・$\sigma_B$ 490 N/mm²）

FC 150　　　（鉄・キャスト・$\sigma_B$ 150 N/mm²）

FCD 400-15（鉄・キャスト・ダクタイル・$\sigma_B$ 400 N/mm²，伸び 15%）

FCAD 1000-5（鉄・キャスト・オーステンパ・ダクタイル・$\sigma_B$ 1000 N/mm²，伸び 5%）

## 4. 熱処理加工のJIS

(1) JIS B 6911 鉄鋼の焼ならし及び焼なまし加工
　(i) 焼ならし
　(ii) 完全焼なまし
　(iii) 球状化焼なまし
　(iv) 応力除去焼なまし
(2) JIS B 6912 鉄鋼の高周波焼入焼戻し加工
(3) JIS B 6913 鋼の焼入焼戻し加工
　(i) 水, 油又は空気焼入焼戻し
　(ii) 熱浴焼入焼戻し
(4) JIS B 6914 鋼の浸炭焼入焼戻し加工
　(i) ガス浸炭
　(ii) 液体浸炭
　(iii) 固体浸炭
(5) JIS B 6915 鋼のガス窒化加工及び軟窒化加工

## 5. 熱処理記号 （JIS B 0122）

| | | | | | |
|---|---|---|---|---|---|
| 1. | 焼ならし | HNR | (7) | プレス焼入れ | HQP |
| 2. | 焼なまし | HA | (8) | 光輝焼入れ | HQB |
| | (1) 完全焼なまし | HAF | 4. | 焼戻し | HT |
| | (2) 球状化焼なまし | HAS | | (1) オーステンパ | HTA |
| | (3) 応力除去焼なまし | HAR | | (2) プレステンパ | HTP |
| | (4) 低温焼なまし | HAL | | (3) 光輝焼戻し | HTB |
| | (5) 等温焼なまし | HAA | 5. | 浸炭 | HC |
| | (6) 拡散焼なまし | HAD | | (1) 固体浸炭 | HCS |
| | (7) 光輝焼なまし | HAB | | (2) 液体浸炭 | HCL |
| 3. | 焼入れ | HQ | | (3) ガス浸炭 | HCG |
| | (1) 衝風焼入れ | HQA | 6. | 窒化 | HNT |
| | (2) 油焼入れ | HQO | | (1) ガス窒化 | HNTG |
| | (3) 水焼入れ | HQW | | (2) 液体窒化 | HNTL |
| | (4) マルクエンチ | HQM | | (3) 軟窒化 | HNTT |
| | (5) 炎焼入れ | HQF | 7. | 浸硫 | HSL |
| | (6) 高周波焼入れ | HQI | 8. | サブゼロ処理 | HSZ |

(1) 固溶化熱処理　　A
(2) 時効処理　　　　H
(3) 析出硬化熱処理　H×××　　（×××は加熱温度）
　　　　　　　　　TH×××　　（焼戻し付加）
　　　　　　　　　RH×××　　（サブゼロ処理付加）
　　　　　　　　　CH×××　　（冷間加工付加）

## 6. 熱処理加工の標準価格

金属一般熱処理加工　工賃一覧表

| 加工区分 | 形　状 | 工賃（円/kg） 最　高 | 工賃（円/kg） 最　低 | |
|---|---|---|---|---|
| 焼ならし | 素形材 | 39.− | 11.− | |
| 完全焼なまし | 〃 | 50.− | 15.− | |
| 応力除去焼なまし（一般溶接構成品） | 〃 | 25.− | 10.− | |
| 球状化焼なまし | 〃 | 80.− | 20.− | |
| 溶体化 | 〃 | 500.− | 20.− | |
| 焼入焼戻し | 素形材 | 69.− | 19.− | |
| 焼入焼戻し | 半製品 | 100.− | 17.− | |
| ガス（固体）浸炭焼入焼戻し | 主に製品 | 500.− | 100.− | ※有効浸炭深さ 0.8mmを基準とする. |
| ガス窒化 | 製　品 | 400.− | 200.− | ※窒化深さは 0.5mmを基準とする. |
| 軟窒化, イオン窒化 | 〃 | 1,200.− | 100.− | |
| フレームハードニング | | cm²当たり 5.− | | |
| ショットブラスト（タンブラー式） | | 15.− | 4.− | |

（平成6年調）（日本熱処理工業会）

## 7. 大物, 小物の区別（JIS）

| 区　別 | 単 重 kg |
|---|---|
| 大　物 | ＞30 |
| 中　物 | 5〜30 |
| 小　物 | ＜5 |

## 8. JIS 構造用合金鋼（S-A 材）の新記号体系

### （1） 記号体系
(1979 年 2 月改正)

```
S    ○○○      □       □□      ○
│     │        │        │       │
鋼   主要合金   主要合金元  平均    付加
     元素記号   素量コード  C%      記号
```

（例） SNCM 420 （旧 SNCM 23）
　　　 SCM 435 H （旧 SCM 3 H）

**合金元素の記号**

| 元素名 | 記号 ||
|---|---|---|
| | 単味の場合 | 複合の場合 |
| マンガン | Mn | Mn |
| クロム | Cr | C |
| モリブデン | Mo | M |
| ニッケル | Ni | N |
| アルミニウム | Al | A |

## 主要合金元素量コードと元素含有量との対比

| 主要合金元素量コード \ 区分・元素 | マンガン鋼 Mn | マンガンクロム鋼 Mn | マンガンクロム鋼 Cr | クロム鋼 Cr | クロムモリブデン鋼 アルミニウムクロムモリブデン鋼 Cr | クロムモリブデン鋼 アルミニウムクロムモリブデン鋼 Mo | ニッケルクロム鋼 Ni | ニッケルクロム鋼 Cr | ニッケルクロムモリブデン鋼 Ni | ニッケルクロムモリブデン鋼 Cr | ニッケルクロムモリブデン鋼 Mo |
|---|---|---|---|---|---|---|---|---|---|---|---|
| 2 | 1.00以上 1.30未満 | 1.00以上 1.30未満 | 0.30以上 0.90未満 | 0.30以上 0.80未満 | 0.30以上 0.80未満 | 0.15以上 0.30未満 | 1.00以上 2.00未満 | 0.25以上 1.25未満 | 0.20以上 0.70未満 | 0.20以上 1.00未満 | 0.15以上 0.40未満 |
| 4 | 1.30以上 1.60未満 | 1.30以上 1.60未満 | 0.30以上 0.90未満 | 0.80以上 1.40未満 | 0.80以上 1.40未満 | 0.15以上 0.30未満 | 2.00以上 2.50未満 | 0.25以上 1.25未満 | 0.70以上 2.00未満 | 0.40以上 1.50未満 | 0.15以上 0.40未満 |
| 6 | 1.60以上 | 1.60以上 | 0.30以上 0.90未満 | 1.40以上 2.00未満 | 1.40以上 | 0.15以上 0.30未満 | 2.50以上 3.00未満 | 0.25以上 1.25未満 | 2.00以上 3.50未満 | 1.00以上 | 0.15以上 1.00未満 |
| 8 | | | | 2.00以上 | 0.80以上 1.40未満 | 0.30以上 0.60未満 | 3.00以上 | 0.25以上 1.25未満 | 3.50以上 | 0.70以上 1.50未満 | 0.15以上 0.40未満 |

## 炭素量の代表値の表示例

| 例 | 新記号 | 旧記号 | 規定炭素量範囲 | 中央値×100 | 表示値 | 備考 |
|---|---|---|---|---|---|---|
| 中央値が端数となる場合 | S 12 C | S 12 C | 0.10〜0.15 | 12.5 | 12 | 小数点以下は切捨てる |
| 中央値が1けたとなる場合 | S 09 CK | S 9 CK | 0.07〜0.12 | 9.5 | 9→09 | 表示値は2けたとする |
| 鋼種が異なるが，中央値が同じとなる場合 | SCM 420<br>SCM 421 | SCM 22<br>SCM 23 | 0.18〜0.23<br>0.17〜0.23 | 20.5<br>20 | 20→20<br>20→21 | SCM 421の方がMnが高いため |
| H鋼の場合 | SMn 433 H<br>SMn 433 | SMn 1 H<br>SMn 1 | 0.29〜0.36<br>0.30〜0.36 | 32.5<br>33 | 32→33<br>33 | 基本鋼の表示値に合わす |

### 付加記号

被削性改善のための特別元素添加鋼

| 区分 | 付加記号 |
|---|---|
| 鉛添加鋼 | L |
| 硫黄添加鋼 | S |
| カルシウム添加鋼 | U |

備考：複合添加の場合は表記の記号を組み合わせる．

### 特別な特性を保証する鋼

| 区分 | 記号 |
|---|---|
| 焼入性保証鋼（H鋼） | H |
| はだ焼用炭素鋼 | K |

（2） 主な合金鋼の新旧記号対照例

| 旧記号 | 新記号 | 旧記号 | 新記号 |
|---|---|---|---|
| S 9 CK | S 09 CK | SCM 24 | SCM 822 |
| SMn 3 | SMn 443 | SNC 1 | SNC 236 |
| SCr 21 | SCr 415 | SNCM 21 | SNCM 220 |
| SCr 4 | SCr 440 | SNCM 5 | SNCM 630 |
| SCM 22 | SCM 420 | SACM 1 | SACM 645 |
| SCM 3 | SCM 435 | SCr 3 H | SCr 435 H |

## 9. 主な JIS 鉄鋼材の記号の変遷

### (1) 一般構造用圧延鋼材 (SS 材)

| 1959年 | 1964年 | 1966年 | 1995年 |
|---|---|---|---|
| SS 34 | | SS 34 | SS 330 |
| SS 41 | | SS 41 | SS 400 |
| SS 50 | | SS 50 | SS 490 |
| SS 39 | SR 24 | — | — |
| SS 49 | SR 30 | — | — |
| | | SS 55 | SS 540 |

### (2) 溶接構造用圧延鋼材 (SM 材)

| 1952年 | 1959年 | 1966年 | 1999年 |
|---|---|---|---|
| SM 41 W | SM 41 A | SM 41 A | SM 400 A |
| — | SM 41 B | SM 41 B | SM 400 B |
| — | SM 41 C | SM 41 C | SM 400 C |
| — | SM 50 A | SM 50 A | SM 490 A |
| — | SM 50 B | SM 50 B | SM 490 B |
| — | SM 50 C | SM 50 C | SM 490 C |
| SM 41 | — | SM 50 YA | SM 490 YA |
| SMF 41 | — | SM 50 YB | SM 490 YB |
| SMF 41 W | — | SM 53 B | SM 520 B |
| | | SM 53 C | SM 520 C |
| | | SM 58 | SM 570 |

### (3) 機械構造用炭素鋼材 (S-C 材)

| 1950年 | 1953年 | 1956年 | 1965年 | 1979年 |
|---|---|---|---|---|
| S 10 C | S 10 C | S 10 C | S 10 C | S 10 C |
| | | | S 12 C | S 12 C |
| S 15 C | S 15 C | S 15 C | S 15 C | S 15 C |
| | | | S 17 C | S 17 C |
| S 20 C | S 20 C | S 20 C | S 20 C | S 20 C |
| | | | S 22 C | S 22 C |
| S 25 C | S 25 C | S 25 C | S 25 C | S 25 C |
| | | | S 28 C | S 28 C |
| S 30 C | S 30 C | S 30 C | S 30 C | S 30 C |
| | | | S 33 C | S 33 C |
| S 35 C | S 35 C | S 35 C | S 35 C | S 35 C |
| | | | S 38 C | S 38 C |
| S 40 C | S 40 C | S 40 C | S 40 C | S 40 C |
| | | | S 43 C | S 43 C |
| S 45 C | S 45 C | S 45 C | S 45 C | S 45 C |
| | | | S 48 C | S 48 C |
| S 50 C | S 50 C | S 50 C | S 50 C | S 50 C |
| | | | S 53 C | S 53 C |
| S 55 C | S 55 C | S 55 C | S 55 C | S 55 C |
| | | | S 58 C | S 58 C |
| SH 50 | S 9 CK | S 9 CK | S 9 CK | S 09 CK |
| | S 15 CK | | S 15 CK | S 15 CK |
| | | | S 20 CK | S 20 CK |

付　録

(6) Ni-Cr-Mo 鋼鋼材 (SNCM 材)

| 1950年 | 1953年 | 1965年 | 1979年 |
|---|---|---|---|
| SNCM 1 | SNCM 1 | SNCM 1 | SNCM 431 |
| SNCM 2 | SNCM 2 | SNCM 2 | SNCM 625 |
| — | SNCM 5 | SNCM 5 | SNCM 630 |
| — | SNCM 6 | SNCM 6 | SNCM 240 |
| — | SNCM 7 | SNCM 7 | 廃　止 |
| SNCM 3 A | SNCM 8 | SNCM 8 | SNCM 439 |
| | SNCM 9 | SNCM 9 | SNCM 447 |
| — | SNCM 21 | SNCM 21 | SNCM 220 |
| — | SNCM 22 | SNCM 22 | SNCM 415 |
| — | SNCM 23 | SNCM 23 | SNCM 420 |
| SH 110 | SNCM 25 | SNCM 25 | SNCM 815 |
| — | SNCM 24 | SNCM 26 | SNCM 616 |
| SNCM 4 B | | | |
| SNCM 3 B | | | |
| SNCM 4 A | | | |

(4) Ni-Cr 鋼鋼材 (SNC 材)

| 1950年 | 1953年 | 1965年 | 1979年 |
|---|---|---|---|
| SNC 1 | SNC 1 | SNC 1 | SNC 236 |
| SNC 2 | SNC 2 | SNC 2 | SNC 831 |
| SNC 3 | SNC 3 | SNC 3 | SNC 836 |
| SH 80 A | SNC 21 | SNC 21 | SNC 415 |
| SH 100 | SNC 22 | SNC 22 | SNC 815 |

(5) Cr 鋼鋼材 (SCr 材)

| 1950年 | 1953年 | 1956年 | 1965年 | 1979年 |
|---|---|---|---|---|
| SCr 80 | SCr 1 | SCr 1 | — | SCr 430 |
| SCr 75 | SCr 2 | SCr 2 | SCr 2 | SCr 435 |
| SCr 85 | SCr 3 | SCr 3 | SCr 3 | SCr 440 |
| SCr 90 | SCr 4 | SCr 4 | SCr 4 | SCr 445 |
| SCr 95 | SCr 5 | SCr 5 | SCr 5 | |
| SH 80 B | SCr 21 | SCr 21 | SCr 21 | SCr 415 |
| SH 80 A | SCr 22 | SCr 22 | SCr 22 | SCr 420 |

(7) Cr-Mo 鋼鋼材 (SCM 材)

| 1950年 | 1953年 | 1956年 | 1965年 | 1979年 |
|---|---|---|---|---|
| SCMo 90 | SCM 1 | SCM 1 | SCM 1 | SCM 432 |
| SCMo 85 | SCM 2 | SCM 2 | SCM 2 | SCM 430 |
| SCMo 95 | SCM 3 | SCM 3 | SCM 3 | SCM 435 |
| SCMo 100 | SCM 4 | SCM 4 | SCM 4 | SCM 440 |
| SCMo 105 | SCM 5 | SCM 5 | SCM 5 | SCM 445 |
| SH 85 B | SCM 21 | SCM 21 | SCM 21 | SCM 415 |
| SH 95 | SCM 22 | SCM 22 | SCM 22 | SCM 420 |
| — | SCM 23 | SCM 23 | SCM 23 | SCM 421 |
|  |  |  | SCM 24 | SCM 822 |
|  |  |  | — | SCM 418 |

(8) 耐熱鋼 (SUH 材)

| 1951年 | 1964年 | 1968年 | 1972年 | 1977年 | 1991年 |
|---|---|---|---|---|---|
| SEH 1 | SUH 1 | SUH 1 | SUH 1 | SUH 1 | SUH 1 |
| SEH 2 | SUH 2 | SUH 2 | 廃　止 |  |  |
| SEH 3 | SUH 3 | SUH 3 | SUH 3 | SUH 3 | SUH 3 |
| SEH 4 | SUH 4 | SUH 4 | SUH 4 | SUH 4 | SUH 4 |
| SEH 5 | 廃　止 | — |  |  |  |
|  | SUH 6 | 廃　止 | — |  |  |
|  | — | — | — | SUH 11 | SUH 11 |
|  | — | — | — | SUH 21 | SUH 21 |
| SUH 31 | SUH 31 | SUH 31 | SUH 31 | SUH 31 | SUH 31 |
|  | — | SUH 32 | SUH 309 | SUH 309 | SUH 309 |
| SUH 33 | SUH 33 | SUH 33 | SUH 310 | SUH 310 | SUH 310 |
| SUH 34 | SUH 34 | SUH 34 | SUH 330 | SUH 330 | SUH 330 |
|  |  |  | — | SUH 35 | SUH 35 |
|  |  |  | — | SUH 36 | SUH 36 |
|  |  |  | — | SUH 37 | SUH 37 |
|  |  |  | — | SUH 38 | SUH 38 |
|  |  |  | — | SUH 409 | SUH 409 |
|  |  |  |  |  | SUH 409 L |
|  |  |  | SUH 416 | SUH 446 | SUH 446 |
|  |  |  | SUH 600 | SUH 600 | SUH 600 |
|  |  |  | SUH 616 | SUH 616 | SUH 616 |
|  |  |  | — | SUH 660 | SUH 660 |
|  |  |  | SUH 661 | SUH 661 | SUH 661 |

## (9) ステンレス鋼 (SUS), 耐熱鋼 (SUH) 1968年以降

|   | 1968 | 1972 | 1977 | 1981 | 1984 | 1991 |
|---|---|---|---|---|---|---|
| オーステナイト系 | — | SUS 201 | SUS 201 | SUS 201 | SUS 201 | SUS 201 |
| | — | SUS 202 | SUS 202 | SUS 202 | SUS 202 | SUS 202 |
| | SUS 39 | SUS 301 | SUS 301 | SUS 301 | SUS 301 | SUS 301 |
| | — | — | — | — | — | SUS 301 L |
| | — | — | — | SUS 301 J 1 | SUS 301 J 1 | SUS 301 J 1 |
| | SUS 40 | SUS 302 | SUS 302 | SUS 302 | SUS 302 | SUS 302 |
| | — | — | — | SUS 302 B | SUS 302 B | SUS 302 B |
| | SUS 60 | SUS 303 | SUS 303 | SUS 303 | SUS 303 | SUS 303 |
| | — | SUS 303 Se | SUS 303 Se | SUS 303 Se | SUS 303 Se | SUS 303 Se |
| | | | | | 1998新設 | 303 Cu |
| | SUS 27 | SUS 304 | SUS 304 | SUS 304 | SUS 304 | SUS 304 |
| | — | — | — | — | — | SUS 304 J 1 |
| | — | — | — | — | — | SUS 304 J 2 |
| | — | — | — | — | — | SUS 304 J 3 |
| | — | — | — | SUS 304 H | SUS 304 H | SUS 304 H |
| | SUS 28 | SUS 304 L | SUS 304 L | SUS 304 L | SUS 304 L | SUS 304 L |
| | — | — | — | SUS 304 N 1 | SUS 304 N 1 | SUS 304 N 1 |
| | — | — | — | SUS 304 N 2 | SUS 304 N 2 | SUS 304 N 2 |
| | — | — | — | SUS 304 LN | SUS 304 LN | SUS 304 LN |
| | SUS 62 | SUS 305 | SUS 305 | SUS 305 | SUS 305 | SUS 305 |
| | SUS 63 | SUS 305 J 1 | SUS 305 J 1 | SUS 305 J 1 | SUS 305 J 1 | SUS 305 J 1 |
| | — | SUS 308 | SUS 308 | SUS 308 | SUS 308 | SUS 308 |
| | — | — | — | SUS 308 L | SUS 308 L | SUS 308 L |
| | SUS 41 | SUS 309 S | SUS 309 S | SUS 309 S | SUS 309 S | SUS 309 S |
| | — | — | — | SUS 309 Mo | SUS 309 Mo | SUS 309 Mo |
| | SUS 42 | SUS 310 S | SUS 310 S | SUS 310 S | SUS 310 S | SUS 310 S |
| | | | | | 1999新設 | 315 J 1 |
| | | | | | 1999新設 | 315 J 2 |
| | SUS 32 | SUS 316 | SUS 316 | SUS 316 | SUS 316 | SUS 316 |
| | | | | | 1998新設 | 316 F |
| | — | — | — | SUS 316 H | SUS 316 H | SUS 316 H |
| | SUS 33 | SUS 316 L | SUS 316 L | SUS 316 L | SUS 316 L | SUS 316 L |
| | — | — | — | SUS 316 N | SUS 316 N | SUS 316 N |
| | — | — | — | SUS 316 LN | SUS 316 LN | SUS 316 LN |
| | SUS 35 | SUS 316 J 1 | SUS 316 J 1 | SUS 316 J 1 | SUS 316 J 1 | SUS 316 J 1 |
| | SUS 36 | SUS 316 J 1 L | SUS 316 J 1 L | SUS 316 J 1 L | SUS 316 J 1 L | SUS 316 J 1 L |
| | — | — | — | — | — | SUS 316 T 1 |
| | SUS 64 | SUS 317 | SUS 317 | SUS 317 | SUS 317 | SUS 317 |
| | SUS 65 | SUS 317 L | SUS 317 L | SUS 317 L | SUS 317 L | SUS 317 L |
| | — | — | — | — | — | SUS 317 LN |
| | — | — | — | SUS 317 J 1 | SUS 317 J 1 | SUS 317 J 1 |
| | — | — | — | — | — | SUS 317 J 2 |
| | — | — | — | — | — | SUS 317 J 3 L |

(9) (続き)

| | 1968 | 1972 | 1977 | 1981 | 1984 | 1991 |
|---|---|---|---|---|---|---|
| オーステナイト系 | — | — | — | — | 1999記号変更 | SUS 836 L |
| | — | — | — | — | 1999記号変更 | SUS 890 L |
| | SUS 29 | SUS 321 | SUS 321 | SUS 321 | SUS 321 | SUS 321 |
| | — | — | — | SUS 321 H | SUS 321 H | SUS 321 H |
| | SUS 43 | SUS 347 | SUS 347 | SUS 347 | SUS 347 | SUS 347 |
| | — | — | — | SUS 347 H | SUS 347 H | SUS 347 H |
| | — | SUS 384 | SUS 384 | SUS 384 | SUS 384 | SUS 384 |
| | — | SUS 385 | SUS 385 | SUS 385 | SUS 385 | SUS 385 |
| | — | — | SUSXM 7 | SUSXM 7 | SUSXM 7 | SUSXM 7 |
| | — | — | SUSXM 15 J 1 | SUSXM 15 J 1 | SUSXM 15 J 1 | SUSXM 15 J 1 |
| | SUH 31 | SUH 31 | SUH 31 | SUH 31 | SUH 31 | SUH 31 |
| | — | — | SUH 35 | SUH 35 | SUH 35 | SUH 35 |
| | — | — | SUH 36 | SUH 36 | SUH 36 | SUH 36 |
| | — | — | SUH 37 | SUH 37 | SUH 37 | SUH 37 |
| | — | — | SUH 38 | SUH 38 | SUH 38 | SUH 38 |
| | SUH 32 | SUH 309 | SUH 309 | SUH 30 | SUH 309 | SUH 309 |
| | SUH 33 | SUH 310 | SUH 310 | SUH 310 | SUH 310 | SUH 310 |
| | SUH 34 | SUH 330 | SUH 330 | SUH 330 | SUH 330 | SUH 330 |
| | — | SUH 660 | SUH 660 | SUH 660 | SUH 660 | SUH 660 |
| | — | SUH 661 | SUH 661 | SUH 661 | SUH 661 | SUH 661 |
| オーステナイト・フェライト系 | — | SUS 329 J 1 | SUS 329 J 1 | SUS 329 J 1 | SUS 329 J 1 | SUS 329 J 1 |
| | — | — | — | — | SUS 329 J 2 L | — |
| | — | — | — | — | — | SUS 329 J 3 L |
| | — | — | — | — | — | SUS 329 J 4 L |
| フェライト系 | SUS 38 | SUS 405 | SUS 405 | SUS 405 | SUS 405 | SUS 405 |
| | — | — | — | SUS 410 L | SUS 410 L | SUS 410 L |
| | — | SUS 429 | SUS 429 | SUS 429 | SUS 429 | SUS 429 |
| | SUS 24 | SUS 430 | SUS 430 | SUS 430 | SUS 430 | SUS 430 |
| | — | SUS 430 F | SUS 430 F | SUS 430 F | SUS 430 F | SUS 430 F |
| | — | — | — | SUS 430 LX | SUS 430 LX | SUS 430 LX |
| | — | SUS 434 | SUS 434 | SUS 434 | SUS 434 | SUS 434 |
| | — | — | — | SUS 436 L | SUS 436 L | SUS 436 L |
| | — | — | — | SUS 444 | SUS 444 | SUS 444 |
| | — | — | — | — | 1999新設 | 445 J 1 |
| | — | — | — | — | 1999新設 | 445 J 2 |
| | — | — | — | SUS 447 J 1 | SUS 447 J 1 | SUS 447 J 1 |
| | — | — | — | SUSXM 27 | SUSXM 27 | SUSXM 27 |
| | — | — | SUH 21 | SUH 21 | SUH 21 | SUH 21 |
| | — | — | SUH 409 | SUH 409 | SUH 409 | SUH 409 |
| | SUH 6 | SUH 446 | SUH 446 | SUH 446 | SUH 446 | SUH 446 |

付　録

(9)　(続き)

|  | 1968 | 1972 | 1977 | 1981 | 1984 | 1991 |
|---|---|---|---|---|---|---|
| マルテンサイト系 | SUS 50 | SUS 403 | SUS 403 | SUS 403 | SUS 403 | SUS 403 |
| | SUS 51 | SUS 410 | SUS 410 | SUS 410 | SUS 410 | SUS 410 |
| | — | — | SUS 410 S | SUS 410 S | SUS 410 S | SUS 410 S |
| | SUS 37 | SUS 410 J 1 | SUS 410 J 1 | SUS 410 J 1 | SUS 410 J 1 | SUS 410 J 1 |
| | — | — | — | — | — | SUS 410 F 2 |
| | SUS 54 | SUS 416 | SUS 416 | SUS 416 | SUS 416 | SUS 416 |
| | SUS 52 | SUS 420 J 1 | SUS 420 J 1 | SUS 420 J 1 | SUS 420 J 1 | SUS 420 J 1 |
| | SUS 53 | SUS 420 J 2 | SUS 420 J 2 | SUS 420 J 2 | SUS 420 J 2 | SUS 420 J 2 |
| | — | SUS 420 F | SUS 420 F | SUS 420 F | SUS 420 F | SUS 420 F |
| | — | — | — | — | — | SUS 420 F 2 |
| | — | — | — | SUS 429 J 1 | SUS 429 J 1 | SUS 429 J 1 |
| | — | — | — | — | — | SUS 430 J 1 L |
| | SUS 44 | SUS 431 | SUS 431 | SUS 431 | SUS 431 | SUS 431 |
| | — | SUS 440 A | SUS 440 A | SUS 440 A | SUS 440 A | SUS 440 A |
| | — | SUS 440 B | SUS 440 B | SUS 440 B | SUS 440 B | SUS 440 B |
| | SUS 57 | SUS 440 C | SUS 440 C | SUS 440 C | SUS 440 C | SUS 440 C |
| | — | SUS 440 F | SUS 440 F | SUS 440 F | SUS 440 F | SUS 440 F |
| | SUH 1 | SUH 1 | SUH 1 | SUH 1 | SUH 1 | SUH 1 |
| | SUH 3 | SUH 3 | SUH 3 | SUH 3 | SUH 3 | SUH 3 |
| | SUH 4 | SUH 4 | SUH 4 | SUH 4 | SUH 4 | SUH 4 |
| | — | — | SUH 11 | SUH 11 | SUH 11 | SUH 11 |
| | — | SUH 600 | SUH 600 | SUH 600 | SUH 600 | SUH 600 |
| | — | SUH 616 | SUH 616 | SUH 616 | SUH 616 | SUH 616 |
| 析出硬化系 | SUS 80 | SUS 630 | SUS 630 | SUS 630 | SUS 630 | SUS 630 |
| | — | SUS 631 | SUS 631 | SUS 631 | SUS 631 | SUS 631 |
| | — | SUS 631 J 1 | SUS 631 J 1 | SUS 631 J 1 | SUS 631 J 1 | SUS 631 J 1 |

注　1997末現在，SUS 316 H，SUS 321 H 及び SUS 347 H は廃止されている．

(10) 合金工具鋼鋼材 (SKS, SKD, SKT 材)

| 1951年 | 1954年 | 1956年 | 1972年 | 1983年 |
| --- | --- | --- | --- | --- |
| SKS 1 | SKS 1 | SKS 1 | SKS 1 | 廃　止 |
| — | — | SKS 11 | SKS 11 | SKS 11 |
| SKS 2 | SKS 2 | SKS 2 | SKS 2 | SKS 2 |
| — | — | SKS 21 | SKS 21 | SKS 21 |
| SKS 5 A | SKS 5 A | SKS 5 | SKS 5 | SKS 5 |
| SKS 5 B | SKS 5 B | SKS 51 | SKS 51 | SKS 51 |
| SKS 7 | SKS 7 | SKS 7 | SKS 7 | SKS 7 |
| — | SKS 8 | SKS 8 | SKS 8 | SKS 8 |
| SKS 4 | SKS 4 | SKS 4 | SKS 4 | SKS 4 |
| — | — | SKS 41 | SKS 41 | SKS 41 |
| — | — | SKS 42 | SKS 42 | 廃　止 |
| — | — | SKS 43 | SKS 43 | SKS 43 |
| — | — | SKS 44 | SKS 44 | SKS 44 |
| SKS 3 | SKS 3 | SKS 3 | SKS 3 | SKS 3 |
| — | — | SKS 31 | SKS 31 | SKS 31 |
| — | — | — | SKS 93 | SKS 93 |
| — | — | — | SKS 94 | SKS 94 |
| — | — | — | SKS 95 | SKS 95 |
| SKD 1 | SKD 1 | SKD 1 | SKD 1 | SKD 1 |
| — | — | SKD 11 | SKD 11 | SKD 11 |
| — | — | SKD 12 | SKD 12 | SKD 12 |
| SKD 2 | SKD 2 | SKD 2 | SKD 2 | 廃　止 |
| — | SKD 4 | SKD 4 | SKD 4 | SKD 4 |
| — | SKD 5 | SKD 5 | SKD 5 | SKD 5 |
| — | — | SKD 6 | SKD 6 | SKD 6 |
| — | — | SKD 61 | SKD 61 | SKD 61 |
| — | — | — | SKD 62 | SKD 62 |
| — | — | — | — | SKD 7 |
| — | — | — | — | SKD 8 |
| — | — | SKT 1 | — | — |
| — | — | SKT 2 | SKT 2 | SKT 2 |
| — | — | SKT 3 | SKT 3 | SKT 3 |
| — | — | SKT 4 | SKT 4 | SKT 4 |
| — | — | SKT 5 | SKT 5 | 廃　止 |
| SKS 6 | SKS 6 | SKT 6 | SKT 6 | 廃　止 |
| SKD 3 | SKD 3 | | | |

付　録

### (11) 高速度工具鋼鋼材 (**SKH 材**)

| 1950年 | 1953年 | 1956年 | 1968年 | 1983年 |
|---|---|---|---|---|
| SKH 2 | SKH 2 | SKH 2 | SKH 2 | SKH 2 |
| SKH 3 | SKH 3 | SKH 3 | SKH 3 | SKH 3 |
| SKH 4 A | SKH 4 A | SKH 4 A | SKH 4 A | SKH 4 |
| SKH 4 B | SKH 4 B | SKH 4 B | SKH 4 B | 廃　止 |
| SKH 5 | SKH 5 | SKH 5 | SKH 5 | 〃 |
| SKH 6 | SKH 6 | SKH 6 | 廃　止 | — |
| — | — | SKH 8 | 〃 | |
| — | — | SKH 9 | SKH 9 | SKH 51 |
| SKH 7 | SKH 7 | — | SKH 10 | SKH 10 |
| SKH 1 | | — | SKH 52 | SKH 52 |
| | | | SKH 53 | SKH 53 |
| | | | SKH 54 | SKH 54 |
| | | | SKH 55 | SKH 55 |
| | | | SKH 56 | SKH 56 |
| | | | SKH 57 | SKH 57 |
| | | | | SKH 58 |
| | | | | SKH 59 |

### (12) ばね鋼鋼材 (**SUP 材**)

| 1950年 | 1959年 | 1977年 | 1984年 |
|---|---|---|---|
| SUP 1 | — | — | — |
| SUP 2 | — | — | — |
| SUP 3 | SUP 3 | SUP 3 | SUP 3 |
| SUP 4 | SUP 4 | SUP 4 | — |
| SUP 5 | — | — | — |
| SUP 6 | SUP 6 | SUP 6 | SUP 6 |
| SUP 7 | SUP 7 | SUP 7 | SUP 7 |
| SUP 8 | — | — | — |
| | SUP 9 | SUP 9 | SUP 9 |
| | | SUP 9 A | SUP 9 A |
| | SUP 10 | SUP 10 | SUP 10 |
| | SUP 11 | — | — |
| | | SUP 11 A | SUP 11 A |
| | | | SUP 12 |
| | | | SUP 13 |

### (13) 高 C - Cr 軸受鋼鋼材 (SUJ 材)

| 1950年 | 1970年 |
|---|---|
| SUJ 1 | SUJ 1 |
| SUJ 2 | SUJ 2 |
| SUJ 3 | SUJ 3 |
| — | SUJ 4 |
| — | SUJ 5 |

### (15) ねずみ鋳鉄品 (FC 品)

| 1954年 | 1956年 | 1995年 |
|---|---|---|
| FC 10 | FC 10 | FC 100 |
| FC 15 | FC 15 | FC 150 |
| FC 19 | FC 20 | FC 200 |
| FC 23 | FC 25 | FC 250 |
| FC 27 | FC 30 | FC 300 |
|  | FC 35 | FC 350 |

### (14) 構造用高張力炭素鋼及び低合金鋼鋳鋼品 (SCC 及び SCA 品)

| 1956年 | 1960年 | 1969年 |
|---|---|---|
| — | — | SCC 3 |
| — | — | SCC 5 |
| SCA 1 | SCA 1 | SCMn 1 |
| SCA 2 | SCA 2 | SCMn 1 |
| — | SCA 3 | SCMn 3 |
| — | — | SCMn 5 |
| SCA 21 | SCA 21 | SCMnCr 2 |
| SCA 22 | SCA 22 | SCMnCr 3 |
| SCA 23 | SCA 23 | SCMnCr 4 |
| SCA 31 | SCA 31 | SCSiMn 2 |
| SCA 41 | SCA 41 | — |
| SCA 51 | SCA 51 | — |
| SCA 52 | SCA 52 | — |
|  |  | SCMnM 3 |
|  |  | SCCrM 1 |
|  |  | SCCrM 3 |
|  |  | SCMnCrM 2 |
|  |  | SCMnCrM 3 |
|  |  | SCNCrM 2 |

### (16) 球状黒鉛鋳鉄品 (FCD 品)

| 1961年 | 1972年 | 1982年 | 1995年 |
|---|---|---|---|
| — | — | FCD 37 | FCD 350-22 |
| FCD 40 | FCD 40 | FCD 40 | FCD 400-18 |
|  |  |  | FCD 400-15 |
| FCD 45 | FCD 45 | FCD 45 | FCD 450-10 |
| — | FCD 50 | FCD 50 | FCD 500-7 |
| FCD 55 | FCD 60 | FCD 60 | FCD 600-3 |
| FCD 70 | FCD 70 | FCD 70 | FCD 700-2 |
|  |  | FCD 80 | FCD 800-2 |

## 10. JIS 鉄鋼用語（抜粋）

**H 鋼** 焼入性を保証した鋼．ジョミニー式一端焼入法によって焼入端からの一定距離における硬さの上限，下限又は範囲を保証した鋼．

**オイルテンパ線** 線材を用い，伸線などの冷間加工後，連続的にまっすぐな状態で油焼入れ，焼戻しを施して仕上げられた鋼線．内燃機関の弁ばね，懸架ばね，一般ばねなどに用いられる．

**キャップド鋼** 未脱酸の溶鋼を鋳型に注入後，間もなく脱酸剤を加えるか，又は鋳型にふたをし，リミングアクションを早目に強制的に終了させ内部を静かに凝固させた鋼．前者をケミカルキャップド鋼，後者をメカニカルキャップド鋼という．キャップド鋼は表層部をリムド鋼のような清浄なものとするとともに内部をセミキルド鋼のような偏析の少ない状態とし，かつ気泡によって収縮孔を相殺しようとしたものである．

**強じん鋼** 焼入焼戻しによって強度とじん性を向上させて用いられる鋼．

**キルド鋼** フェロシリコンやアルミニウムなどで十分に脱酸を行った鋼．鋳型内での凝固進行中に一酸化炭素を発生せずに静かに凝固し，比較的均質で偏析が少なく気泡もないが，上部中心に収縮孔ができ歩留りはよくない．キルド鋼は更に結晶粒度（粗粒キルド鋼，細粒キルド鋼）又は脱酸剤（シリコンキルド鋼，アルミキルド鋼，シリコンアルミキルド鋼）によって分類される．

**クラッド鋼** 極軟鋼，軟鋼，低合金鋼などを母材とし，その片面又は両面に母材と異なった種類の鋼又はその他の金属を合わせ材として熱間圧延，溶接，爆着などによってクラッドさせた鋼材．合わせ鋼材ともいう．母材の片面に合わせ材をクラッドさせたものを片面クラッド鋼，両面に合わせ材をクラッドさせたものを両面クラッド鋼という．

**高張力鋼** 建築，橋，船舶，車両その他の構造物用及び圧力容器用として，通常，引張強さ $490 \text{ N/mm}^2$（$50 \text{ kgf/mm}^2$）以上で溶接性，切欠きじん性及び加工性も重視して製造された鋼材．自動車用冷延鋼板では引張強さ $340 \text{ N/mm}^2$（$35 \text{ kgf/mm}^2$）以上を高張力鋼という．

**製品分析値（チェック分析値）**　鋼材から採取した分析試料について行った分析値．

**セミキルド鋼**　脱酸剤としてフェロマンガン，フェロシリコン，アルミニウムなどの適量を添加して，リムド鋼とキルド鋼の中間程度の脱酸を行った鋼．凝固進行に伴って若干の気泡を発生させ，凝固による収縮孔を少なくしたものである．

**炭素当量**　炭素以外の元素の影響力を炭素量に換算したもの．引張強さに対する炭素当量，溶接部最高硬さに対する炭素当量などがよく用いられる．JISでは溶接性に関し次式を採用している．

$$炭素当量\% = C + \frac{Mn}{6} + \frac{Si}{24} + \frac{Ni}{40} + \frac{Cr}{5} + \frac{Mo}{4} + \frac{V}{14}$$

**調質高張力鋼**　焼入焼戻しを施すことによって高張力鋼としての性質を与えた鋼材．

**肌焼鋼**　低炭素鋼及び低炭素合金鋼で，主として浸炭焼入れによって表面硬化させる鋼材．

**ピアノ線**　ピアノ線材を用い，通常，パテンチング後伸線などの冷間加工して仕上げられた鋼線．高級ばね，タイヤコードなどの製造に用いられる．

**PC鋼線**　ピアノ線材を用い，通常パテンチング後伸線などの冷間加工及びブルーイングをして仕上げられた鋼線．プレストレスドコンクリートに用いられる．断面の形状は円形及び異形がある．

**PC鋼棒**　炭素鋼，低合金鋼，ばね鋼などを用い，ストレッチング，冷間引抜き，熱処理のうち，いずれかの方法又はこれらの組合せにより仕上げられた鋼棒．プレストレスドコンクリートに用いられる．断面の形状は円形及び異形がある．

**非調質高張力鋼**　圧延のまま又は焼ならしの状態で高張力鋼としての性質を与えた鋼材．

**焼入性**　鉄鋼を焼入硬化させた場合の焼きの入りやすさ，すなわち焼きの入る深さと硬さの分布を支配する性能．焼入性は，通常，焼きの入る深さの大小

で比較するが，それには焼入性試験方法（一端焼入方法）を用いるのが便利である．ほかにもシェファード P-F 試験，SAC 焼入性試験などがある．

**溶鋼分析値（とりべ分析値）** 一般に溶鋼がとりべから鋳型に注入され凝固するまでの過程で採取した分析試料について行った分析値．溶鋼の平均化学成分を示し，鋼材の化学成分は溶鋼分析値（又はとりべ分析値）で示される．

**リムド鋼** 鋳型内で溶鋼中の酸素と炭素が作用して一酸化炭素を発生し，溶鋼が特有の沸騰撹拌（リミングアクションという）をしながら凝固した鋼．脱酸剤としてフェロマンガン，少量のアルミニウムなどを加えて造った鋼．表層部は清浄であるが，偏析がある．

## 主な SI 単位への換算率表

(太線で囲んである単位が SI による単位である。)

### 力

| N | dyn | kgf |
|---|---|---|
| 1 | $1\times10^5$ | $1.01972\times10^{-1}$ |
| $1\times10^{-5}$ | 1 | $1.01972\times10^{-6}$ |
| 9.80665 | $9.80665\times10^5$ | 1 |

### 粘度

| Pa·s | cP | P |
|---|---|---|
| 1 | $1\times10^3$ | $1\times10$ |
| $1\times10^{-3}$ | 1 | $1\times10^{-2}$ |
| $1\times10^{-1}$ | $1\times10^2$ | 1 |

注 $1\,P = 1\,dyn\cdot s/cm^2 = 1\,g/cm\cdot s$.
$1\,Pa\cdot s = 1\,N\cdot s/m^2$,  $1\,cP = 1\,mPa\cdot s$

### 応力

| Pa 又は N/m² | MPa 又は N/mm² | kgf/mm² | kgf/cm² |
|---|---|---|---|
| 1 | $1\times10^{-6}$ | $1.01972\times10^{-7}$ | $1.01972\times10^{-5}$ |
| $1\times10^6$ | 1 | $1.01972\times10^{-1}$ | $1.01972\times10$ |
| $9.80665\times10^6$ | 9.80665 | 1 | $1\times10^2$ |
| $9.80665\times10^4$ | $9.80665\times10^{-2}$ | $1\times10^{-2}$ | 1 |

### 動粘度

| m²/s | cSt | St |
|---|---|---|
| 1 | $1\times10^6$ | $1\times10^4$ |
| $1\times10^{-6}$ | 1 | $1\times10^{-2}$ |
| $1\times10^{-4}$ | $1\times10^2$ | 1 |

注 $1\,St = 1\,cm^2/s$,  $1\,cSt = 1\,mm^2/s$

注 $1\,Pa = 1\,N/m^2$,  $1\,MPa = 1\,N/mm^2$

### 圧力

| Pa | kPa | MPa | bar | kgf/cm² | atm | mmH₂O | mmHg 又は Torr |
|---|---|---|---|---|---|---|---|
| 1 | $1\times10^{-3}$ | $1\times10^{-6}$ | $1\times10^{-5}$ | $1.01972\times10^{-5}$ | $9.86923\times10^{-6}$ | $1.01972\times10^{-1}$ | $7.50062\times10^{-3}$ |
| $1\times10^3$ | 1 | $1\times10^{-3}$ | $1\times10^{-2}$ | $1.01972\times10^{-2}$ | $9.86923\times10^{-3}$ | $1.01972\times10^2$ | 7.50062 |
| $1\times10^6$ | $1\times10^3$ | 1 | $1\times10$ | $1.01972\times10$ | 9.86923 | $1.01972\times10^5$ | $7.50062\times10^3$ |
| $1\times10^5$ | $1\times10^2$ | $1\times10^{-1}$ | 1 | 1.01972 | $9.86923\times10^{-1}$ | $1.01972\times10^4$ | $7.50062\times10^2$ |
| $9.80665\times10^4$ | $9.80665\times10$ | $9.80665\times10^{-2}$ | $9.80665\times10^{-1}$ | 1 | $9.67841\times10^{-1}$ | $1\times10^4$ | $7.35559\times10^2$ |
| $1.01325\times10^5$ | $1.01325\times10^2$ | $1.01325\times10^{-1}$ | 1.01325 | 1.03323 | 1 | $1.03323\times10^4$ | $7.60000\times10^2$ |
| 9.80665 | $9.80665\times10^{-3}$ | $9.80665\times10^{-6}$ | $9.80665\times10^{-5}$ | $1\times10^{-4}$ | $9.67841\times10^{-5}$ | 1 | $7.35559\times10^{-2}$ |
| $1.33322\times10^2$ | $1.33322\times10^{-1}$ | $1.33322\times10^{-4}$ | $1.33322\times10^{-3}$ | $1.35951\times10^{-3}$ | $1.31579\times10^{-3}$ | $1.35951\times10$ | 1 |

注 $1\,Pa = 1\,N/m^2$

### 仕事・エネルギー・熱量

| J | kW·h | kgf·m | kcal |
|---|---|---|---|
| 1 | $2.77778\times10^{-7}$ | $1.01972\times10^{-1}$ | $2.38889\times10^{-4}$ |
| $3.600\times10^6$ | 1 | $3.67098\times10^5$ | $8.6000\times10^2$ |
| 9.80665 | $2.72407\times10^{-6}$ | 1 | $2.34270\times10^{-3}$ |
| $4.18605\times10^3$ | $1.16279\times10^{-3}$ | $4.26858\times10^2$ | 1 |

注 $1\,J = 1\,W\cdot s$,  $1\,J = 1\,N\cdot m$

### 熱伝導率

| W/(m·K) | kcal/(h·m·℃) |
|---|---|
| 1 | $8.6000\times10^{-1}$ |
| 1.16279 | 1 |

### 熱伝達係数

| W/(m²·K) | kcal/(h·m²·℃) |
|---|---|
| 1 | $8.6000\times10^{-1}$ |
| 1.16279 | 1 |

### 仕事率(工率・動力)・熱流

| W | kgf·m/s | PS | kcal/h |
|---|---|---|---|
| 1 | $1.01972\times10^{-1}$ | $1.35962\times10^{-3}$ | $8.6000\times10^{-1}$ |
| 9.80665 | 1 | $1.33333\times10^{-2}$ | 8.43371 |
| $7.355\times10^2$ | $7.5\times10$ | 1 | $6.32529\times10^2$ |
| 1.16279 | $1.18572\times10^{-1}$ | $1.58095\times10^{-3}$ | 1 |

注 $1\,W = 1\,J/s$,  PS : 仏馬力

### 比熱

| J/(kg·K) | kcal/(kg·℃) cal/(g·℃) |
|---|---|
| 1 | $2.38889\times10^{-4}$ |
| $4.18605\times10^3$ | 1 |

## 索　引

(50音順：アルファベット，片仮名，平仮名，数字，漢字の順)

### [あ]

アップ・ヒル・クエンチング　165
赤め方　137
圧力容器　172
網状炭化物　118

### [い]

イオン衝撃熱処理　157
イオン窒化　157
インダクター　159
異常組織　14
一次焼入れ　156
一般機械要素用材料　187
一般構造用圧延鋼材　13
一般熱処理　144

### [え]

ADI　200
$A_1$変態点　137
Ar′範囲　138
Ar″範囲　138
SS材　13
SF　33
SFV　34
SMA材　15
SM材　14
S快削鋼　30
SQ法　163
SKS　22
SKH材　23
SK材　21
SKT材　22
SKD　22
SC　31
S-C材　17
S.C.C.　58
SCW　31
SB材　16
SPA材　15
SV材　17
SUS材　23
SUH材　28
SUM材　30
SUJ材　29
SUP材　30
FC　32
FCAD　200
FCM　33
FCMW　33
FCMB　33
FCMP　33
FCD　33
Ms点　104,140
Mタイプ　23
NNS　200
H鋼　131
　――材　18
Hバンド　20
Ni節約型オーステナイト系ステンレス
　鋼材　28
液体浸炭　156
液体窒化　158
エリクセン試験　100
延性　88

### [お]

オイルテンパー線　133
オーステナイト　141
　――化　145
　――化温度　147
　――系ステンレス鋼材　27

239

──系耐熱鋼材　29
オーステンパ　140, 149
　　──球状黒鉛鋳鉄品　33
応力除去焼なまし　58, 146
応力腐食割れ　26
遅れ破壊　82
温間矯正　206

[か]

カーバイド系　72
カーバイド浸透　95
ガス浸炭　156
ガス窒化　157
ガス軟窒化　164
カッピング試験　100
快削鋼材　30
化学的表面硬化法　154
化学成分　7
過浸炭　155
火造品　34
硬さ　113
　　──の換算式　218
硬焼き　41, 103
可鍛鋳鉄品　33
完全焼なまし　145

[き]

QPQ法　163
キルド鋼　14
機械工具用材料　191
機械構造用鋼　75
機械構造用炭素鋼材　17
機械的性質　9
　　──のマス・エフェクト　53
危険区域　138
急冷硬化　148
強じん鋳鉄品　32
極低温処理　95
球状化焼なまし　118, 146

球状黒鉛鋳鉄品　33
橋梁　169
切欠き　59
　　──感受性　131
　　──効果　59

[く]

Cr系ステンレス鋼材　27
Cr-Ni系ステンレス鋼材　27
クエンチ-ハードニング　151
クライオジェニック・トリートメント　95
クレーム　211
クロマイジング　95
組合せ図解法　112
組合せ配列図　111
組合せ法　111
黒づき温度　145

[け]

形状効果　62
経年変化　119
研削性　101
建築構造物　170
研摩割れ　156

[こ]

高温浸炭　155
高温浸硫　95, 164
高温焼戻し　153
硬化深度　116
合金鋼　6
合金工具鋼材　22
合金鋼鍛鋼品　34
工具鋼　6
工具の硬さ　120
工具用鋼　107
工具用炭素鋼材　21
工作機械　184

高 C-Cr 軸受鋼材　29
高周波焼入れ　159
　　──硬化層深さ　160
鋼種選択ガイド　81
鋼種の決定　70
孔食　26
剛性率 G　217
構造用合金鋼材　18
構造用合金鋼鋳鋼品　32
高速度工具鋼材　23
高耐候性圧延鋼材　15
抗張特性　76
高張力鋼材　16
降伏比　79
黒鉛化　16
黒心可鍛鋳鉄品　33
固体浸炭　155
　　──剤　155
固溶化熱処理　32, 148, 152
混合ガス軟窒化　164

[さ]

サーモカップル　154
サイズ・エフェクト　9, 53
サブゼロ処理　95, 156, 165
300℃ぜい性　72, 90, 154
300℃の焼戻し　154
再結晶温度　58, 146
細粒鋼　72
酸-窒化処理　164
残留圧縮応力　87
残留応力　57, 146
残留オーステナイト　156

[し]

CHAT　53
GOLT の精神　210
JIS 工具鋼材　21
JIS 合金鋼材　17

JIS 鍛鋼品　33
JIS 鋳鋼品　31
JIS 鋳鉄品　32
JIS 特殊用途鋼材　23
JIS 標準サイズ　9, 48
JIS 普通鋼材　13
σぜい性　26
CVD　158
シアン公害　156
シェープ・エフェクト　63
シャープ・コーナ　59
ショット・ピーニング　58
ジョミニー距離　20, 68
ジョミニー試験法　20
じか焼入れ　156
じん性　88
しん部硬さ　39
13 Cr　23
17-4 PH　28
17-7 PH　28
18 Cr　23
18-8　26
実用硬化層深さ　158
質量効果　36, 45
赤熱硬さ　114
赤熱抗性　108
縦弾性係数　217
常温硬さ　114
商用周波数　159
真空処理　34
真空浸炭　155
浸炭　154
浸炭硬化層深さ　39, 156
浸炭性ガス　156
浸炭防止剤　155
浸炭焼入れ　155
浸透　95
深冷処理　165

[す]

ステンレス鋼　123
　　――材　23
　　――の選択チャート　124
ストレス　202
ストレス・コロージョン・クラック　58
ズブ焼鋼　37
ズブ焼き熱処理　144
スル・スルフ　163
水じん処理　32, 148, 152
水溶性焼入液　151
図解式選び方　107
隅角部　64
寸法効果　53, 88

[せ]

セメンタイト　146
セメンテーション　95
ぜい性　88
製品分析値　7
析出硬化系ステンレス鋼材　28
切削工具用合金工具鋼材　22
遷移温度　97
全硬化層深さ　156, 158, 160
船舶　171

[そ]

ソルト軟窒化　163
ソルバイト　144
粗粒鋼　72

[た]

タフトライド　163
タングステナイジング　95
耐撃鋼　115
耐撃性　114
耐候性　15
耐衝撃性　88

耐衝撃工具用合金工具鋼材　22
耐食性　96
耐食ばね用鋼材　134
耐熱鋼材　28
耐熱性　117
耐熱ばね用鋼材　134
耐疲労性　82
耐摩-じん性比法　107
耐摩性　114
耐摩耗性　92
第一次焼戻しぜい性　72, 90
第二次焼戻しぜい性　72, 91
鍛鋼品　11, 34
鍛造比　11
鍛造品　11, 39
炭素鋼　6
　　――鍛鋼品　33
　　――鋳鋼品　31
炭素当量　15, 31
炭素飽和度　32
炭素蒸し　155
断面のバランス　63
鍛流線　55
鍛錬成形比　33

[ち]

チェック分析値　8
チタナイジング　95
窒化　157
　　――硬化層深さ　158
　　――防止　157
中C系快削鋼材　31
鋳造品　39
超高速度工具鋼　23
超サブゼロ処理　166
調質　6, 153
　　――有効直径　48
直接焼入れ　156

## [て]

T タイプ　23
$D_1$　41
テンパ・カラー　154
低温浸硫　95, 165
低温焼戻し　153
低 C 系快削鋼材　30
鉄鋼材料の JIS 記号　219
鉄鋼の物理的性質　215
鉄塔　169
電気抵抗　216
電子ビーム焼入れ　162
テンパ・カラー　209

## [と]

トラブルシューター　209
トルースタイト　144
とりべ分析値　7
等温焼入れ　140, 149
等温焼なまし　140
等温焼ならし　140
等温冷却　139
特殊鋼　6
特殊ばね用鋼　134
特殊用途鋼　6
特殊用途鋼鋳鋼品　32
土木機械　185

## [な]

内燃機関　179
内部応力　146
軟窒化　162

## [に]

Ni 節約型オーステナイト系ステンレス鋼材　28
ニュー・タフトライド　163
二次焼入れ　156

二段焼なまし　139
二段焼ならし　140
二段冷却　139
尿素分解ガス軟窒化　164

## [ね]

ねずみ鋳鉄品　32
熱間硬さ　121
熱間金型用合金工具鋼材　22
熱間成形ばね　128
熱間成形用ばね鋼　129
熱処理　137
　──加工の JIS　220
　──加工の標準価格　222
　──記号　221
　──性　108
　──の 3 S　2
　──のマス・エフェクト　45
　──の容易さ　117
　──方法　10
熱電対温度計　154
熱伝導率　198
熱膨張曲線　142
熱膨張係数　215

## [の]

ノッチ　59
　──・エフェクト　59
ノル・テン　147

## [は]

ハーデナビリティ　41
ハーフマルテン硬さ　36
ハーフマルテンサイト　161
ハイテン　16
パーライト　141
　──系　72
　──可鍛鋳鉄品　33
パテンチング　132

はだ焼き熱処理　144,154
ばね鋼　128
　　──材　30
ばね用硬さ　129
鋼の5元素　6
白心可鍛鋳鉄品　33

[ひ]

Pb快削鋼　30
PVD　158
ヒート・チェッキング　117
非調質鋼　199
ピッティング　126
引上焼入れ　140,148
被研削性　117
非磁性ばね用鋼材　134
比重　197
被切削性　97,117
　　──係数　98
　　──指数　100
比熱　198
冷やし方　137
　　──の3タイプ　139
標準供試材　168
標準状態　146
表面滑化熱処理　164
表面強化熱処理　162
表面硬化鋼　37
表面硬化熱処理　154
表面熱処理　144,154

[ふ]

ファイバ・フロー　11,55
フェライト系ステンレス鋼材　27
フェライト系耐熱鋼材　29
プラズマ窒化　157
ブルーイング　133
プレ・ハードンド鋼　115
深絞り性　100

深焼き　41,103
不完全焼入度　90
複合快削鋼　30
腐食割れ　58
普通鋼　6
普通サブゼロ処理　166
普通鋳鉄品　32
普通焼入れ　139
普通焼なまし　139
普通焼ならし　139
物理的表面硬化法　159
噴射焼入れ　67

[へ]

ベイナイト　144
　　──鋼　201
ペンストック　170
変態点　137

[ほ]

ボイラ　173
　　──用圧延鋼材　16
ホットクエンチ　156
ポリマー焼入液　151
ボロナイジング　95
ポンプ，送風機，圧縮機　175
炎焼入れ　161
　　──硬化層深さ　162

[ま]

マス・エフェクト　36,37,45
マルクエンチ　140,150
マルクエンチ-テンパ　150
マルテンサイト　142
　　──系ステンレス鋼材　27
　　──系耐熱鋼材　28
マルテンパ　140

### [む]

無しん焼入鋼　37

### [め]

メロナイト　163
めっきぜい性　33, 58

### [や]

ヤング率 $E$　217
焼入れ　147
　――液　151
　――最高硬さ　36, 41
　――適応性　102
　――の完全さ　78
　――方法の選択　66
　――臨界硬さ　36, 41
焼入性　41
　――を保証した構造用鋼材　18
　――計算用の数表　45
　――の決定　67
焼なまし　145
焼ならし　146
焼ならし・戻し　147
焼きひずみ　104
焼曲がり　209
焼きむら　105
焼戻し　152
　――色　154
　――硬化　153
　――ぜい性　90
　――マルテンサイト　144
焼割れ　104, 208

### [ゆ]

有効硬化層深さ　156, 160
有しん焼入鋼　37

### [よ]

475℃ぜい性　26
溶接構造用圧延鋼材　14
溶接構造用耐候性熱間圧延鋼材　15
溶接構造用鋳鋼品　31
溶接性　96
横弾性係数　217

### [ら]

ラミネーション　14

### [り]

リベット用圧延鋼材　17
リムド鋼　14
粒界腐食　26
臨界区域　138

### [れ]

レーザ焼入れ　162
レードル分析値　7
レシジュアル・ストレス　57
零下処理　165
冷間金型用合金工具鋼材　22
冷間矯正　206
冷間成形ばね　128
冷間成形用ばね鋼　132
冷間引抜線　133
冷間曲げ性　101
冷凍機　177
連続冷却　139

大和久　重雄
（おおわく　しげお）

　現住所　〒230-0031　神奈川県横浜市鶴見区平安町1-80
　　　　　TEL　（045）511-0191

〈略　歴〉
　1911 年 2 月 26 日生
　1931 年 3 月　横浜高等工業学校（現横浜国大）機械工学科卒業
　1931 年 4 月　鉄道大臣官房研究所（国鉄技術研究所）奉職
　1949 年 12 月　同所金属材料研究室長
　1962 年 5 月　八幡製鉄株式会社審議役
　1970 年 4 月　日本アロイ(株)常務取締役技術部長
　1975 年 4 月　国際電工(株)相談役
　1981 年 4 月　(株)ジャパンマトリックス取締役
　1948 年 2 月　工学博士（高速度鋼の熱処理）（東京工業大学）
　1959 年 11 月　技術士（金属加工，熱処理）
　2012 年 2 月　逝去

〈著　書〉
　S 曲線，焼入性，熱処理ノート，金属熱処理用語辞典，熱処理の自動化，
　JIS による熱処理加工，無公害熱処理，その他多数

JIS使い方シリーズ
## 鉄鋼材料選択のポイント ［増補改訂2版］

| | |
|---|---|
| 1975年10月26日 | 第1版第1刷発行 |
| 1985年10月1日 | 増補改訂版第1刷発行 |
| 2000年11月10日 | 増補改訂2版第1刷発行 |
| 2022年10月7日 | 第15刷発行 |

権利者との協定により検印省略

著 者　大和久　重雄

発行者　朝日　弘

発行所　一般財団法人　日本規格協会

〒108-0073　東京都港区三田3丁目13-12三田MTビル
https://www.jsa.or.jp/
振替　00160-2-195146

製　作　日本規格協会ソリューションズ株式会社

印刷・製本　株式会社　ディグ

© Shigeo Owaku, 2000　　　　　Printed in Japan
ISBN978-4-542-30389-8

●当会発行図書，海外規格のお求めは，下記をご利用ください．
JSA Webdesk（オンライン注文）：https://webdesk.jsa.or.jp/
電話：050-1742-6256　E-mail：csd@jsa.or.jp